新能源系统储能原理与技术

李　强　主编
王　凯　李洪森　胡　涵　副主编
宋金岩　王　霞　张　军　李庆浩　潘圆圆　参　编

机械工业出版社

随着可再生能源的不断发展，催生了对于储能设备的需求，新一代储能电池、超级电容器等储能设备进入了加速发展和应用的时期，引起了科研界和商业界的广泛关注。

本书首先全面地阐述了近年来最具潜力的新一代储能电池——锂离子电池，并介绍了其容量密度高、可快速充放电、自放电率低、安全性高等特点；接下来重点分析了超级电容器及其在储能系统中的应用，根据近年来超级电容器的广泛应用，介绍了超级电容器的分类、建模以及应用；最后介绍了具有前景的电化学二次电池，包括钠离子电池、钾离子电池、非水系铝离子电池、锌离子电池以及钙离子电池。

本书适合作为物理类、电气信息类、新能源专业高年级本科生或者研究生的教材，也可作为从事储能系统研究的技术人员的参考书。

图书在版编目（CIP）数据

新能源系统储能原理与技术/李强主编. —北京：机械工业出版社，2021.12（2024.1 重印）

ISBN 978-7-111-69872-2

Ⅰ.①新…　Ⅱ.①李…　Ⅲ.①新能源-储能　Ⅳ.①TK02

中国版本图书馆 CIP 数据核字（2021）第 260239 号

机械工业出版社（北京市百万庄大街 22 号　邮政编码 100037）
策划编辑：罗　莉　　　　　责任编辑：罗　莉
责任校对：郑　婕　刘雅娜　封面设计：马若濛
责任印制：邓　博
北京盛通数码印刷有限公司印刷
2024 年 1 月第 1 版第 3 次印刷
184mm×260mm · 12.75 印张 · 312 千字
标准书号：ISBN 978-7-111-69872-2
定价：79.00 元

电话服务　　　　　　　　　网络服务
客服电话：010-88361066　机　工　官　网：www.cmpbook.com
　　　　　010-88379833　机　工　官　博：weibo.com/cmp1952
　　　　　010-68326294　金　书　网：www.golden-book.com
封底无防伪标均为盗版　机工教育服务网：www.cmpedu.com

前 言

随着人类对能源的需求量与日俱增、传统能源的几近匮乏和耗能设备的持续增加，其导致的直接后果是：一方面人们会对传统能源争夺得更为激烈，另一方面会对环境造成巨大的压力。因此急需一种解决上述问题的有效途径，从而缓解人类对于能源的大量需求，这正是可再生能源逐步成为未来社会主流能源的内在动因和推动力量。随着近年来可再生能源的不断发展，如今越来越多的国家将发展可再生能源作为能源战略的重要组成部分，在过去的10年中，制定并执行可再生能源支持政策的国家和地区数量迅速增长，催生了对于储能设备的需求，新一代储能电池、超级电容器等储能设备进入了加速发展和应用的时期，引起了科研界和商业界的广泛关注。

本书力求反映新型储能电池及超级电容器的特点和发展情况，在保证基本理论的系统性和完整性的同时，充分吸收了国内外的研究成果。本书共编写了三部分的内容，分别为锂离子电池、超级电容器，以及钠/钾/铝/锌/钙离子电池。第1部分共6章，分别介绍了锂离子电池的正负极材料、电解液、隔膜以及电池组装与测试；第2部分共3章，分别介绍了超级电容器的分类、建模以及应用；第3部分共5章，分别介绍了钠离子电池、钾离子电池、非水系铝离子电池、锌离子电池以及钙离子电池。

由于编者水平有限，加之编写时间仓促，书中难免会有不当和错漏之处，编者殷切希望使用本书的教师、同学和专业技术人员，对本书的内容、结构及疏漏、错误之处给予批评指正。

编者在此对书末所列参考文献的作者表示衷心感谢。

在本书的编写过程中，科研团队的研究生们做了大量的校对、修改工作，他们是：

闫晓然和任家慧：主要负责第1部分的总体校对与修改；

赵志强：主要负责第1部分第1章（绪论）的校对与修改；

桑贤承：主要负责第1部分第2章（负极材料）的校对与修改；

梁琦：主要负责第1部分第3章（正极材料）的校对与修改；

顾方超：主要负责第1部分第4章（电解液）的校对与修改；

张乐清：主要负责第1部分第5章（隔膜）的校对与修改；

刘恒均：主要负责第1部分第6章（电池组装与测试）的校对与修改；

张阳和高竟译：主要负责第2部分的总体修改与校对；

高竟译：主要负责第2部分第1章（超级电容器的分类）的校对与修改；

孙新伟：主要负责第2部分第2章（超级电容器的建模）的校对与修改；

马宁：主要负责第 2 部分第 3 章（超级电容器的应用）的校对与修改；
衣振晓和刘彦铄：主要负责第 3 部分的总体校对与修改；
张昊：主要负责第 3 部分第 1 章（钠离子电池）的校对与修改；
王怀志：主要负责第 3 部分第 2 章（钾离子电池）的校对与修改；
李玉昊：主要负责第 3 部分第 3 章（非水系铝离子电池）的校对与修改；
刘永帅：主要负责第 3 部分第 4 章（锌离子电池）的校对与修改；
李亚东：主要负责第 3 部分第 5 章（钙离子电池）的校对与修改；
李德志：主要负责对全书的校对与修改。
在此对以上人员表示感谢。

编 者

目　录

第3部分 钠/钾/铝/锌/钙离子电池

第1部分

锂离子电池

第1章 绪 论

1.1 资源枯竭及环境污染

进入21世纪以来，随着工业化的不断发展，人类的环境污染和能源枯竭问题日趋严峻。由于二氧化碳排放量的逐年增加，目前地球的温室效应已经达到前所未有的程度，相关报道显示，过去10年是人类有记录以来最热的10年。由于不节制的资源开发和过度使用，全世界的煤炭储量只够人类再消耗200年，而石油资源更是只能够继续维持80年。

考虑到传统化石能源所带来的负面影响，各国都对可再生能源的研究利用投入了大量的人力物力，其中，发电是最主要、规模最大的用途。近年来，已有许多国家实现了高比例的可再生能源发电，其中多数国家的可再生电力以水电为主。

20世纪90年代以来，全球可再生能源行业发展不断加速，全球能源结构更趋多元化，可再生能源比重持续上升。2020年煤炭在全球一次能源中占比下降，其中，中国煤炭消费在一次能源中的消费占比已降至56.8%。2020年全球可再生能源装机容量已达到27.99亿kW，其中水电比重最高，达到13.22亿kW。

中国在发展可再生能源的道路上已迈出实质性步伐，截至2021年10月底，我国可再生能源发电累计装机容量达到10.02亿kW，首次突破10亿kW大关，占全国发电总装机容量的比重达到43.5%。其中，水电、风电、太阳能发电和生物质发电装机分别达到3.85亿kW、2.99亿kW、2.82亿kW和3534万kW，均持续保持世界第一。

如今越来越多的国家将发展可再生能源作为能源战略的重要组成部分。仅2020年内，便有数十个国家制定了相关政策，包括韩国公布的可再生能源长期计划、法国政府公布的“2030国家能源计划”、欧委会推出的欧盟能源系统一体化发展战略、智利政府推出的绿色氢能战略等。

可再生能源的不断发展催生了对于储能设备的需求，锂离子电池因其高能量密度、可快速充放电、自放电率低、安全性高等特点，成为近年来最具潜力的新一代储能电池，引起了科研界和商业界的广泛关注。

1.2 锂离子电池发展历史

锂离子电池的发展历史可追溯到20世纪六七十年代，石油危机迫使人们去寻找新的替代能源，同时，军事、航空、医药等领域也对电源提出了新的要求。当时的电池已不能满足高能量密度电源的需求。由于在所有金属中，锂比重很小、电极电势极低，能量密度大，锂电池体系理论上能获得最大的能量密度，因此它顺理成章地进入了电池设计者的视野。但是，锂金属在室温下与水反应，因此，如果要让锂金属应用在电池体系中，非水电解质的引入非常关键。

1958年，Harris提出采用有机电解质作为金属原电池的电解质。1962年，在波士顿召开的电化学学会秋季会议上，来自美国军方Lockheed Missile和Space公司的Chilton和Cook提出"锂非水电解质体系"的设想。Chilton和Cook设计了一种新型的使用锂金属作为负极的电池，Ag、Cu、Ni等卤化物作为正极，低熔点金属盐$LiCl-AlCl_3$溶解在丙烯碳酸酯中作为电解液。虽然该电池存在的诸多问题使它停留在概念上，未能实现商品化，但Chilton与Cook的工作开启了锂电池研究的序幕。

1970年，日本松下电器公司与美国军方几乎同时独立合成出新型正极材料——碳氟化物。松下电器成功制备了分子表达式为（CF_x）$_n$（$0.5 \leqslant x \leqslant 1$）的结晶碳氟化物，将它作为锂原电池正极。美国军方研究人员设计了（C_xF）$_n$（$x=3.5 \sim 7.5$）无机锂盐+有机溶剂电化学体系，拟用于太空探索。1973年，氟化碳锂原电池在松下电器实现量产，首次装置在渔船上。氟化碳锂原电池发明是锂电池发展史上的大事，原因在于它第一次将"嵌入化合物"引入到锂电池设计中。

1975年，三洋公司在过渡金属氧化物电极材料研究上取得突破，锂二氧化锰Li/MnO_2开发成功，用在CS-8176L型计算器上。1977年，有关该体系设计思路与电池性能的文章一连两期登载在日文杂志《电气化学与工业物理化学》上。1978年，Li/MnO_2电池实现量产，三洋第一代锂电池进入市场。

1976年，锂碘原电池出现。接着，许多用于医药领域的专用锂电池应运而生，其中锂银钒氧化物（$Li/Ag_2V_4O_{11}$）电池最为畅销，它占据植入式心脏设备用电池的大部分市场份额。这种电池由复合金属氧化物组成，放电时由于两种离子被还原，正极的储锂容量达到300mA·h/g。银的加入不但使电池体系的导电性大大增强，而且提高了容量利用率。$Li/Ag_2V_4O_{11}$体系是锂电池专用领域的一大突破。

1972—1984年，锂原电池的成功激起了二次电池的研究热潮，学术界的目光开始集中在如何使该电池反应变得可逆这个问题上。当锂原电池由于其高能量密度迅速被应用到手表、计算器以及可植入医学仪器等领域的时候，众多无机物与碱金属的反应显示出很好的可逆性。这些后来被确定为具有层状结构的化合物的发现，对锂二次电池的发展起到极为关键的作用。

20世纪60年代末，贝尔实验室的Broadhead等人，将碘或硫嵌入到二次硫化物的层间结构时发现，在放电深度低的情况下，反应具有良好的可逆性。同时，斯坦福大学的Armand等人发现一系列富电子的分子与离子可以嵌入到层状二硫化合物的层间结构中，例如二硫化钽（TaS_2）；此外，他们还研究了碱金属嵌入石墨晶格中的反应，并指出石墨嵌碱金属的混合导体能够用在二次电池中。1972年，在一次学术会议上，Steel与Armand等人提出"电化学嵌入"概念的理论基础。

随着嵌入化合物化学研究的深入，在该类化合物中寻找具有应用价值的电极材料的目标逐渐清晰起来。Exxon公司研发人员继续斯坦福大学团队的研究，他们让水合碱金属离子嵌入到二硫化钽（TaS_2）中，在分析生成的化合物时，研究人员发现它非常稳定。这一切都预示着：在层状二次硫化物中选出具有应用价值的材料作为锂二次电池的正极将是非常有可能的。最终二硫化钛（TiS_2）以其优良表现得到电池设计者的青睐。1972年，Exxon公司设

计了一种以 TiS_2 为正极、锂金属为负极、$LiClO_4$/二恶茂烷为电解液的电池体系。实验表明，该电池的性能表现良好，深度循环接近 1000 次，每次循环容量损失低于 0.05%。

运用锂金属的电池存在着一些问题，充电过程中，由于金属锂电极表面凹凸不平，电沉积速率的差异造成不均匀沉积，导致树枝状锂晶体在负极生成。当枝晶生长到一定程度就会折断，产生“死锂”，造成不可逆的锂，使电池充放电实际容量降低。锂枝晶也有可能刺穿隔膜，将正极与负极链接起来，电池产生内短路。

20 世纪 70 年代末，Exxon 公司的研究人员开始对锂铝合金电极进行研究。1977—1979 年，Exxon 公司推出扣式锂合金二次电池，用于手表和小型设备。1979 年，Exxon 公司在芝加哥的汽车电子展中展示了以 TiS_2 为正极的大型的锂单电池体系，后来 Exxon 公司出于安全问题，未能将该锂二次电池体系实现商品化。

1983 年，Peled 等人提出固态电解质界面（SEI）膜模型。研究表明，这层薄膜的性质（电极与电解质之间的界面性质）直接影响到锂电池的可逆性与循环寿命。20 世纪 80 年代，研究人员开始针对“界面”进行一系列的改造，包括寻找新电解液、加入各种添加剂与净化剂、利用各种机械加工手段，通过改变电极表面物理性质来抑制锂枝晶的生长。20 世纪 80 年代末期，加拿大 Moil 能源公司研发的 Li/MoS_2，将锂金属二次电池推向市场，第一块商品化锂金属二次电池终于诞生。

然而，1989 年，因为 Li/MoS_2 二次电池发生起火事故，除少数公司外，大部分企业都退出了锂金属二次电池的开发。锂金属二次电池研发基本停滞，关键原因还是没有从根本上解决安全问题。

1980—1990 年，鉴于各种改良方案不奏效，锂金属二次电池研究停滞不前，研究人员选择了颠覆性方案。第一种方案是抛弃锂金属，选择另一种嵌入化合物代替锂。这种概念的电池被形象地称为摇椅式电池（Rocking Chair Battery，RCB）。将这一概念产品化，花了足足 10 年的时间，最早成功的是日本索尼公司，他们把这项技术命名为锂离子技术（Li-ion）。

最早提出摇椅式电池概念的是 Armand。20 世纪 70 年代初，Armand 就开始研究石墨嵌入化合物，1977 年，他为嵌锂石墨化合物申请专利；1980 年，他提出摇椅式电池概念，让锂二次电池的正负极均由嵌入化合物充当。但是，要让概念变成现实，需要克服三个问题：①找到合适的嵌锂正极材料；②找到适用的嵌锂负极材料；③找到可以在负极表面形成稳定界面的电解液。

20 世纪 70 年代末，Murphy 的研究揭示类似 V_6O_{13} 的氧化物一样具有优越的电化学特性，为后来尖晶石类嵌入化合物的研究奠定了基础。在持续的努力下，研究人员找到 $LiMO_2$（M 代表 Co，Ni，Mn）族化合物，它们具有与 $LiTiS_2$ 类似的斜方六面体结构，使锂离子易于在其中嵌入与脱嵌。1980 年，Mizushima 和 Goodenough 就提出 $LiCoO_2$ 或 Li_xNiO_2 可能的应用价值，但由于当时主流观点认为高工作电压对有机电解质的稳定性没有好处，该工作没有得到足够的重视。随着碳酸酯类电解质的应用，$LiCoO_2$ 首先成为商业锂离子电池的正极材料。Li_xNiO_2 具有很高的比容量，成本也比 Li_xCoO_2 低，但合成非常困难，容量衰减快，热稳定性低，未能在商用电池中广泛应用。Li_xMnO_2 具有的理论容量与钴镍的相仿，但循环过程中 Li_xMnO_2 结构逐渐改变，分解成两相，循环性差，无法作为电极材料直选。尖晶石结构的 $LiMn_2O_4$ 由于成本低廉、热稳定性高、耐过充性能好、高操作电压四大特性，它的改性多年以来一直都是研究的热点；缺点在于在高温下循环性能差。目前该材料是美国、日本等国家研究动力锂电池的主要对象。

1976 年，Goodenough（其照片见图 1-1-1）正在英国牛津大学对含锂金属氧化物 $LiCoO_2$ 进行研究，$LiCoO_2$ 材料的理论容量达到 274mA · h/g，但是并不是所有的锂离子（Li^+）都能够可逆地脱出，当 Li^+ 脱出过多时会破坏结构的稳定性，引起材料结构的坍塌。Goodenough 通过努力最终实现超过半数的 Li^+ 可逆地脱出 $LiCoO_2$，使 $LiCoO_2$ 材料的可逆容量达到 140mA · h/g 以上，这一成果最终催生了锂离子电池的诞生。同期，Akira Yoshino 采用 $LiCoO_2$ 作为正极，石墨材料作为负极开发了最早的锂离子电池模型，这一技术最终被索尼公司采用，在 1991 年推出了全球首款商用锂离子电池。锂离子电池采用石墨材料作为负极，避免负极金属锂的出现，从而避免了锂枝晶的生成，因此极大地提高了可充电电池的安全性。

1997 年，Goodenough 等人开创了橄榄石结构的磷酸铁锂（$LiFePO_4$）的工作。$LiFePO_4$ 具有较稳定的氧化状态，安全性能好，高温性能好，原材料来源广泛、价值便宜等优点，$LiFePO_4$ 被认为是极有可能替代现有材料的新一代正极材料。其缺点是导电率低，比容量偏低。

图 1-1-1 锂离子电池之父 Goodenough

从此，凭借着高能量密度、高安全性的优势，锂离子电池开始一路狂奔，迅速将其他二次电池甩在身后，在短短的十几年的时间里锂离子电池已经彻底占领了消费电子市场，并扩展到了电动汽车领域，取得了辉煌的成就。

纵观电池发展的历史，在商品化的可充电电池中，锂离子电池的比能量最高，正因为锂离子电池的体积比能量和质量比能量高，可充且无污染，具备当前电池工业发展的三大特点，因此在发达国家中有较快的增长。近年来随着新能源汽车的发展，锂电池越来越受到世人的瞩目。随着正负极材料向着更高容量的方向发展和安全性技术的日渐成熟、完善，更高能量密度的电芯技术正在从实验室走向产业化，应用到更多场景，为未来提供更便捷、清洁、环保、智能的生活。

1.3 锂离子电池工作原理

锂离子电池由正极、负极、隔膜以及电解液组成，锂离子电池具有很多种类，但其工作原理基本一致。锂离子电池充放电原理如图 1-1-2 所示，锂离子电池在充电过程中，正极材料中的过渡族金属被氧化，正极材料脱出锂离子，锂离子从正极不断脱出，经隔膜和电解液，到达负极。在与负极的反应中，又根据电极材料的不同发生不同的反应，分别包括嵌入反应、转换反应和合金化反应等，放电过程为上述过程的逆过程。以常见的商用电池钴酸锂电池为例，其正极组成部分为钴酸锂，负极为石墨。充电过程中，钴酸锂中的钴元素被氧化，电极脱出锂离子经电解液到达负极，而电子经外接电路到达负极。锂离子在负极与石墨发生反应，嵌入到石墨的层状结构中。放电过程为上述反应的逆过程。不同电极材料的反应机理及特点将在后面的章节进行讨论。

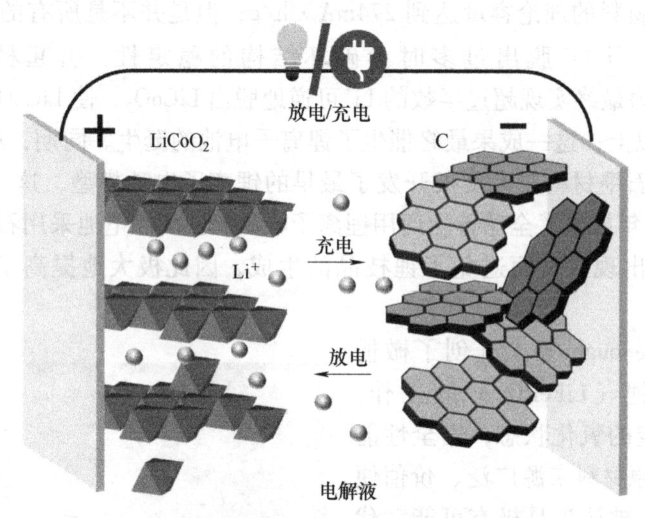

图 1-1-2　锂离子电池充放电原理示意图

在充放电过程中产生的化学反应如下：

正极反应：
$$LiCoO_2 \longleftrightarrow L_{1-x}CoO_2+xLi^++xe^- \tag{1-1-1}$$

负极反应：
$$6C+xLi^++xe^- \longleftrightarrow Li_xC_6 \tag{1-1-2}$$

总反应：
$$LiCoO_2+6C \longleftrightarrow Li_{1-x}CoO_2+Li_xC_6 \tag{1-1-3}$$

第 2 章　负极材料

本章主要介绍用于锂离子电池的负极材料。提升锂离子电池的能量密度是研究者们一直以来的追求，可以通过采用高电位的正极或低电位的负极，或者增加正负极材料的储锂容量来实现。最早时锂离子电池采用金属锂作为负极材料。金属锂拥有最低的电极电势和最高的比容量，但是在使用过程中金属锂负极表面容易形成锂枝晶，增加了电池短路、燃爆的风险。随后，对碳基负极材料的研究逐渐增多，碳材料具有金属锂难以企及的安全性和循环性能。层状石墨材料的储锂机制是插层反应，在充放电过程中，锂离子在石墨层之间嵌入/脱出，石墨电极材料充放电体积变化小且有效避免了锂枝晶的生长。同时，为了实现负极的高比容量，对硅、锡等非碳基负极材料的研究也在进行中。

负极材料作为储锂的主体，在充放电的过程中进行锂离子的嵌入和脱出。在选择负极材料时应遵循以下几点：

1）嵌锂时的氧化还原电位应尽可能低，从而使其在和正极配对组装成电池后的输出电压高。

2）在锂离子的脱嵌过程中，主体结构没有或很少发生变化，以确保电极材料的结构稳定，提高电池的充放电可逆性和循环寿命。

3）锂离子尽可能多地嵌入到主体材料中，防止锂的沉积和锂枝晶的形成。

4）氧化还原电位随嵌入和脱出的锂离子数目的变化应该尽可能少，这样可保持平稳地充电和放电。

5）主体材料应有良好的电子电导率和离子电导率，以及较大的锂离子扩散系数，可以减少极化并进行大电流充放电。

6）应具有良好的热力学稳定性和化学稳定性，并且具有良好的表面结构，能够与液体电解质形成固体电解质界面（Solid Electrolyte Interface，SEI）膜，在形成 SEI 膜后不与电解质等发生反应。

7）价格便宜、安全、无污染、资源丰富，制备工艺尽可能简单易行等。

2.1　金属锂负极材料

金属锂原子半径为 2.05Å，原子量为 6.941，密度为 0.534g/cm^3，作为锂电池的负极材料，它具有最低的电极电势（-3.04V）和最高的比容量（3860mA·h/g）。但是金属锂180.54℃的低熔点和锂枝晶生长带来的安全问题限制了锂金属负极的商业化应用。且锂金属负极在工作过程中容易形成死锂层，这一方面降低了电池充放电的库伦效率，减小了电池容量；另一方面，大量的由电子绝缘的 SEI 膜包覆的死锂堆积，增加了电极的阻抗，降低了电池的倍率性能。虽然通过在锂金属表面进行包覆来提高其稳定性，但其暴露在水分中时，爆炸的危险性以及电极制造过程的复杂性仍然难以解决。如果克服了锂金属电极的这些困难，金属锂将会成为较优越的负极材料之一。

2.2 碳基负极材料

碳基负极材料主要分为石墨类碳材料和非石墨类碳材料（无定形碳），由于石墨类碳材料具有良好的层状结构，锂离子的嵌入脱出过程中体积变化小，循环性能良好。非石墨类碳材料可根据石墨化的难易程度区分为软碳和硬碳，大多数无定形碳具有更高的比容量，但是存在电压滞后现象且循环性能较差。

1976 年，碳基材料被首次报道应用在非水性体系电解液中。自从 1991 年索尼公司推出以具有石墨结构的石油焦炭作为锂离子电池负极以来，碳基负极材料一直备受人们的广泛关注。碳材料的理论比容量是 372mA · h/g，是目前商品化锂离子电池主要采用的负极材料。

2.2.1 石墨碳

石墨包括天然石墨和人造石墨。石墨是原子晶体、金属晶体和分子晶体之间的一种过渡型晶体。在晶体中同层碳原子间以 sp^2 杂化形成共价键，每个碳原子与另外三个碳原子相连，间距为 1.42Å，六个碳原子在同一平面上形成正六边形的环，伸展形成片层结构。在同一平面的碳原子还各剩下一个 p 轨道，它们互相重叠，形成离域 π 键，电子在晶格中能自由移动，可以被激发，所以石墨有金属光泽，能导电、传热。由于层与层间距离大（3.335Å），结合力（范德华力）小，各层可以滑动，所以石墨的密度比金刚石小，质软并有滑腻感。由于锂离子半径为 0.76Å，因此锂离子可以完全插入到石墨层之间且不会破坏石墨的整体结构。

锂离子在碳材料中的嵌入过程为[1]

$$xLi^+ + xe^- + nC \xlongequal{} Li_xC_n \tag{1-2-1}$$

随着锂不断进入石墨层中，会形成嵌锂石墨层间化合物（Grapnite Intercalation Compound，GIC），GIC 具有阶结构（见图 1-2-1）。相邻两个嵌入原子层之间所间隔的石墨层的个数即为石墨层间化合物的阶。

GIC 表达式为 LiC_n，传统上认为 n 的最大值为 6，此时石墨材料的比容量为 372mA · h/g。在嵌锂达到 LiC_6 时，石墨层间距会从 3.34×10^{-10}m 增大到 3.7×10^{-10}m。

2.2.2 石墨化中间相碳微球

沥青类化合物热处理时（400~500℃），发生热缩聚反应生成具有各向异性的中间相小球体，把中间相小球从沥青母体中分离出来形成的微米级球形碳材料就成为中间相碳微球（MesoCarbon MicroBead，MCMB）（形成过程见图 1-2-2）。

MCMB 的电化学性能与其热处理的温度密切相关。在 700℃时处理得到的 MCMB 具有高达 600~750mA · h/g 的比容量。是因为在该温度下的碳材料具有许多纳米级的微孔，充电过程中，锂离子在嵌入碳层中间的同时也会嵌入到这些微孔中。但是这种情况下较大的碳表面可能会形成更多的 SEI 膜，消耗电解液，导致电池不可逆容量增加。当处理温度升高时，碳材料中的微孔减少，储锂机制以嵌入碳层为主，导致比容量降低，在 1500℃下处理的碳

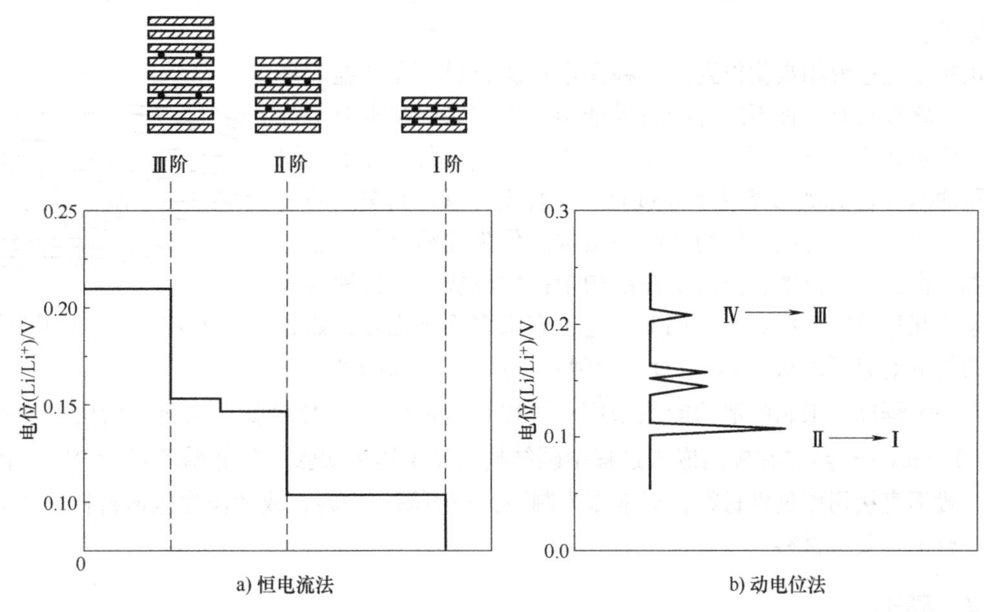

图 1-2-1 锂嵌入石墨的电位以及对应的不同阶的嵌入化合物

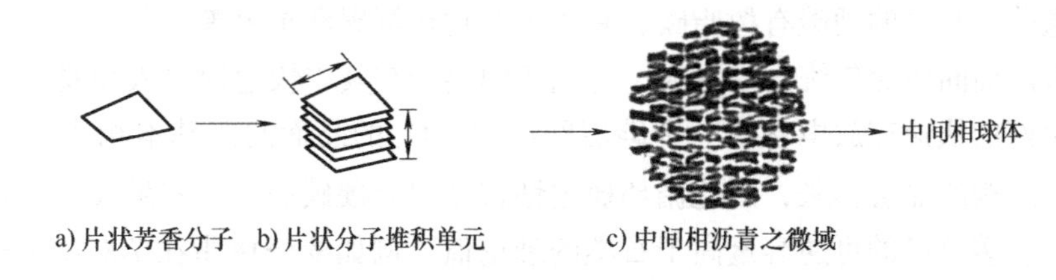

图 1-2-2 中间相碳微球形成过程

材料比容量最低。之后碳材料的储锂性能主要由储锂的石墨化程度决定，当处理温度在2000℃以上时，碳材料的比容量开始上升[2]。

目前在锂离子电池中广泛使用的 MCMB 热处理温度在 2800~3200℃，粒径在 8~20μm，表面光滑，堆积密度为 1.2~1.4g/cm³，材料可逆容量达到 300~320mA·h/g，首周充放电效率为 90%~93%。但是它存在的主要问题是比容量较低，一般在 280~320mA·h/g 之间，电极电位过低（0~0.25V），大电流充放电易形成锂枝晶沉积在电极表面，刺破隔膜，造成电池短路引起安全问题。并且处理温度过高，加工困难，制备成本较高，市场竞争受到严峻挑战。

2.2.3 软碳

软碳即易石墨化碳，是指在 2000℃以上的高温下能石墨化的无定形碳，结构模型如图 1-2-3 所示。软碳比硬碳的石墨化程度高，但是不如天然石墨或者人工石墨的石墨化程度高。软碳结晶度（即石墨化度）较低，晶粒尺寸小，晶面间距（d_{002}）较大，与电解液的相容性好，首次充放电的不可逆容量较高，输出电压较低，无明显的充放电平台电位。软碳中含有大量的缺陷和空位，可以储存更多的锂离子。常见的软碳有石油焦、针状焦、碳纤维、碳微球等。

焦炭是通过液相炭化得到的一种无定形碳材料，在高温下易石墨化。软碳具有一种不发达的石墨结构，它的碳层基本上平行排列，但是并不规则，层间距为3.34~3.35Å，略大于石墨层间距。石油沥青在1000℃条件下经过脱氢、脱氧可以得到焦炭的一种——石油焦，具有乱层状的非结晶结构。作为储锂材料，它具有资源丰富、价格低廉、锂离子在结构中扩散较快、与各种电解液体系能互相兼容等优点[3]。同时，它也有很多不足之处，如石油焦的放电电势可以从1.2V一直持续到0V左右，较高的平均电压会在一定程度上限制电池的能量密度；可以与锂形成LiC_{12}化合物，从而理论比容量不高（仅有186mA·h/g）；在锂的嵌入过程中碳结构会发生体积膨胀，降低循环寿命等[4]。因此软碳一般不直接用作负极材料，通常作为制造人造石墨的原料，或者作为包覆材料改性天然石墨、合金等负极材料。

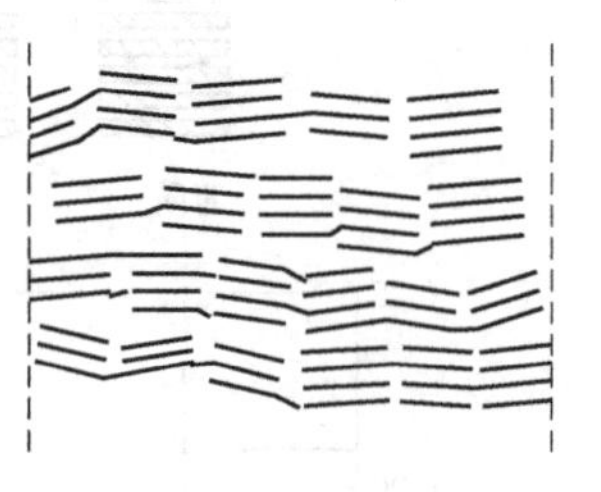

图 1-2-3　软碳结构模型

2.2.4　硬碳

将具有特殊结构的交联树脂在1000℃左右热分解可得硬碳。这类碳在2500℃以上的高温也难以石墨化，常见的硬碳有树脂碳、有机聚合物热解碳和炭黑等。

硬碳负极晶面间距比传统石墨更大，有利于锂离子在其中快速地嵌入和脱出，所以硬碳具有比石墨更好的快速充放电性能。硬碳层间距与LiC_6的晶面间距基本相当，嵌锂过程中不会引起晶体结构的显著膨胀，因此循环稳定性较好[5]。硬碳的嵌锂容量大，在0~1.5V的电压区间内，硬碳负极的可逆容量高于石墨的理论值。例如酚醛树脂在700℃热解得到的硬碳负极可逆容量高达650mA·h/g[6]；聚对苯基材料在700℃下热解得到的硬碳则能够提供680mA·h/g的可逆容量[7]；炭化如葡萄糖、蔗糖和淀粉等糖类前驱物，更是能够获得400~600mA·h/g的可逆容量[8]。硬碳负极的容量之所以较高，是由于它们的储锂机理与传统石墨的LiC_n机制不同，其中额外的容量可能是由于以下原因造成的：①锂离子嵌入到硬碳富含的纳米孔径中[9]；②锂离子嵌入到石墨层的层间和边缘位点处[10]；③锂离子和碳表面的C-H键或官能团发生相应的反应[11]。

但是硬碳还存在放电电压随容量变化大、首次充放电效率低于石墨化碳、不可逆容量高、电压回滞明显等问题。

2.3　合金类负极材料

和锂离子电池中的碳石墨负极材料相比，合金类负极材料一般具有较高的比容量，典型的如Si、Sn、Al、In、Zn、Ge等，其中，锡（Sn）基合金的理论比容量为990mA·h/g，硅（Si）为4200mA·h/g，远高于碳石墨的372mA·h/g。但锂反复地嵌入脱出导致合金类电极在充放电过程中体积变化较大，逐渐粉化失效，因而循环性能很差。如今对合金负极材料的研究主要包括硅基合金负极材料以及锡基合金负极材料。

2.3.1 硅基合金

硅元素在自然界储量丰富，成本相对较低且对环境友好。硅具有较低的脱嵌锂电位（<0.5V，vs. Li/Li^+）。硅在完全锂化的过程中，不同的电势会形成 $Li_{12}Si_{17}$、$Li_{13}Si_{14}$、Li_7Si_3、$Li_{22}Si_5$ 等多个合金相，其中 Si 完全嵌入锂时形成的合金 $Li_{4.4}Si$，其理论容量达 4200mA·h/g。硅和锂的化学反应可表示为

$$x\mathrm{Li}+\mathrm{Si}=\!=\!=\mathrm{Li}_x\mathrm{Si} \tag{1-2-2}$$

但是硅基负极材料在锂离子嵌入/脱出过程中会发生严重的体积变化（体积膨胀超过300%），由体积变化引起的电极粉化、剥落等问题导致电池性能急剧下降，降低了电池的循环稳定性。

硅负极材料在首次充电过程中，会与电解液在固-液界面上发生反应，从而形成一层覆盖于电极材料表面的钝化层 SEI 膜。但形成的 SEI 膜不稳定，容易脱落，造成电池的库仑效率较低。并且硅作为一种半导体，本征电导率低，导电性能差，大功率放电性能差。

改性方法：将 Si 纳米化。纳米化硅材料具有独特的表面效应和尺寸效应，可有效弛豫循环过程中产生的应力，有利于缓冲硅材料在脱嵌锂过程中的体积变化。

将硅与金属复合形成硅/金属复合材料。包括硅/活性金属复合材料（Mg、Al、Ag、Sn等）、硅/惰性金属复合材料（Co、Fe、Ni 等）。其中，Si/Mg 合金是研究最多的硅/金属复合材料，如 Mg_2Si，Mg_2Si 可逆比容量约为 1074mA·h/g，循环过程中体积膨胀 73%，远小于单质硅的体积膨胀。

金属与硅复合可以有效提高硅材料的导电性及循环性能，金属的加入可提高硅材料的机械强度，缓解电极体积变化。

2.3.2 锡基合金

采用锡基合金可以有效改善锡负极的循环稳定性，对于二元锡基合金负极材料来说，一般有两种合金组合方式。

1. 锡与惰性金属（镍、铜、钴等）**组合**

$$x\mathrm{Li}+MN_y=\!=\!=\mathrm{Li}_xMN_y \tag{1-2-3}$$

这种储锂方式受空间间隙位置的限制，所以储锂容量有限。但这种情况下锂离子的嵌入脱出不使材料的结构和体积发生明显变化，所以循环性能好。如 Cu_6Sn_5 在嵌锂的第一步形成与 Li_2CuSn 相关的相，在随后第二步锂化过程中，Li_2CuSn 通过一个假设的过程由 Li_3Sn 相转化为 $Li_{4.4}Sn$ 相。Cu 原子始终分布在合金周围，有效缓冲了材料的结构和体积变化，从而改善合金的循环性能。

2. 锡与活性金属（锌、锑等）**组合**

$$(x+y)\mathrm{Li}+MN_y=\!=\!=y\mathrm{Li}+\mathrm{Li}_xM+zN=\!=\!=\mathrm{Li}_xM+z\mathrm{Li}_{y/z}N \tag{1-2-4}$$

这种反应方式获得的结构中，两个嵌锂相可以相互很好地扩散，如 SnSb。Li 与 SnSb 在约 900mV 下，Li 将 Sn 置换出来，形成 Li_3Sb，在低电势下，反应出来的 Sn 发生锂化，进一步增加了合金负极的容量。但是在锂插入过程中，电极的整体膨胀达到 93%，低电势下锡的进一步锂化又导致电极的进一步膨胀，影响了高压下 Li_3Sb 和 SnSb 反应的可逆性。尽管如此，SnSb 依然能展现出单独锡或锑负极的电化学性能。

2.4 氧化物负极材料

由于硅和锡不可逆容量高，循环稳定性差的问题，一些研究者把目光放到了它们的氧化物上。例如锡的氧化物 SnO_2、SnO 等，硅的氧化物 $SiO_{0.8}$、SiO、$SiO_{1.1}$ 等，或者两者的复合氧化物。氧化物的反应机理可以认为是：

第 1 步为取代反应：　　$Li+MO_2/MO \longrightarrow Li_2O+M$　　(1-2-5)

第 2 步为合金化反应：　　$xLi+M \longrightarrow Li_xM$　$(0<x<4.4)$　　(1-2-6)

与 Li_xC_6 嵌入化合物相比，早期研究的 $Li_xFe_2O_3$、Li_xWO_2 等过渡金属氧化物因其容量较低而基本上未能得到实际应用。然而，锡的氧化物包括氧化亚锡、氧化锡及其混合物都具有一定的可逆储锂能力，可达 500mA·h/g 以上，但首次充电不可逆容量大，循环衰减快。通过改进制备工艺条件以及通过向锡的氧化物中掺入 B、P、Al 等金属元素的方法，可使不可逆容量和循环性能得到改善，但仍有待进一步改进和提高。

2.4.1 硅基氧化物

硅氧化物同硅相比具有更小的体积膨胀效应，且在嵌锂过程中生成的 Li_2O 可以缓解体积膨胀，因此 SiO_x 也被应用为锂离子电池的负极材料。其中 $SiO_{0.8}$ 的初始容量较高，但循环性能较差。而 $SiO_{1.1}$ 虽然初始容量低于 $SiO_{0.8}$，但因为它嵌入的锂离子相对较少，对体积的改变较小，因此拥有更好的循环性能。SiO 的初始容量与 $SiO_{1.1}$ 相当，但是它较大的颗粒尺寸（2000nm）导致了它的容量保持率较低。

SiO_x 材料具有较高的比容量，但是其导电性较差，导致库伦效率较低。为了克服这一问题，可以引入石墨进行改性。根据石墨分散状态不同改性的方法主要分为两种：

1）SiO_x 表面碳包覆。可以通过化学气相沉积法在硅氧化物表面沉积一层碳，制备出多孔的硅氧化物/碳复合材料。这种材料体系较好的导电性和较小的极化使首次库伦效率大大提高。此外，这种材料还具有良好的循环性能。还可以制备出一种碳纳米管包覆的笼状结构的负极材料，这种材料碳纳米管和硅氧化物颗粒紧密接触形成良好的导电网络，进而提高材料的库伦效率。

2）石墨同 SiO_x 材料形成复合材料。将 SiO 和石墨经过高能球磨可以制备出均匀的 SiO/C 复合负极材料。这种材料首次脱锂容量为 693mA·h/g，且循环 20 次后容量保持率为 99%。但是该材料的首次库仑效率为 45%。以 PVA 为碳源，经球磨分散、高温裂解等步骤也可以制备出 SiO/C 复合负极材料。同单独的 SiO 相比，该材料的首次库伦效率和循环性能都得到了明显的改善，其中首次库伦效率达到 76%，首次脱锂容量为 800mA·h/g，循环 100 次后仍然保持 710mA·h/g，这是因为裂解碳增强了体系的电接触从而使其拥有较好的电化学性能。

2.4.2 锡基氧化物

氧化锡（SnO_2）和氧化亚锡（SnO）也可用作负极材料，锡-氧化合物负极具有较高的理论容量（高于 500mA·h/g），但是循环性能欠佳。锡氧化合物的储锂过程分步进行，首先是一定程度的锂嵌入，然后是金属 Sn 的还原，最后是金属 Sn 的合金化反应机制。

$$xLi+SnO_2(SnO) \longleftrightarrow Li_xSnO_2(Li_xSnO) \tag{1-2-7}$$

$$4Li+SnO_2(SnO) \longleftrightarrow 2Li_2O+2Sn \tag{1-2-8}$$

$$xLi+Sn \longleftrightarrow Li_xSn \quad (0<x<4.4) \tag{1-2-9}$$

其中，氧化锡被还原成单质锡和 Li_2O 的反应一度被认为是不可逆的，这也是锡-氧化合物的首圈库仑效率不高的主要原因。在随后的反应中，锂会继续和生成的金属锡发生可逆的合金化反应。锡的氧化物与有机电解液分解反应形成一层无定形 SEI 膜（以 Li_2CO_3 和 $ROCO_2Li$ 为主），这也是除了第一步的不可逆反应以外，该类负极库仑效率不高的另一个原因。按照合金机制，SnO_2 和 SnO 的理论容量分别为 782mA·h/g 和 875mA·h/g，尽管低于金属锡单质的 993mA·h/g，但是由于在第一步反应中形成的 Li_2O 可以作为缓冲基体，支撑金属锡颗粒，使得其具有更好的循环性能。

近年来，越来越多的研究发现，SnO_2 负极材料的实际容量远远高于理论容量 782mA·h/g。例如，楼雄文等采用简单的水热法制备了粒径在 6~10nm 范围内的 SnO_2 纳米粒子，然后通过改进的方法成功地进行了表面碳纳米层的包覆。这种复合材料容量可以高达 1379mA·h/g，对于这种高于锡合金化反应提供的理论容量的现象，不少的研究人员猜测是由于第一步转化步骤变为可逆所致。根据科研人员的研究，SnO_2 负极材料在 1.0V 以上进行充电时，部分锂能够从 Li_2O 基质中脱出来，这说明原先人们认为的转化反应并非完全不可逆。他们认为如果将第一步反应中间产物锡和 Li_2O 颗粒限制在一个纳米的活性区间内，使得它们紧密接触，那么第一步的转换反应将可逆进行。这也就解释了为什么实际实验中所制备的纳米级别的 SnO_2 颗粒具有比理论容量高的储锂能力。

为了讨论这些锡基氧化物高比容量以及可逆反应发生的根本机制，科研人员通过一系列手段对其进行了系统的分析。他们发现在 SnO_2 纳米结构中，转化产物 Li_2O 可以发生可逆反应，高达 95.5%的初始库仑效率远远高于之前报道块状 SnO_2 初始库伦效率（50%~60%）。

2.5 钛酸锂负极材料

2.5.1 钛酸锂的结构和电化学性能

在 Li-Ti-O 三元系化合物中，作为锂离子电池负极材料研究得较多的为尖晶石型钛酸锂（$Li_4Ti_5O_{12}$），也可写为 $Li[Li_{1/3}Ti_{5/3}]O_4$，晶胞参数 a 为 0.836nm，为不导电的白色晶体，在空气中可以稳定存在。其中 O^{2-} 构成面心立方（FCC）的点阵，位于 32e 的位置，一部分 Li 则位于 8a 的四面体间隙中，同时部分 Li^+ 和 Ti^{4+} 位于 16d 的八面体间隙中。当锂插入时还原为深蓝色的 $Li_2[Li_{1/3}Ti_{5/3}]O_4$。电化学过程为

$$Li[Li_{1/3}Ti_{5/3}]O_4+Li^++e^- \rightleftharpoons Li_2[Li_{1/3}Ti_{5/3}]O_4 \tag{1-2-10}$$

当外来的 Li^+ 嵌入到 $Li_4Ti_5O_{12}$ 的晶格时，Li^+ 先占据 16c 位置。与此同时，在 $Li_4Ti_5O_{12}$ 晶格中原来位于 8a 的 Li^+ 也开始迁移到 16c 位置，最后所有的 16c 位置都被 Li^+ 所占据。因此，可逆容量的大小主要取决于可以容纳 Li^+ 的八面体空隙数量的多少。由于 Ti^{3+} 价的出现，反应产物 $Li_2[Li_{1/3}Ti_{5/3}]O_4$ 的电子导电性较好，电导率约为 10^{-2}S/cm。

上述过程的进行是通过两相的共存实现的，这从锂插入产物的紫外可见光谱和 X 射线

衍射得到了证明。生成的 $Li_2[Li_{1/3}Ti_{5/3}]O_4$ 的晶胞参数 a 变化很小，仅从 0.836nm 增加到 0.837nm，因此称为零应变电极材料。

$Li_4Ti_5O_{12}$的放电非常平稳，平均电压平台为 1.56V，可逆容量一般在 150mA · h/g 附近，比理论容量（168mA · h/g）约低 10%。由于是零应变材料，晶体非常稳定，尽管也发生细微的变化。这与前述的碳材料明显不一样，能够避免在充放电过程中由于电极材料来回伸缩而产生的结构破坏，从而具有优越的循环性能。因此除作为锂二次电池负极材料外，亦可以作为参比电极来衡量其他电极材料性能的好坏（一般是采用金属锂为参比电极进行比较，而金属锂易形成枝晶，不能作为长期循环性能评价的较好的标准）。由于充电过程中不像碳材料一样需要生成钝化膜，第一次充放电效率高达 90%以上。锂离子的扩散系数为 $2\times10^{-8}cm^2/s$，比碳基负极材料高一个数量级。

当然，液体电解质的种类对 $Li_4Ti_5O_{12}$ 的电化学性能有一定的影响。例如在 1mol/L $LiClO_4$-PC、1mol/L $LiClO_4$-(PC+DME)、1mol/L $LiAsF_6$-PC 和 1mol/L $LiAsF_6$-(PC+DME) 四种电解液中，$Li_4Ti_5O_{12}$与 $LiClO_4$-PC 电解液的电化学相容性最好。电解液对电极性能影响与首次放电过程在 $Li_4Ti_5O_{12}$电极上形成的表面膜有关，表面膜与溶剂的性质有关，而表面膜的存在对电池的循环性能、安全性能等有重要的作用。

$Li_4Ti_5O_{12}$电极材料与 $LiCoO_2$、$LiNiO_2$、$LiMn_2O_4$、三元材料等高电位嵌入正极材料（约为 4V）组成锂离子电池时，开路电压为 2.4~2.5V，约为 Ni-Cd 或 Ni-MH 电池的 2 倍。以 $LiCoO_2$ 为例，$Li_4Ti_5O_{12}$的充电曲线与石墨相比更加平坦。在充电结束时电压才明显上升，而石墨的电压则是在整个阶段逐渐上升，不存在充电结束的明显指示电压，很容易过充，因此必须采用防过充的电子保护装置。

对于 $Li_4Ti_5O_{12}$ 和石墨在浅放电深度（Depth of Discharge，DOD）的循环性能而言，$Li_4Ti_5O_{12}$-$LiCoO_2$ 系统的循环次数可达 4000 次，而以石墨为负极的锂离子电池则仅为 2800 次。虽然该锂离子电池体系的比能量明显要小于以石墨作负极的锂离子电池，但是由于使用 $Li_4Ti_5O_{12}$为负极，作为储能用的大型电池就可以使用铝箔作为集流体。

2.5.2 钛酸锂的改性

$Li_4Ti_5O_{12}$作为锂离子电池的负极材料，导电性能很差，且相对于金属锂的电位较高而容量较低，因此希望对其进行改性。目前而言，改性的方法主要有掺杂、包覆。

1. $Li_4Ti_5O_{12}$的掺杂改性

如同碳材料和后述的正极材料一样，掺杂是有效的途径之一，这可以从 Li^+ 和 Ti^{4+} 两方面进行。为了改善 $Li_4Ti_5O_{12}$的电导性，可用 Mg 来取代 Li。由于 Mg 是 2 价金属，而 Li 为 1 价，这样部分 Ti 由 4 价转变为 3 价，大大提高了材料的电子导电能力。当每 1mol $Li_4Ti_5O_{12}$ 单元中掺杂有 1/3mol 单元 Mg 时，电导率可以从 $10^{-13}S/cm$ 提高到 $10^{-2}S/cm$，但是可逆容量有所下降。对于 x 接近 1 的 $Li_{4-x}Mg_xTi_5O_{12}$的容量为 130mA · h/g，这可能是因为 Mg 占据了尖晶石结构中四面体的部分 $8a$ 位置所致。

中国科学院硅酸盐研究所在 $Li_4Ti_5O_{12}$的掺杂方面进行了一些研究，通过合成 $Li_{3.95}M_{0.15}Ti_{4.9}O_{12}$（$M$=A1、Ga、Co）和 $Li_{3.9}M_{0.1}Al_{0.15}Ti_{4.85}O_{12}$材料，测定了不同元素掺杂的电化学性能。结果发现，$Al^{3+}$的引入能明显提高可逆容量与循环性能，$Ga^{2+}$引入能稍微提高容量，但并没有改善循环稳定性，而 Co^{3+}和 Mg^{2+}的引入反而在一定程度上降低其电化学性能。另外，考虑到以下关系：

$$3M^{3+} \rightleftharpoons 2Ti^{4+} + Li^{+} \tag{1-2-11}$$

因此可以将 $Li_4Ti_5O_{12}$中的 Ti^{4+}用其他 3 价过渡金属离子代替，例如 Fe、Ni、Cr 等。Fe 来源丰富，没有毒性，用 Fe^{3+}取代替换部分 Ti^{4+}后，晶体结构仍然为尖晶石结构，在第一次循环时，0.5V 左右出现一个新的锂插入平台，但是在脱嵌的过程中没有发现对应的平台。而且掺杂后，可逆容量发生增加，可在 200mA·h/g 以上；但是循环性能并不是一直随着掺杂元素的增加而得到改善，循环性能也明显改善。例如当每 1mol $Li_4Ti_5O_{12}$单元掺杂 0.033mol Fe 时，可逆容量超过 150mA·h/g，25 次循环后基本上没有衰减。当 $Li_4Ti_5O_{12}$中 2/3 Ti^{4+}和 1/3Li^{+}被 Fe^{3+}取代后，得到的 $LiFeTiO_4$ 的容量高达 650mA·h/g，然而其循环性能也不理想。Ni 和 Cr 的原子半径与 Ti 相近，掺杂后 $Li_{1.3}M_{0.1}Ti_{1.7}O_4$（$M$=Ni、Cr）相对于锂电极的电压为 1.55V；而尖晶石结构 Li[CrTi]O_4 相对于金属锂的开路电压略低一点（为 1.5V），循环时的可逆容量为 150mA·h/g。

从上面的掺杂可以得知，八面体缺陷（16d）位置的存在会减少可逆容量，四面体（8a）的存在会增加不可逆容量，将锂引入到隙间（48f）位置可以防止相转变。

2. $Li_4Ti_5O_{12}$的包覆改性

传统的对 $Li_4Ti_5O_{12}$的包覆改性一般是通过有机物或聚合物炭化后包覆。

将 $Li_4Ti_5O_{12}$放入溶有 $SnCl_2 \cdot nH_2O$ 的乙醇溶液得到的溶胶中，加入氨水搅拌，85℃干燥 5h，500℃恒温 3h，制得了 SnO_2 包覆的 $Li_4Ti_5O_{12}$。结果表明：SnO_2 包覆在 $Li_4Ti_5O_{12}$的表面提高了 $Li_4Ti_5O_{12}$的可逆比容量和循环稳定性，在 0.5×10^{-3} A/cm^2电流密度下循环 16 次后，放电比容量还有 236mA·h/g。

Ag 具有优良的电子导电性以及可以减小材料极化，研究发现在 $Li_4Ti_5O_{12}$表面通过 $AgNO_3$ 的分解包覆一层 Ag，显著提高了容量以及循环性能，2C 倍率下 50 次充放电后容量保持 184mA·h/g。

较新的方法是对 $Li_4Ti_5O_{12}$进行氟化，通过 F_2 将 $Li_4Ti_5O_{12}$表面在不同温度下氟化，发现 70℃和 100℃下的性能最佳，在 600mA·h/g 大电流密度下比单纯 $Li_4Ti_5O_{12}$表现出更优异的性能。也可以在 $Li_4Ti_5O_{12}$表面包覆一层氮化钛以提高性能。

综上所述，$Li_4Ti_5O_{12}$作为锂离子电池负极材料，具有以下优点：①在锂离子嵌入/脱出过程中晶体结构的稳定性好，为零应变过程，具有优良的循环性能和放电电压平台；②具有相对金属锂较高的电位（1.56V），因此可选的有机液体电解质比较多，避免了电解液分解现象和界面保护钝化膜的生成；③$Li_4Ti_5O_{12}$的原料（TiO_2 和 Li_2CO_3、LiOH 或其他锂盐）来源也比较丰富；④具有优良的热稳定性。因此，$Li_4Ti_5O_{12}$可作为一种理想的替代碳的负极材料。

2.6 过渡族金属氧化物

除了上述两节中介绍的锡基、硅基化合物以外，目前研究较多且可能有所应用的高容量负极材料包括一些过渡金属氧化物。

过渡金属氧化物负极的储锂机制与传统的石墨负极以及 Sn、Si 等合金负极不同，它所表现出的是一种典型的氧化还原反应，而非传统意义上的锂离子嵌入和脱出过程。在实际应用中，比容量高达几百甚至上千 mA · h/g，相比商品化石墨负极具有明显的优势，因此是一种十分诱人的新型负极材料。

2.6.1 典型的过渡族金属氧化物负极材料

2000 年，Poizot 等人最早报道了 CoO、NiO 和 FeO 等金属氧化物发生转化反应的电化学性能和充放电机理。

在 C/5 的电流密度和 0.01～3V 的电压范围下，这几种氧化物的充放电曲线基本类似，放电平台都在 1V 以下，充电平台都高达 1.8V，表现出较大的电压滞后效应。同时电极都表现出较好的循环性能，其中 CoO 电极循环 50 周后容量仍然保持在 60mA · h/g。在 2C 的倍率下容量仍可达到起始小倍率下的 85%，表现出良好的循环倍率性能。但这类氧化物作为锂离子电池的负极材料的主要缺点是工作电位较高，在实际应用中与正极材料组成的电池电压较低。

根据研究表明，各种金属氧化物负极的理论比容量都高达几百甚至上千，相比传统石墨负极具有明显的优势。但它们存在的共同缺点是首圈放电有较大的不可逆容量，库仑效率大多都在 70%以下。金属氧化物负极首次不可逆容量损失来源于两点：①在电极材料与电解液接触的表面生成的固体电解质界面（SEI）会消耗一定的锂；②放电过程中生成的金属单质 M 和 Li_2O 不可能完全地可逆转换生成金属氧化物 M_xO_y，还会存在少量未参与反应的金属 M 和 Li_2O。

早期的研究表明，尽管金属氧化物负极能获得可观的可逆容量，但其循环稳定性较差，一般寿命在 30 次以内。其原因有三点：①大多数的金属氧化物导电性较差，充放电过程中电子和离子迁移速率小，直接影响了电极材料的可逆性；②电极材料在充放电过程中体积的不断变化会导致活性颗粒之间、活性颗粒与集流体之间失去电接触，活性颗粒的利用率逐渐下降；③放电产物纳米金属颗粒在多次循环后容易发生团聚，致使能参与反应的活性物质和反应界面减少。

为了提高过渡金属氧化物负极的首周库仑效率和循环稳定性，研究者们合成了具有各种特殊形貌的金属氧化物或金属氧化物/碳复合物。

铁氧化物用作转换反应负极材料的研究最早可追溯到 20 世纪 80 年代，科研人员通过 X 射线衍射（X-Ray Diffraction，XRD）在 Fe_2O_3 高温熔盐电池放电产物里检测到了 Fe 和 Li_2O 的存在，随后人们发现还原 Fe_2O_3 带来的高放电比容量在室温下也是部分可逆的，这一发现促使越来越多的人研究铁氧化物负极材料。铁的氧化物有 FeO、α-Fe_2O_3、Fe_3O_4 等，其中 α-Fe_2O_3因具有最高的理论储锂容量（1007mA · h/g）、价格低廉和环境友好等优点得到相对较多的研究。又有科研人员通过简单的热板法制备了负载在 Cu 基体上的 Fe_2O_3 纳米薄片，材料经 80 周循环容量保持不变。还有科研人员用均相沉淀和还原两步法制备了 Fe_2O_3/石墨烯复合物，该复合物负极经 50 次循环后容量仍能保持在 1000mA · h/g。

钴的氧化物有 CoO、Co_3O_4 等，其中 Co_3O_4 的理论容量较高（890mA · h/g）。科研人员以十二羰基四钴［$Co_4(CO)_{12}$］为前驱体，碳纳米管为模板，通过超声分散、高温氧化两步法制得了多孔 Co_3O_4 纳米管，室温测试下，可逆容量高达 1200mA · h/g。

除上述氧化物负极外，CuO、Cr_2O_3 等也有文献报道。迄今为止，过渡金属氧化物负极的转换反应储锂机制已得到广泛的接受，但该机制仍存在一些问题，一些与转换反应机制不符的实验结果也有报道。X 射线吸收谱（X-Ray Absorption Spetroscopy，XAS）被广泛应用于电子结构和元素价态的研究中。与 X 射线衍射（XRD）不同，XAS 受晶体结构和结晶度的影响很小，因此更适合用来研究电极材料的反应机制。科研人员发现 CoO 完全放电后的产物（$Li_{3.07}CoO$）的 XAS 谱与单质 Co 的 XAS 不完全吻合。又有科研人员利用拉曼光谱对 Co_3O_4 的充放电机制进行研究，发现 Co_3O_4 放电后产物的拉曼光谱与 Co 和 Li_2O 均不吻合，于是推测可能仍有 Co-O-Li 键存在。

可以看到，基于转化反应机制而实现储锂的过渡金属氧化物具有比基于锂离子嵌入脱出机制的传统石墨负极高出 2~4 倍的比容量，是极具潜力的锂离子电池电极材料。

2.6.2　储锂机制

过去通常人们认为 3*d* 过渡金属氧化物中的金属元素不能与锂形成锂合金，如 CoO、NiO、CuO、FeO 等，因此它们不具备储锂性能。然而在 2000 年，Tarascon 课题组制备了一系列的纳米级的金属氧化物并用做锂离子电池负极材料，发现这些氧化物可与锂离子发生多电子可逆的氧化还原反应，并获得高达 700mA · h/g 的比容量，他们将这一类反应称为“转换反应”。随后，一些其他的过渡金属氧化物等，都被陆续发现能发生可逆的转换反应，并释放出高于传统嵌入反应数倍的储锂容量。为了揭示这一关键科学问题，国际能源领域权威专家学者对该现象提出了多种不同理论解释，如电极表面电解质衍生层的形成与分解、含锂物质的氧化反应、空间电荷存储等。因此，基于转换反应机制的过渡金属氧化物材料，引起了科研工作者们的密切关注，对其用作锂离子电池电极材料时的储锂机制的研究，也得到了进一步的完善。

2.6.3　空间电荷储能

1. 负极界面锂存储

电池系统中界面存储的详细讨论基本上是从 RuO_2 的锂化过程开始的，如图 1-2-4 所示，RuO_2 经历了不同的储存方式；溶解在 RuO_2 和 $LiRuO_2$（A 和 C 状态）、RuO_2 相变为 $LiRuO_2$（B 状态）、转化反应（D 状态），最终形成 Ru 和 Li_2O 相的混合物。E 状态发生界面储存，总放电容量超过了根据 $RuO_2+4Li \rightleftharpoons Ru+2Li_2O$ 反应计算的理论容量。

额外的容量被归因于界面存储 $[(Li_{2+\varepsilon}X)^{\varepsilon+} \mid \varepsilon e^-]$[14]。然而，这一发现引起了人们的讨论，特别是由于使用了低热力学稳定性的电解质。Ponrouch 等人将额外的容量归因于电解质的分解[15]。

Hu 等人在原位固态核磁共振的基础上提出，额外容量源于放电过程中产生的 LiOH 的锂化[14]。

然而，后者的研究是基于第一个循环的结果，这伴随着电解质的分解和固体电解质界面（SEI）膜的形成[16]，特别是在低电压下。根据 Kim 等人最近进行的一项研究中的透射电子显微镜（Transmission Electron Microscope）TEM 和 X 射线电子能谱技术（XPS）分析，即使在第一循环中，LiOH 的转化反应和电解质的分解也没有对 RuO_2 的额外容量做出重大贡献[15]。

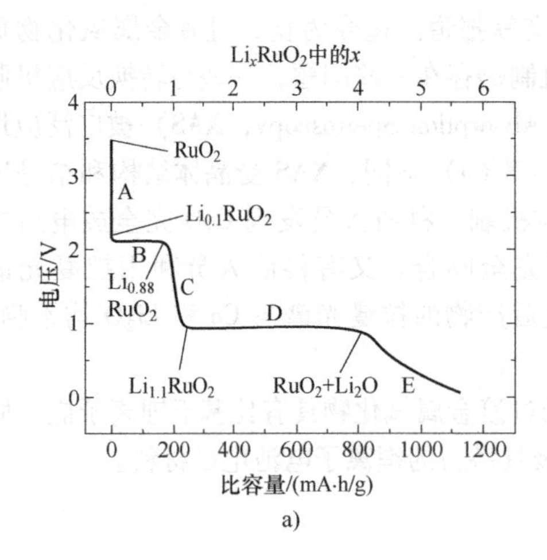

a)

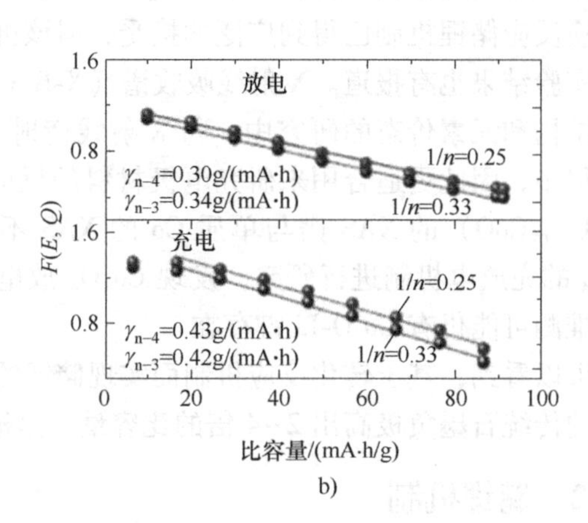

b)

图 1-2-4 RuO_2 的锂化过程

a) RuO_2 的放电曲线，表现出不同的存储模式：单相存储（A，C）、两相存储（B）、分解（D）以及界面存储（E） b) 存储电压曲线

这种争议表明了电化学实验的复杂性，而且现场测量并不是明确的。通过应用高电流密度，可以减少来自法拉第过程的容量贡献，如 LiOH 的电解分解或锂化。在 0~1.2V 对 Li^+/Li 的电压范围内，用 600mA · h/g 的高电流密度对 Ru:Li_2O 纳米复合材料进行电致静态测量，表明在循环过程中可以保持约 80mA · h/g 的可逆容量[16]。

根据热力学模型和实验数据显示，在界面存储过程中，当存储电荷较小时，扩散层存储占主导地位，而当存储电荷较大时，刚性层存储占主导地位。在 Ru:Li_2O 和 Ni:LiF 纳米复合材料的情况下，在低电压下的锂化过程中实现了过量的界面存储，这使得该复合材料与负极有关。相关的例子包括硫化物[17]、硒化物[18]，甚至钠储存[19]也有报道。除了电化学合成的复合材料，job-sharing（工作分担）也可以在共溅射[20]和脉冲激光沉积制备的复合材料中得到利用。储锂量随着成分相之间的接触面积增加而增加。

2. 正极界面锂存储

相对于锂化过程中界面储存而言，脱锂过程不仅是间隙占据的逆转，更重要的是去除规则位点的 Li 离子。这种脱离过程将导致锂的空位和空穴储存在两相界面[21]。相关研究表明锂可以从 LiF：MnO 复合材料中提取，如图 1-2-5 所示，在 1.5~4.8V 电压范围内，20mA/g 的电流密度下的充电容量为 240mA · h/g [22]。脱嵌过程为表面反应，其速率与材料粒径有关。充电过程中，Mn^{2+} 在表面被氧化为 Mn^{3+}/Mn^{4+}，同时，LiF 分解为 Li^+ 与 F^-，F^- 逐渐累积在 MnO 表面。这种“表面转化反应”本质上遵循了 job-sharing 原则[23,24]，不仅充电过程的早期阶段 $h(MnO)\mid V'_{Li}(LiF)$，在 LiF 表面形成空位，在 MnO 表面形成空穴，而且还在 LiF 相分解的后期阶段，在 MnO 表面起到了氧化物与吸附层的 job-sharing 界面的作用。

在实验上，作者[25]等人首次证实了空间电荷储锂的反应机制，并明确电子存储位置。研究揭示了过渡族金属化合物 Fe_3O_4 的额外容量主要来源于过渡族金属 Fe 纳米颗粒表面的自旋极化电容，如图 1-2-6 所示，并证明这种空间电荷电容广泛存在于各种过渡族金属化合物中，费米面处 3d 电子高电子态密度发挥关键作用。

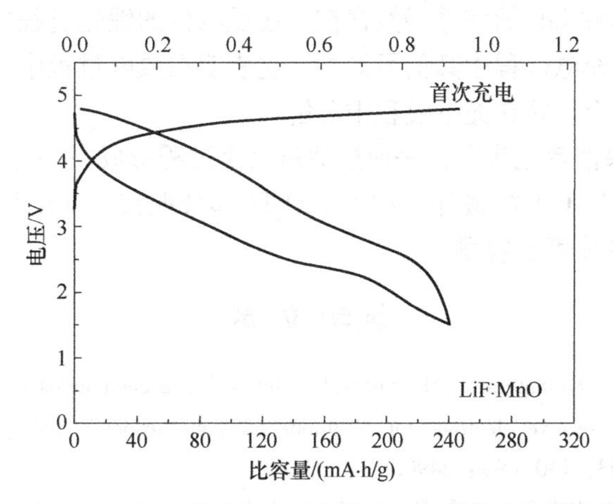

图 1-2-5 LiF：MnO 纳米复合材料作为正极时的电化学曲线[24]

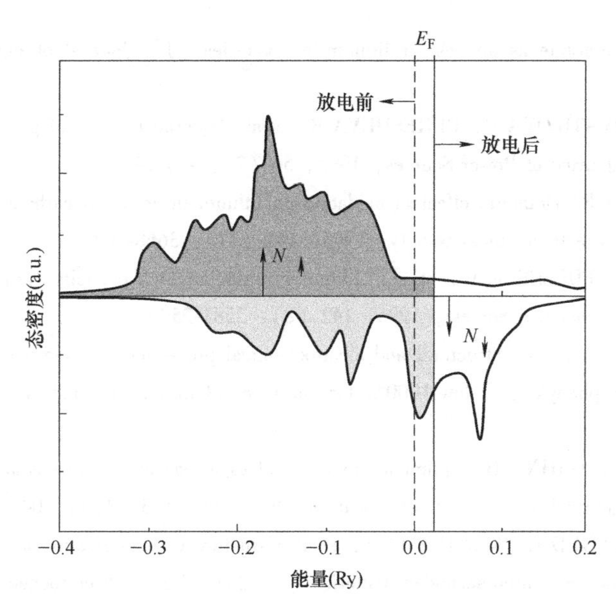

图 1-2-6 铁磁金属颗粒表面（放电前后）的自旋极化态密度示意图，与 Fe 的体自旋极化相反

2.6.4 表面层分解储能

目前，表面层的形成和分解被广泛地认为是基于转化反应的负极材料中额外容量的起源，并已经在各种材料中通过多种分析方法观察到。

通过使用 XAS 的电子产率（TEY）和荧光产率（TFY）模式的不同探测深度，检查了碳涂层 $ZnFe_2O_4$阳极表面层与深度相关的成分的变化。由于电子和光子的平均自由程不同，TEY 和 TFY 的有效探测深度为 2~10nm 和 50~100nm。在这里，电化学实验是用溶解在 1：1 的 EC/DMC 溶剂中的 $LiPF_6$电解质进行的。在 C K-edge TEY 波谱中可以看到 291eV 处的尖峰逐渐增长，直到放电至对应 Li_2CO_3的 0.79V。在较低的电位下，Li_2CO_3峰的强度下降，被 289eV 处的一个峰所取代，该峰被指定为 $ROCO_2Li$。在随后的充电过程中，$ROCO_2Li$ 峰的强度降低。而对应 Li_2CO_3和 LiF 的信号仍然存在。在低电位的锂化过程中，碳酸烷基酯的信号不断增加，而在随后的充电过程中其信号消失，这表明在放电过程中，碳酸烷基酯在低电位下形成于 LiF/Li_2CO_3层上，并在充电过程中溶解。

TEY 和 TFY 的结果清楚地表明，表面层通过两个过程形成——首先，Li_2CO_3和 LiF 在电极的表面形成；然后，Li_2CO_3被最外层的 $ROCO_2Li$ 部分取代。在随后的充电过程中，外层的 $ROCO_2Li$ 被分解，形成可逆容量。

参考文献

[1] OHZUKU, TSUTOMU. Formation of lithium-graphite intercalation compounds in nonaqueous electrolytes and their Application as a negative electrode for a lithium ion (shuttlecock) cell [J]. Journal of the Electrochemical Society, 1993, 140 (9): 2490.

[2] WANG Y, SU F, WOOD C D, et al. Preparation and characterization of carbon nanospheres as anode materials in lithium-ion secondary batteries [J]. Industrial & Engineering Chemistry Research, 2008, 47 (7): 2294-2300.

[3] SHI H. Coke vs. graphite as anodes for lithium-ion batteries [J]. Journal of Power Sources, 1998, 75 (1): 64-72.

[4] MOSHTEV R V, ZLATILOVA P, PURESHEVA B, et al. Material balance of petroleum coke/$LiNiO_2$ lithium-ion cells [J]. Journal of Power Sources, 1995, 56 (2): 137-144.

[5] XUE J S, DAHN J R. Dramatic effect of oxidation on lithium insertion in carbons made from epoxy resins [J]. Journal of the Electrochemical Society, 1995, 142 (11): 3668-3677.

[6] ZHENG T, LIU Y, FULLER E W, et al. Lithium insertion in high capacity carbonaceous materials [J]. Journal of the Electrochemical Society, 1995, 142 (8): 2581-2590.

[7] GONG J, WU H, YANG Q, Structural and electrochemical properties of disordered carbon prepared by the pyrolysis of poly (p-phenylen) below 1000℃ for the anode of lithium-ion battery [J]. Carbon, 1999, 37 (9): 1409-1416.

[8] XING W, XUE J S, DAHN J R. Optimizing pyrolysis of sugar carbons for use as anode materials in lithium-ion batteries [J]. Journal of the Electrochemical Society, 1996, 143 (10): 3046-3052.

[9] NAGAO M, PITTELOUD C, KAMIYAMA T, et al. Structure characterization and lithiation mechanism of nongraphitized carbon for lithium secondary batteries [J]. Journal of the Electrochemical Society, 2006, 153 (5): A914-A919.

[10] XIANG H, FANG S, JIANG V. Carbonaceous anodes for lithium-ion batteries prepared from phenolic resins with differentcross-linking densities [J]. Journal of the Eletrochemical Society, 1997 (144): 187-189.

[11] XING W, DUNLAP R A, DAHN J R. Studies of lithium insertion in bailmilled sugar carbons [J]. Journal of the Electrochemical Society, 1998, 145 (1): 62-69.

[12] BALAYA P, LI H, KIENLE L, et al. Fully reversible homogeneous and heterogeneous Li storage in RuO_2 with high capacity [J]. Adv. Funct. Mater, 2003 (13): 621-625.

[13] FU L, CHEN C C, SAMUELIS D, et al, Thermodynamics of lithium storage at abrupt junctions: modeling and experimental evidence [J]. Phys. Rev. Lett., 2014 (112): 208301.

[14] HU Y Y, LIU Z, NAM K W, et al. Origin of additional capacities in metal oxide lithium-ion battery electrodes [J]. Nature Materials, 2013 (12): 1130.

[15] KIM Y, MUHAMMAD S, KIM H, et al. Probing the additional capacity and reaction mechanism of the RuO_2 anode in lithium rechargeable batteries [J]. ChemSusChem, 2015 (8): 2378-2384.

[16] WANG A, KADAM S, LI H, et al. Review on modeling of the anode solid electrolyte interphase (SEI) for lithium-ion batteries [J]. 计算材料学（英文）, 2018 (1): 26.

[17] ZHU C, MU X, AKEN VAN P A, et al. Single-layered ultrasmall nanoplates of MoS_2 embedded in carbon nanofibers with excellent electrochemical performance for lithium and sodium storage [J]. Angew. Chem. Int. Ed, 2014 (126): 2184.

[18] WU C, JIANG Y, KOPOLD P, et al. Peapod-like carbon-encapsulated cobalt chalcogenide nanowires as cycle-stable and high-rate materials for sodium-ion anodes [J]. Adv. Mater, 2016 (28): 7276.

[19] ZHANG Y, PAN A, DING L, et al. Nitrogen-doped yolk-shell-structured CoSe/C dodecahedra for high-performance sodium ion batteries [J]. ACS Appl. Mater. Interfaces, 2017 (9): 3624.

[20] LIAO P, MACDONALD B L, DUNLAP R A, et al. Combinatorially prepared $[LiF]_{1-x}Fe_x$ nanocomposites for positive electrode materials in Li-ion batteries [J]. Chem. Mater, 2007 (20): 454-461.

[21] KRAUSKOPF T, HARTMANN H, ZEIER W G, et al. Toward a fundamental understanding of the lithium metal anode in solid-state batteries An Electrochemo-Mechanical Study on the Garnet-Type Solid Electrolyte $Li_{6.25}Al_{0.25}La_3Zr_2O_{12}$ [J]. ACS Applied Materials And Interfaces, 2019, 11 (15): 14463-14477.

[22] JUNG S K, KIM H, CHO M G, et al. Lithium-free transition metal monoxides for positive electrodes in lithium-ion batteries [J]. Nature Energy, 2017 (2): 16208.

[23] SARMA D D, SHUKLA A K. Building better batteries: A travel back in time [J]. ACS Energy Letters, 2018, 3 (11): 2841-2845.

[24] DUNN B, KAMATH H, TARASCON J M. Electrical energy storage for the grid: a battery of choices [J]. Science 2011, 334: 928-935 (2011).

[25] LI Q, LI H, XIA Q T, et al. Extra storage capacity in transition metal oxide lithium-ion batteries revealed by in situ magnetometry [J]. Nature Materials, 2021 (20): 76-83.

第 3 章 正极材料

3.1 锂离子正极材料发展史

锂离子电池自 20 世纪 70 年代，第一颗商业化 Li/(CF)$_n$ 锂一次电池销售以来，已经经过了数十年的发展，对各种正极材料的研究也被广泛展开，Li/(CF)$_n$（1970 年）、Li/MnO_2（1975 年）、Li/I_2（1976 年）被相继研发出来。到现在已经商业化的锂一次电池正极材料有：I_2、MnO_2、CuO、(CF)$_n$、$SOCl_2$、SO_2 等。

锂离子二次电池正极材料一开始的研究主要集中在可嵌入的化合物中，1972 年，EXXO 公司设计了以 TiS_2 为正极材料的锂离子二次电池，TiS_2 是一种层状半金属，可发生锂的脱嵌反应，具有良好的可逆性，且导电性好，无须添加导电剂，但是材料难以合成且成本较高以及没有解决锂枝晶问题，因此没有投入商业化生产。随后，1980 年 Goodenough 提出了氧化钴锂（$LiCoO_2$）可以作为正极材料，但由于传统方法里组装成电池后是满电状态，而氧化钴锂做正极时需要先充电，且主流观点认为高工作电压影响有机电解质的稳定性，因此该正极材料在当时并没有得到足够的重视。1983 年，Goodenough 又发现了尖晶石型 $LiMn_2O_4$ 可以作为优秀的正极材料，其价格较低，且拥有优良的导电、导锂性能，以及相较于 $LiCoO_2$ 更高的安全性。1986 年，第一块以 MoS_2 为正极材料的锂离子二次电池被加拿大 Moli 公司推向市场，不过由于锂枝晶并没有被解决导致电池爆炸起火，使该电池设计被终结，Moli 公司也因此一蹶不振并最终被收购。在之后 1996 年 Goodenough 再次提出橄榄石结构的磷酸铁锂也可以作为锂离子二次电池正极材料，磷酸铁锂具有良好的热稳定性和安全性，且价格低廉、对环境友好等优点。

3.2 正极材料简介

正极作为锂离子电池四大关键部位之一，正极材料的选择直接决定了锂离子电池的安全性能和电池能否大型化，正极材料的成本也较为高昂，约占锂离子电芯材料成本的 1/3 左右，同时正极材料也对锂离子电池的电压、容量等多个指标都起到了非常重要的影响。因此寻找一个廉价、高容量、高比能量、安全可靠的正极材料是未来锂离子电池发展的重要挑战。

选择锂离子电池的正极材料时需要考虑几个因素：

1）输出电压：正极材料需要有较高的氧化还原电位，有较高电压的放电平台，以此获得拥有较高电压的电池。

2）高容量：正极材料应该能够允许大量的锂离子进行可逆的嵌入脱出。

3）循环性能好：在锂离子的嵌入脱出过程中，正极材料的结构需要保持稳定，不发生大的变化。

4）大电流放电：正极材料需要具有较高的离子电导率和电子电导率，减少极化现象，满足电池大电流放电的需求。

5）正极材料应该在整个电压范围内具有良好的化学稳定性，不与电解液发生反应。

6）从实用角度来看，材料应该对环境无污染且价格便宜、储量丰富。

锂离子电池的发展已经经历了100多年，现在使用的锂离子电池是在电极材料固态化学方面不断研究和发展的结果。其中，最重要的是开发新型电极材料，并且持续不断地研究其结构-组分-性能-电化学性能之间的关系。这些研究对锂电池的发展起着至关重要的作用。从成本分析来看，正极材料的成本仍然占据了很大的比重。但是，有趣的是目前使用的三种常见的正极材料都是出自美国奥斯汀大学的John B Goodenough课题组，包括层状材料，尖晶石型材料和聚阴离子材料。因此非常有必要来看看这几类材料对锂离子电池的发展演变起着怎样的作用。

1841年，Schauffautl就发现了锂离子可以在石墨材料中脱嵌。随后，在20世纪70年代，脱嵌机理被应用于Li^+与TiS_2反应中，完美地解释了锂的储存机理。但是由于硫化物的工作电压低，导致了电池的能量密度低。提高材料的能量密度才能进一步提高锂电池的能量密度。Goodenough教授从20世纪80年代开始研究锂离子电池正极材料，根据氧化还原的机理，正极材料的氧化能越低越好，而负极材料的还原能越低越好。研究发现，O^{2-}：$2p^6$的轨道能量比S^{2-}：$3p^6$的能量要低，因此该课题组开始开发氧化物。同时，他们还发现，如果跟过渡金属匹配，过渡金属氧化物的氧化还原电位能够达到较高的水平。基于这个基本的思路，他们分别在1980年发明了层状氧化物$LiCoO_2$，1983年发明了尖晶石型的$LiMn_2O_4$，1997年发明了聚阴离子材料$LiFePO_4$。

$LiCoO_2$是一种O3型结构的材料，其中，Li和Co有序地排列在（111）面上。这种有序的结构导致了高的离子迁移率。其中，Co-Co的相互作用导致了较好的电子电导率。基于以上特点，$LiCoO_2$克服了硫化物的两个大的弱点：①电极工作电压有很大的提高（>4.0V）；②避免了采用金属锂作为电极，使得电池安全性更好。但是它的实际容量大概是140mA·h/g（理论容量为274mA·h/g），伴随着0.5 Li^+（每化学式）可逆的脱嵌。随后，由于其他的过渡金属，例如Ni、Mn，也具有较好的氧化还原性。因此，这些元素也被单独或者作为掺杂元素被大量地研究，其中最典型的是$LiNi_{1-y-z}Mn_yCo_zO_2$（NMC）。近几年由于对于电池能量密度的追求，富锂材料也被发现。

$LiMn_2O_4$是一种磁铁矿石结构的尖晶石的正极材料。跟$LiCoO_2$不同，尖晶石型的材料是一种半导体，但是它具有较好的结构稳定性和3D锂迁移通道。由于四面体的Li^+具有较高的位能，所以该材料的氧化还原电压也能达到4.0V。相比于$LiCoO_2$，尖晶石锰酸锂的成本更低。但是它的缺点是Mn的Jahn-Teller效应，影响了该材料的电化学性能。掺杂能够明显改善材料的性能，例如Ni或者F等。

其实，对于聚阴离子化合物的研究从1980年已经开始了，但是它们的工作电压都偏低。有关$LiFePO_4$的研究成果是在1997年被发表出来的，它具有两相反应，$LiFePO_4 \rightarrow FePO_4$，氧化还原电压是3.4V。$Li^+$在$PO_6$六面体和$FeO_4$四面体之间，它具有沿着b轴的一维锂离子嵌脱通道扩散，因此，它的离子迁移率要低于金属氧化物。取决于过渡金属元素，聚阴离子材料有可能能将电压提高到5V左右。此外，由于较强的P-O键的存在，材料的结构稳定和安全性相对较高。该材料的缺点是容量低。

3.3 正极材料的发展趋势

作为一个储能元件，电池的最终作用是需要给相关设备提供电能，因此，成本和能量密度是两个最重要的因素。从体积能量密度和质量能量密度上考虑，氧化物具有很大的优势，但是其成本比较高，并且可持续发展性以及安全性也是极其重要的影响因素。这两个方面是氧化物的弱点。因此，从应用领域来看，便携性电子设备使用的小型电池，还是需要进一步提高能量密度和寿命。但是，这并不如电动车领域那么迫切，因为为了使电动车可以跑得更远更安全，需要极大地提高电池的能量密度。高镍材料能够在未来的发展中占据一席之地，因为它具有较高的工作电压，从而提高了材料的能量密度。并且，由于 Co 的储量分布不均匀，且价格昂贵，因此无钴的电极材料也是极有可能是一种未来的电极材料。如果考虑到安全性能，聚阴离子化合物 $LiFePO_4$ 也是热门的正极材料的选择之一，由于其优异的热稳定型，能够保证使用的安全性。开发更高工作电压的聚阴离子正极材料也是未来的发展方向之一，包括是使用钒元素和掺杂氟元素等，都是重要的发展方向。目前，还没有一款电池能够完全满足所有的需求，只能根据各种不同的需求来选择不同的正极材料。从历史发展来看，现在使用的材料被发现和大量研究之前，已经有了很多的不同探索。但是在工业的发展过程中，资源的短缺限制了一些主要材料的发展。因此，科学家和工业界又开始了研究和发展之前被认为不成熟的材料。从最近几年的发展态势来看，结合理论研究、设计和合成具有高能量密度、良好安全性能的正极材料依然被认为是正极材料的开发研究主旋律。

3.4 层状氧化物正极材料

层状氧化物正极材料中，层状钴酸锂（$LiCoO_2$）是最早商业化并且也是目前应用最广的材料，这类材料还包括 $LiMO_2$（M=Ni，Cr，CoNi，CoNiMn 等），它们都是以立方密堆积的氧离子为支撑结构，过渡金属离子和锂离子各自的分层位于氧离子构成的八面体中心位置，具有斜方六面体（$R\bar{3}M$）空间群的 α-$NaFeO_2$ 型晶体结构，这种结构源于 NaCl 结构。在这种结构中，锂离子、过渡金属离子和氧离子沿着（111）面做 O-Li-O-M-O-Li-O-M 规则排列，层状结构中 MnO_2 层间的库仑斥力形成的良好的二维通道可以实现锂离子快速脱嵌，同时 M 与 M 之间以 M-O-M 的形式发生相互作用，因此也具有较高的电子电导率。

目前虽然钴酸锂因为其电位高、适合大规模生产等原因已经被广泛应用，但其价格昂贵，且具有毒性，因此广大科研人员正在不断地寻求其替代物，对镍基正极材料及将过渡金属离子和其他阳离子掺杂的复合材料的研究被广泛地开展。未来的发展方向是使用简单的过渡金属层状氧化物，使每个过渡金属离子至少对应一个可以可逆脱嵌的锂离子，同时可以保持材料的低成本和低毒性，以及足够的安全性。

3.4.1 钴酸锂（$LiCoO_2$）

钴酸锂根据合成方法不同，具有两种不同的结构：①通过 800℃ 以上的固相反应合成的层状结构；②在400℃合成的尖晶石结构[1]。但由于尖晶石结构的钴酸锂结构不够稳定，循环性能差，常被人忽略，因此通常意义上所说的钴酸锂均指前者。钴酸锂是最为常用的正极材料，它易于制备且结构稳定，但同时又有资源有限、成本高，具有毒性的缺点。

层状钴酸锂具有斜方六面体（$R\bar{3}M$）结构，它最早是由Goodenough教授于1980年提出可以用作正极材料。理想的层状$LiCoO_2$结构中，锂离子和钴离子各自位于立方紧密堆积氧层中交替的八面体位置，$a=0.2816nm$，$c=1.4056nm$。但实际上由于锂离子、钴离子与氧原子层的作用力不同，因此氧原子的分布并不是理想的密堆积结构，而是有所偏离，呈现出三方对称性。

充放电过程中，锂离子在键合力强的CoO_2层间进行二维运动，具有较高的离子电导率，Li^+扩散系数：$10^{-9}\sim10^{-7}cm^2/s$。其在3.92V展示出明显的放电平台，工作电压的平均值可以达到3.7V，对于$LiCoO_2$来说由于低自旋和八面体位置上稳定的钴离子，使得其在充放电过程不会发生不可逆相变，但是当充电持续进行时，$Li_{1-x}CoO_2$（$x>0.5$）层状O3结构和单斜P3结构相混，此时可能发生不可逆的相变，因此可以看出，钴酸锂充当正极材料时，只有大约50%的锂可以进行可逆的嵌入-脱出，导致钴酸锂的理论比容量虽然达到了274mA·h/g，但实际中的比容量只比理论比的一半（137mA·h/g）稍高，大约为145mA·h/g。当充电进行到$x>0.72$时，此时电荷的补充不是通过Co的氧化而是晶格氧的释放，当温度高于50℃，氧的大量释放使得晶格崩塌，同时正极材料和电解液的副反应会释放气体使电池膨胀，使电池安全性变差，完全充电后的$LiCoO_2$变为CoO_2，为了保证钴酸锂的结构稳定，实际应用中钴酸锂充当正极材料的电池充电电压一般不超过4.4V。

通过在钴酸锂中掺杂若干元素，可以使得材料在$x>0.5$时，稳定层状晶格，并且增加$LiCo_{1-y}M_yO_2$的比放电容量[2,3]，掺杂元素M可以为Al[4,5]、Mg[6]、B[7]、Cr[8]、Mn等。当$y\leqslant0.2$时，B的掺杂显著改善了电池循环性能，这是因为B的掺杂更有利于锂离子在晶格中的嵌入脱出，并且抑制了$Li_{0.5}CoO_2$的Verwey相变相关的一阶结构相变，其作用还包括降低极化作用以及减少电解液的分解。层状$LiCo_{0.7}Ni_{0.3}O_2$、$LiCo_{0.7}Al_{0.3}O_2$的电化学特征与$LiCoO_2$类似，Al基和Ni基的掺杂使得材料电化学性能有所提高，显示了良好的循环性能，而且长循环下的容量保持效率并不是以牺牲初始的可逆容量为代价的，采用Al掺杂的因素有几个，包括其价格便宜、毒性低、密度小，同时α-$LiAlO_2$的结构与$LiCoO_2$结构类似且铝离子与钴离子的半径基本相同，Al的掺杂也可以提高电压稳定结构，Ni和Mg的掺杂也可以提高结构的稳定性和循环寿命，Mn的掺杂不仅可以使电池可逆容量增加，也可以提高电池的工作电压。但是$LiCo_{0.7}Cr_{0.3}O_2$电池却显示出严重的容量衰减[9]，这主要由于取代造成了结构扭曲。

为了改善钴酸锂的电化学性能，也常常采用对钴酸锂表面包覆其他材料的方法，包覆材料主要为无机氧化物，例如MgO，Al_2O_3，$LiMn_2O_4$，$AlPO_4$，SnO_2等，不同材料的包覆具有不同的作用，MgO的包覆可以提高结构的稳定性[9]，无定形Al_2O_3的包覆可以防止Co的溶解，稳定钴酸锂层状结构，提高循环性能。表面的$LiMn_2O_4$或$AlPO_4$包覆可以使钴酸锂的热分解温度从185℃提高到225℃，而且循环性能也有显著的提高。同时也可以对钴酸锂进行碳包覆，在碳包覆之后，钴酸锂材料在大电流下的充放电性能得到了显著的提高，这主要是因为碳的包覆提高了电子的导电性。

3.4.2 镍酸锂（$LiNiO_2$）

镍酸锂与钴酸锂同构，都是 α-$NaFeO_2$ 型层状结构，属于（$R\bar{3}M$）空间群，$a=0.2886nm$，$c=1.4214nm$，$c/a=4.928$。与钴酸锂一样，由于 Ni^{3+}/Ni^{4+} 的耦合使得 $LiNiO_2$ 具有较高的对锂电位，约为4V，Li^+ 扩散系数为 $2\times10^{-7}cm^2/s$。相较于钴酸锂，镍酸锂的实际比容量更高，且对于钴，镍在地壳中的含量更高，成本低且毒性低，因此被广泛研究。希望镍酸锂可以替代钴酸锂，但是镍酸锂存在的一些问题阻碍了其实际应用。首先是由于 Ni^{2+} 较难氧化为 Ni^{3+}，因此通常所合成的 $LiNiO_2$ 中部分 Ni^{3+} 被 Ni^{2+} 取代，为了保持电荷平衡，一部分 Ni^{2+} 会占据 Li^+ 所在的位置，因此 NiO_2 层会形成一个局部的三维结构，这阻碍了锂离子的扩散，降低了充放电效率；同时 Ni^{2+} 半径略小于 Li^+，被氧化成 Ni^{3+} 半径更小，在脱锂过程中会使得层间局部结构塌陷，使得该镍离子周围的6个锂位难以再次嵌入，造成材料的容量损失，使电池的循环性能下降。此外，低自旋的 Ni^{3+}（d^7）电子构型存在 Jahn-Teller 效应[10]，使得 z 轴方向的键长增加，$LiNiO_2$ 在充放电过程中 z 轴方向上反复膨胀收缩，使得电导率降低，电极性能恶化。$LiNiO_2$ 的热稳定性在同条件下相比于 $LiCoO_2$ 也更差，其热分解温度在200℃附近，且放热量多，这是因为充电后期的四价镍处于高氧化态，其强氧化性不仅会氧化分解电解质还会腐蚀集流体，放出热量以及氧气[11]，而且自身在一定温度下容易放热分解，当聚集到一定程度时，就可能会发生爆炸。

为了解决理想 $LiNiO_2$ 难以批量制备，稳定性差，充放电过程存在相变的问题，人们采取了许多办法想要将其改性，改性的方向主要有：

1）防止 $LiNiO_2$ 与电解液直接接触，减少副反应。

2）降低循环过程中的产热量。

3）抑制相变，提高结构稳定性。

4）减少界面阻抗的增加。

5）提高可逆容量，降低不可逆容量比例。

为此采取的方法主要集中在采用溶胶-凝胶法，加入掺杂元素和进行包覆。

溶胶-凝胶法主要通过将金属阳离子和锂离子构成混合盐溶解于含络合剂的水溶液中，通过溶胶-凝胶化反应使金属阳离子和锂离子均匀分布在凝胶化树脂网络中，充分干燥后经高温烧结过程可以制备出组分均匀的材料，通过溶胶凝胶法制备出的镍酸锂热稳定性可以提高到400℃以上，初始容量在150mA·h/g以上。

掺杂元素的目的是为了提高镍酸锂晶体结构在循环中的稳定性，可掺杂的元素有单一元素掺杂，如Li、F、Na、Mg、Al、Ca、Ti、Mn、Co等；多种元素掺杂，如Li和Co、Co和F、Co和Mg、Co和Al、Co和Mn等。Li的掺杂一般而言称之为过量锂的加入，但是一般来说不利于电化学性能的提高。F的单独掺杂主要是取代部分氧原子，使部分二价镍占据锂离子的位置，增加氧离子的无序性，由于内部阻抗的减少，电化学的性能反而得到了提高。Na的掺杂是为了取代锂，生成 $Li_xNa_{1-x}NiO_2$，且随着 x 的不同，相的状态也会发生变化，$x=0.0$ 时为单斜相（C2/m）；当 $0.13<x<0.15$ 时，为第一种菱形相（$R\bar{3}M$），在这种相中，锂离子和钠离子的位置没有无序的二价镍离子，并且不会出现因相邻镍层位置变化时而产生的杨-泰勒效应；当 $x=1$ 时，为第二种菱形相（$R\bar{3}M$）。第一种菱形相在作为正极材料时具有

良好的前景。镁离子掺杂时主要跟量有关，量较少时，主要是二价镍被取代，因此循环性能较好；但是过量时，镁离子开始取代四价镍，将会得到明显不同的电化学性能。

包覆同钴酸锂一样，对镍酸锂进行表面包覆也可以改善其性能，可以对其进行包覆的材料种类非常多，如 ZrO_2，$Li_2O \cdot 2B_2O_3$ 玻璃体，MgO 等，主要作用有以下四点：

1）防止镍酸锂与电解液之间的直接接触，减少副反应的发生。

2）提高了表面性能，可以减少循环过程中的产热量。

3）抑制相变，提高结构稳定性。

4）减少了界面阻抗的增加。

3.4.3 $LiMnO_2$ 及 Ni-Mn-Co 三元体系

层状结构的 $LiMnO_2$ 由于热力学上不稳定，因此合成难度比较高，层状的正交 $LiMnO_2$ 的结构与层状钴酸锂有点不同，属于岩盐结构，其氧原子堆积方式为扭变四方密堆结构，交替的锂离子层和锰离子层发生褶皱。因此尽管同为层状结构，但是 $LiMnO_2$ 的氧离子层与密堆氧平面并不平行，其对称性要差于钴酸锂，其空间点群为 Pmnm。$LiMnO_2$ 的理论容量为 285mA·h/g，其在 2.0~4.5V 充电时，初始容量可以达到 200mA·h/g，但是由于脱出锂后的 $Li_{1-x}MnO_2$ 结构很不稳定，极容易转变成较稳定的尖晶石结构 $Li_{1-x}Mn_2O_4$。

三元材料 $Li[Ni_xCo_yMn_z]O_2$ 融合了高容量 $LiNiO_2$、热稳定性好和价格便宜的 $LiMnO_2$、电化学性能稳定 $LiCoO_2$ 的优点，展现了优秀的电化学性能。其从组成来看应该归于镍酸锂，但是它是从层状氧化锰锂发展而来的，主要有 $Li[Ni_{1/3}Co_{1/3}Mn_{1/3}]O_2$，$Li[Ni_{0.4}Co_{0.4}Mn_{0.2}]O_2$，$Li[Ni_{0.5}Co_{0.2}Mn_{0.3}]O_2$，$Li[Ni_{0.8}Co_{0.1}Mn_{0.1}]O_2$，为了避免 Mn^{3+} 的 Jahn-Teller 效应，Ni 离子和 Mn 离子的量最好保持相等，其都是从 $Li[Ni_{1/3}Co_{1/3}Mn_{1/3}]O_2$ 发展而来，这里重点描述 $Li[Ni_{1/3}Co_{1/3}Mn_{1/3}]O_2$。

$Li[Ni_{1/3}Co_{1/3}Mn_{1/3}]O_2$ 具有单一的 α-$NaFeO_2$ 型层状岩盐结构，空间点群（$R\bar{3}M$），a=0.4904nm，c=1.3884nm。在 $Li[Ni_{1/3}Co_{1/3}Mn_{1/3}]O_2$ 中过渡金属元素 Co、Ni、Mn 分别以+3、+2、+4 价态存在，锂离子占据岩盐结构的 3a 位，过渡金属离子占据 3b 位，氧离子占据 6c 位，其中的 Co 的电子结构与钴酸锂（$LiCoO_2$）中的 Co 相同，但是 Ni 和 Mn 的电子结构却与 $LiNiO_2$ 和 $LiMnO_2$ 不同。$Li_{1-x}[Ni_{1/3}Co_{1/3}Mn_{1/3}]O_2$ 中，通常认为镍离子参与充放电的全程，其在 $0 \leq x \leq 1/3$ 范围内发生 Ni^{2+}/Ni^{3+} 的氧化还原反应，对应 3.9V 左右的放电平台；在 $1/3 \leq x \leq 2/3$ 范围内发生 Ni^{3+}/Ni^{4+} 的氧化还原反应，对应 3.9~4.1V 的放电平台，Co^{3+} 在充电末期被激活；即在 $2/3 \leq x \leq 1$ 时发生 Co^{3+}/Co^{4+} 的氧化还原反应，与上述的两个放电平台都有关系。Mn 在整个充放电过程中不发生氧化还原反应，只是作为一种结构物质，其通过八面体位置的晶体场稳定化能来提供整个晶体结构的稳定性，不会出现层状结构向尖晶石结构的转变。

$LiNiO_2$ 在 3.0~4.3V 范围内有三对可逆的氧化还原峰，而 $Li[Ni_{1/3}Co_{1/3}Mn_{1/3}]O_2$ 只有一对，可以认为其中的 $LiNiO_2$ 组分在充放电过程中的多次相变得到了很好的抑制。$Li_{1-x}[Ni_{1/3}Co_{1/3}Mn_{1/3}]O_2$ 在充放电过程中还是会发生结构的变化，其主要表现在晶格参数 c 随着锂含量的减少而增大。但当 $(1-x)<0.35$ 时，由于氧的产生而减小，晶格参数 a 的变化正好相反[12]，但总的来说，这种材料的体积变化很小。$Li[Ni_{1/3}Co_{1/3}Mn_{1/3}]O_2$ 稳定的结构

使得相应的电池表现出长寿命和高安全性。

由于与钴酸锂相近的容量，但是拥有更高的安全性和更低的成本，因此 $Li_{1-x}[Ni_{1/3}Co_{1/3}Mn_{1/3}]O_2$ 是钴酸锂一种很好的替代品。实际上到目前为止，$Li_{1-x}[Ni_{1/3}Co_{1/3}Mn_{1/3}]O_2$ 材料内部的精细结构以及层间过渡金属原子的排布和作用机理还未形成统一完整的理论，限制了其结构理论在新型锂离子电池材料设计和制备中的指导作用，这是研究者共同探索的方向之一。与此同时对各种不同材料的复合的研究也在不断进行，其中一个想法是增加 Ni 含量以提高其容量的同时又不会使其丧失原有的优势。

三元层状正极材料的合成方法主要有 4 种，分别是固相烧结法、先驱体共沉淀法、喷雾热解法、溶胶-凝胶法。

1. 固相烧结法

高温固相烧结法是制备粉体材料常用的方法，其工艺简单，设备易于构建。但是这种方法的原料混合不均匀以及材料的粒径分布不均匀。

将金属阳离子盐与锂盐采用研磨或者球磨的方法均匀混合，在特定氛围下经高温烧结得到正极材料。常用的金属阳离子锂盐有金属氧化物、乙酸盐、碳酸盐、氢氧化物等。

2. 先驱体共沉淀法

先驱体共沉淀是将可溶性金属阳离子盐溶于去离子水中，通过氢氧根或碳酸根等沉淀剂形成两种或两种以上的阳离子的沉淀，再将共沉淀产物与化学计量比锂盐共混后经高温烧结得到产物，这种方法有利于提高金属阳离子混合程度。

在先驱体共沉淀法中，反应体系的 pH 值和反应温度对于产物的粒径、形貌和元素比分布等有着很大的影响，烧结温度和时间对材料的结晶性能和充放电特性有很大的影响。

该方法制备正极材料的前驱体主要包括两类：一类是碳酸盐共沉淀，一类是氢氧化物共沉淀。前者制备的前驱体在后续热处理过程中存在很大的失重，材料易形成疏散结构，振实密度较低。后者通过调节体系的 pH 值、搅拌速度、络合剂的用量，可制备粒径较小、分布均一的类球形前驱体，与 LiOH 烧结，得到振实密度高的正极材料。

3. 喷雾热解法

喷雾热解法是能够连续制备超细粉体材料的重要方法，该方法能够得到高振实密度的粉体，具有制备时间短、形貌易于控制、中间环节少等优点。

具体过程如下：将金属阳离子溶解于溶剂中，利用超声波喷雾器将混合溶液离子化，然后喷入反应装置中反应制备得到的先驱体，经与锂盐混合后在高温状态下经一定时间烧结可制备正极材料。

实验表明，喷雾降解法有利于得到尺寸均匀的球形产物，提高材料倍率性能和循环稳定性。

4. 溶胶-凝胶法

溶胶-凝胶法能通过螯合剂充分分散多种金属阳离子，并通过有机物在烧结过程中辅助得到结晶均匀的正极材料，材料混合均匀，晶粒尺寸均匀。

溶胶-凝胶法主要通过将金属阳离子和锂离子均匀分散在凝胶化树脂网络中，充分干燥后经过高温烧结过程制备得到组分均匀的正极材料。

3.5　尖晶石型正极材料

尖晶石型锰酸锂（$LiMn_2O_4$）充当正极材料最早是由Goodenough教授等在1983年提出的，其具有价格低、稳定、导电性好、导锂性好等优点，而且其分解温度高，且氧化性远低于钴酸锂，因此在出现短路和过充时可以避免燃烧爆炸，具有很好的安全性。不过随着研究的开展人们发现其在循环过程中由于Jahn-Teller畸变、锰在电解液中的溶解等问题会造成容量的衰减，因此采取诸如掺杂改性等多种方法来改善其性能。

3.5.1　尖晶石结构

尖晶石结构$LiMn_2O_4$中氧按照ABCABC立方密堆积。$LiMn_2O_4$具有四方对称性，属于（$Fd\bar{3}M$）空间群，晶格常数$a=0.8245nm$。一个晶胞中含有8个锂原子，16个锰原子，32个氧原子，锰原子中Mn^{3+}/Mn^{4+}各占50%。在该结构中，通过三维连接的共面八面体为充放电过程中锂离子的迁移提供途径，由于大量锰的存在即使在脱锂状态下，氧原子仍然能保持理想的立方密堆积状态。

$LiMn_2O_4$在充放电过程中表现出4V和3V两个电压平台[13]，当$Li_{1-x}Mn_2O_4$在$0\leqslant1-x\leqslant1$时，在四面体8a位置的锂离子在4V左右发生脱嵌；当$Li_{1+x}Mn_2O_4$在$1\leqslant1+x\leqslant2$时，在八面体16c位置的锂离子在3V左右发生脱嵌，同时还伴随着立方相$LiMn_2O_4$和四方相$Li_2Mn_2O_4$之间的相变，其同样的Mn^{3+}/Mn^{4+}的氧化还原反应却有1V的电势差的主要原因是立方相8a位置的锂离子和四方相16c位置的锂离子的能隙引起的[14]。在放电初始阶段，Mn在$LiMn_2O_4$中的平均化合价为3.5，因为8a四面体位置接近占50%八面体的16c位置，因此锂离子可沿8a→16c→8a→16c→8a的路径迁移。同时Mn_2O_4尖晶石结构保持不变，为锂离子提供了一条短的扩散路径，因此拥有高的离子电导率。但随着放电进行，过量的锂离子嵌入，Mn从3.5价还原到3.0价，由此引起的Jahn-Teller形变，使得沿c轴的Mn—O键变长，a轴和b轴的Mn—O键变短，并导致$Li_2Mn_2O_4$表现出宏观四方对称性，从立方相到四方相的转变中，c/a比例变化高达16%，单元晶胞体积增加了6.5%。这足以导致表面的尖晶石粒子发生破裂，因此在这种情况下，即使两个锂离子可以进行可逆的嵌入脱出，但大的体积变化会对材料的结构完整性造成破坏，从而引起电池容量的快速衰减。综上所述，$LiMn_2O_4$只能用于4V区域，其实际容量仅为120mA·h/g。

然而即使在4V区域内，$LiMn_2O_4$仍然会表现出容量的衰减，造成容量衰减的原因包括Mn在电解液中的溶解，其可以归结于粒子表面的Mn^{3+}发生如下歧化反应[15]：$2Mn^{3+}$(固)→Mn^{4+}(固)+Mn^{2+}(溶液)。同时溶解的锰离子还会破坏锂离子在负极的电沉积或者成为电解液分解的催化剂，在高温下，这种催化反应加强，使得容量下降更加明显。此外还包括充电尽头，Mn^{4+}的高氧化性在有机溶剂中的不稳定性等原因。

可以总结出尖晶石型锰酸锂相较于钴酸锂有3个优点，①Mn元素在自然界中的存量比钴和镍更加丰富；②Mn毒性较低；③可以形成较高的电池电压。但是$LiMn_2O_4$也存在3个缺点：①难以制备高质量的样品；②尽管尖晶石锰酸锂在4V域内不会产生Jahn-Teller形变，但由于局部放电，锰酸锂颗粒的表面可以观察到四方相$Li_2Mn_2O_4$的形成；③$LiMn_2O_4$在每一个锰对应的锂插入量多于1时转变为四方相。

3.5.2 改性

从上面可以看到，尖晶石结构的 $LiMn_2O_4$ 存在着容量容易衰减的问题，同时其电导率也相对较低，因此人们采取了一些方法对其进行改性：

1）对锰酸锂 $LiMn_2O_4$ 进行表面修饰。对于 $LiMn_2O_4$ 来说，锰在电解液中的溶解是个主要问题，以及 $LiMn_2O_4$ 与电解质之间的反应随着温度升高而加剧。在这种情况下，可以在 $LiMn_2O_4$ 表面包覆 Al_2O_3、ZrO_2、ZnO、SiO_2、Bi_2O_3 等金属氧化物，在减少 Mn^{2+} 溶解的同时可以避免电极遭受高温的侵害。

2）通过增大尖晶石粒径的减小其比表面积，以此来减少 Mn^{2+} 溶解的方法也被采用，但是这种方法是有限度的，因为其在减少 Mn^{2+} 溶解的同时也使得锂离子的扩散变得困难，限制了尖晶石的电化学性能。

3）除此之外，对 $LiMn_2O_4$ 进行掺杂的方法也被广泛应用，可以掺杂的阳离子种类很多，如 Li、B、Mg、Al、Ti、Gr、Fe 等。但是对其掺杂阳离子会对 $LiMn_2O_4$ 的电化学性能产生有利和不利两种结果：

有利的掺杂主要起到如下的作用：①提高锰的价态，从而抑制 Jahn-Teller 效应，例如 Li、Mg、Zn；②稳定尖晶石 $LiMn_2O_4$ 框架结构，减少充放电过程中结构的变化，如 Gr、Co、Ni；③提高导电性，有利于锂的可逆嵌入脱嵌；④减少比表面积，相应地减少活性物质与电解液之间的接触，降低电解质与电极的分解反应速率和自放电速率，如 Co；⑤提高尖晶石结构的晶格参数，促进锂离子扩散系数的提高，如 Cr。

不利的掺杂在于如下的3个原因：①降低锰的价态，从而加剧 Jahn-Teller 效应，如 Ti；②生成杂相，破坏尖晶石框架结构的稳定性，不利于锂的嵌入脱嵌，如 B、Al；③导致尖晶石 $LiMn_2O_4$ 的晶胞单元体积减小，抑制锂的迁移，如 Al。

除了掺杂阳离子外，还可以掺杂阴离子，如 O、F、I、S、Se 等，以及两种以上离子共同掺杂。其中，F 的掺杂可以降低锰在有机溶剂中的溶解度，提高较高温度下的储存稳定性。I、S 由于其半径比 O 大，在 Li 嵌入时形变小，在循环过程中可以保持结构的稳定性，克服材料在3V时发生的 Jahn-Teller 效应。Al 和 F 的共同掺杂不仅可以提高尖晶石结构在室温下的稳定性，而且在较高温度下的稳定性也有所提高。Ni 和 Li 的共同掺杂不仅在室温和高温（60℃）下具有良好的循环性能，在4C倍率下也具有良好的循环性能。

3.5.3 5V 尖晶石

通过采用过渡金属取代部分锰的方法得到的尖晶石材料 $LiM_yMn_{2-y}O_4$（M=Ni，Co，Fe，Cr 等）[16]，在5V左右对金属锂呈现出了高电压平台[17,18]，其中 $LiNi_{0.5}Mn_{1.5}O_4$ 具有较高的放电比容量和良好的循环性能，且在4.7V左右存在稳定的充放电平台，具有良好的应用前景。其属于立方晶系，与尖晶石 $LiMn_2O_4$ 具有相同的晶体结构，其4.7V的充放电平台来自于二价镍和四价镍之间的氧化还原变化，而4.1V左右的充放电平台归因于三价锰与四价锰之间的氧化还原。

3.5.4 尖晶石的制备

尖晶石锰酸锂（$LiMn_2O_4$）的常规制备方法通常采用固体反应法，将锂的氢氧化物（或碳酸盐，硝酸盐）和锰的氧化物（或氢氧化物，碳酸盐）混合，在高温如700~900℃下煅烧数小时，即可得到尖晶石 $LiMn_2O_4$。

该法制备的材料通常有以下的缺点：物相不均匀，晶粒无规则，晶界尺寸大，且粒度分布范围宽，煅烧时间长。

除此之外，还有的改性制备方法，如改性的共沉淀方法、配体交换法、微波加热法、燃烧法以及一些非经典方法，如脉冲激光沉淀法、等离子提升化学气相沉积法、射频磁旋喷射法等。改性的共沉淀法，比如将硬脂酸加入到羟氧化四甲基铵溶液中，可明显改进尖晶石锰酸锂的大电流性能。微波法是将原料如电解 MnO_2 和 Li_2CO_3 混合，在微波合成反应腔中空气气氛下700~800℃进行反应，合成的尖晶石锰酸锂初始容量为140mA·h/g。

3.6 橄榄石型正极材料

磷酸盐 $LiMPO_4$(M=Mn、Fe、Co、Ni）为有序的橄榄石结构，其属于正交晶系，空间群为 Pmnb[19]，O 以微变形的六方密堆积，P 占据四面体空隙，Li 和 M 交替占据 a-c 面上的八面体空隙，形成一个具有一维锂离子通道的三维框架结构。

在上述的磷酸盐中，因为 Fe 的储量丰富、价格便宜且对环境无毒、可逆性好，因此被广泛开展研究。$LiFePO_4$ 最早由 Goodenough 教授于 1997 年提出可应用于正极材料的特性。其具有以下的九个优点：

1）$LiFePO_4$ 电池的标称电压是 3.2V（稳定的放电平台）、终止充电电压是 3.6V、终止放电电压是 2.0V。

2）比容量大，高效率输出：标准放电为 2~5V、连续高电流放电可达 10C，瞬间脉冲放电（10s）可达 20C。

3）工作温度范围较广（-20~+75℃），高温时性能良好：外部温度 65℃时内部温度则高达 95℃，电池放电结束时温度可达 160℃，电池内部结构安全、完好。

4）即使电池内部或外部受到损坏，电池也不燃烧、不爆炸、安全性能最好。

5）极好的循环寿命，经 500 次循环，其放电容量仍大于 95%；实验室制备的磷酸铁锂单体电池在进行 1C 的循环测试时，循环寿命高达 2000 次。

6）过放电到 0V 也无损坏，0 电压存放 7 天后电池无泄漏，性能良好，容量为 100%；存放 30 天后，无泄漏、性能良好，容量为 98%；存放 30 天后的电池再做 3 次充放电循环，容量又恢复到 100%。

7）可快速充电，自放电少，无记忆效应；可大电流 2C 快速充放电，在专用充电器下，1.5C 充电 40min 即可使电池充满，启动电流可达 2C。

8）低成本。

9）对环境无污染。

同时也存在了一些缺点：

1）导电性差。目前在实际生产过程中通过在前驱体添加有机碳源和高价金属离子联合掺杂的办法来改善材料的导电性，研究表明，磷酸铁锂的电导率提高了 7 个数量级，使磷酸铁锂具备了和钴酸锂相近的导电特性。

2）锂离子扩散速率慢。目前采取的解决方案主要有纳米化 $LiFePO_4$ 晶粒，从而减少锂离子在晶粒中的扩散距离；再者就是改善掺杂改善离子的扩散通道。后一种方法看起来效果并不明显；纳米化已经有较多的研究，但是难以应用到实际工业生产中。

3）振实密度较低。一般只能到达 0.8~1.3g/cm^3，低的振实密度可以说是磷酸铁锂的最大缺点。但这一缺点在动力电池方面不会突出，因此，磷酸铁锂主要用来制作动力电池。

4）磷酸铁锂电池低温性能差。在 0℃时的容量保持率约 60%~70%，-10℃时为 40%~55%，-20℃时为 20%~40%，这样的低温性能显然不能满足动力电源的使用要求。当前一些工厂通过改进电解液体系、改进正极配方、改进材料性能和改善电芯结构设计等使磷酸铁锂的低温性能有所提高。

所以下面主要介绍磷酸铁锂。

3.6.1 磷酸铁锂

磷酸铁锂（$LiFePO_4$）的结构为橄榄石结构的空间点群为 Pmnb，晶格参数 a = 0.6008nm，b = 1.0334nm，c = 0.4693nm，晶胞体积为 0.2914nm^3。它包含一个扭曲的六方密堆积氧框架，Li 和 Fe 各占一半八面体位置，P 占据 1/8 的四面体位置[20]，其完全脱锂后生成的 $FePO_4$ 具有相似的晶体结构，同属 Pmnb 空间点群，a = 0.5792nm，b = 0.9821nm，c = 0.4788nm，晶胞体积为 0.2724nm^3。由于在 $LiFePO_4$ 晶格中，处于两个 Fe-O 层之间的 P-O 四面体链起到了支撑结构的作用，因此在脱锂过程中晶胞体积变化很小；又因为脱锂后产物结构与 $LiFePO_4$ 类似，因此 $LiFePO_4$ 具有非常好的循环性能[21]。除此之外，O 与 P 之间很强的共价键形成四面体聚阴离子，即使在全充状态下，O 也很难脱出。因此 $LiFePO_4$ 在充电过程中不会有过氧离子的出现，避免了其与有机溶剂发生反应，使 $LiFePO_4$ 材料的安全性很高。

此外，相较于 $LiCoO_2$ 的充电状态，CoO_2 开始分解产生氧气的温度为 240℃，放出热量约为 1000J/g，$LiFePO_4$ 的充电状态 $FePO_4$ 在 210~410℃范围内产生的热量仅为 210J/g，拥有良好的热稳定性。

不过由于相邻的 FeO_6 共顶点链接，没有共边的 FeO_6 八面体网络，造成其电子导电率较低。而且 PO_4 四面体位于 FeO_6 层之间，一定程度上阻碍了 Li^+ 的扩散运动，使 Li^+ 脱嵌困难。这使得磷酸铁锂的电子电导率和锂离子电导率都很低。

在室温下充放电，其容量会随着电流密度变大而减小，当减少电流密度时，容量又恢复到以前的水平，这是因为随着表面锂的脱嵌，会形成 $FePO_4$ 与 $LiFePO_4$ 两相界面。随着锂的不断脱嵌，界面逐渐变小，当小到一定程度后，锂通过该界面的迁移速率无法满足该电流强度的需求，电化学行为受到了锂离子扩散的影响；且由于生成的 $FePO_4$ 电子电导率和离子电导率很差，在形成的两相结构中，中心的 $FePO_4$ 不能够被充分利用，在大电流下 $FePO_4$ 的实际利用率明显降低，因此其只适用于小电流放电。

同时因为锂的扩散是通过一维通道进行的，因此会受到材料缺陷的影响。当锂离子通道被如铁离子所占据，就会堵塞锂离子的迁移通道，限制锂离子迁移，且由于铁离子的迁移能力差，这一阻塞的锂离子通道会一直保持非活性状态。

3.6.2 磷酸铁锂的改性

为了解决 $LiFePO_4$ 的材料振实密度低，锂离子扩散系数小，电子电导率低等问题，一般对其采用碳包覆、掺杂、纳米化等方法对其改性。

在 $LiFePO_4$ 表面进行碳包覆可以有效提高其导电性[22]，改善电化学性能。碳的主要作用包括有机物在高温惰性气体的条件下分解成碳，可以从表面增加它的导电性，产生的碳微粒达到纳米级别可以细化产物晶粒，扩大导电面积，有利于锂离子的扩散，还起到了还原剂的作用，避免生成三价铁离子，同时包覆碳增强了粒子之间的导电性，减少了电极充放电过程中的极化等。

对 $LiFePO_4$ 的掺杂包括掺杂金属粒子和金属离子，掺杂金属粒子主要是为了增强 $LiFePO_4$ 的导电性，如在其中加入少量导电金属颗粒是提高 $LiFePO_4$ 电子导电率和容量的另一途径，而金属离子的掺杂是通过制作材料晶格缺陷从而从材料内部出发提高电子导电性。

对 $LiFePO_4$ 纳米化是由于其锂离子扩散系数小，当粒子颗粒较大时，限制了大电流性能。

3.6.3 磷酸铁锂的制备

制备 $LiFePO_4$ 的方法比较多，主要有固相合成法、碳热还原法、溶胶-凝胶法、模板法、共沉淀法、水热法、溶剂热法、脉冲激光沉积法、微波加热法等，这里简单介绍一下三种常用方法等。

1）固相合成法是最早用于 $LiFePO_4$ 合成的方法，也是目前制备 $LiFePO_4$ 最常用、最成熟的方法。固相合成用的铁源一般为 $Fe(C_2O_4)\cdot 2H_2O$ 或 $Fe(OOCCH_3)_2$，锂源一般为 Li_2CO_3、$LiOH\cdot H_2O$ 或 $CH_3COOLi\cdot 2H_2O$，而磷源为（NH_4）$_2HPO_4$ 或 $NH_4H_2PO_4$，将原料按一定比例均匀混合，在惰性气体保护下于 300~350℃ 预烧 5~12h 以分解磷酸盐、草酸盐或乙酸盐，然后在 550~700℃ 煅烧 10~20h。该方法的关键之一是将原料混合均匀，因此必须在热处理之前对原料进行机械研磨。该方法设备和工艺简单，制备条件容易控制，适合工业化生产，但是存在物相不均匀，产物颗粒大、粒度分布范围宽等缺点。

2）碳热还原法以廉价的三价铁作为铁源，在其中混合过量的碳，利用碳在高温下将三价铁还原到二价铁，合理解决了原料混合加工过程中可能引发的氧化还原反应，使得制备过程更合理，同时也改善了材料的导电性，但是该方法的缺点是合成条件苛刻，合成时间长。

3）溶胶-凝胶法制备 $LiFePO_4$ 的流程为先在 LiOH 和 $Fe(NO_3)_3$ 中加入还原剂，然后加入磷酸，通过氨水调节 pH 值，将 60℃下获得的凝胶进行热处理，便得到了 $LiFePO_4$。这个方法具有前驱体溶液化学均匀性好、凝胶热处理温度低、粉体颗粒粒径小且分布均匀、粉体焙烧性能好、反应过程易于控制、设备简单等优点，但是干燥收缩大，工业化生产难度较大，合成周期长，同时用到大量有机溶剂，造成了成本的提高和原料的浪费。

3.7 钒的氧化物

过渡族金属元素中，钒的价格低于钴、锰等，其拥有从 V^{2+}、V^{3+}、V^{4+}、V^{5+} 等多种价态，可以形成多种氧化物，如 VO_2、V_2O_5、V_6O_{13}、V_4O_9、V_3O_7 等，其有三种稳定的氧化态 V^{3+}、V^{4+}、V^{5+}，可以形成氧密堆分布，因此钒的氧化物为锂二次电池有潜力的候选者。其中 V_2O_5、VO_2、V_2O_5、LiV_3O_8 已经被证明可以用于插锂反应，它还能与锂形成多种复合氧化物 Li—V—O，与 Li—Co—O 化合物一样，存在着两种结构：层状结构和尖晶石结构。层状化合物有 $LiVO_2$、$Li_xV_2O_4$ 和 $Li_{1+x}V_3O_8$，尖晶石有正常尖晶石 $Li[V_2]O_4$ 和反尖晶石 $V[LiM]O_4$（M=Ni、Co）两种。

3.7.1 α-V_2O_5

α-V_2O_5 为层状结构，属于正交晶胞结构和 Pmnm 空间群，晶格参数为 $a=1.1510$nm，$b=0.3563$nm，$c=4.369$nm[23,24]。在钒的氧化物体系中，拥有最高的理论容量 442mA·h/g，1mol 该物质可以嵌入 3mol Li 形成 $Li_3V_2O_5$ 的计量化合物。α-V_2O_5 层状结构中，氧为扭变密堆分布，钒离子与五个氧原子键合较强，形成四方棱锥络合，随着 Li 在 V_2O_5 嵌入的 x 值的增加会形成几种 $Li_xV_2O_5$ 的相（α、β、δ、γ、ω），其相与嵌入 Li 的 x 值紧密相关，$x=1$ 时得到 δ-$Li_xV_2O_5$。在 $0\leqslant x\leqslant 1$ 时，锂的嵌入脱出时可逆的。$x=2$ 时，得到 γ-$Li_xV_2O_5$，尽管 γ-$Li_xV_2O_5$不能再回到初始相，但是当充到高电压时，所有的锂均能发生脱嵌。当 $x>2$ 时，结构发生明显变化，钒原子从原来的位置迁移到邻近的空八面体位置，得到岩盐结构的 ω-$Li_xV_2O_5$[25,26]，钒离子在八面体位置发生无规分布，并发现有氧化锂生成。V_2O_5 对过充很敏感，随着嵌入的锂量增加，电荷转移变得不可逆。

晶体型的 V_2O_5 的可逆嵌锂容量比较低，每 1mol 单元一般可以嵌入不到 2mol Li^+，在此范围外便会发生不可逆的相变。但如果制成凝胶，其嵌锂容量会被很大的提高，原因一方面可能是嵌锂位置发生变化，产生热力学上更好的嵌锂位置；另一方面可能是层间距增加，层之间弱的相互作用使得锂更容易嵌入。

3.7.2 $Li_{1+x}V_3O_8$

层状 $Li_{1+x}V_3O_8$ 具有优良的嵌锂能力（每摩尔单元对应 3mol 以上的锂），且其作为正极时具有比容量高（一般在 300mA·h/g）、循环寿命长的优点。其平均电压为 2.63V。

其结构是由八面体和三角双锥组成的层状结构，先存的锂离子位于八面体位置，将相邻层牢固地连接起来。过量的锂离子占据层之间四面体的位置，八面体位置与层之间以离子键紧密相连，这种固定效应使其在充放电过程中有一个稳定晶体结构。由于结构稳定以及层之间存在可被锂离子占据的空位，可以允许 3 个以上的锂离子可逆的在层间嵌入脱出，同时八面体位置上的锂离子从四面体位置向另一个四面体位置跃迁时没有任何障碍，因此具有较高的扩散速率，使得锂在嵌入脱出时具有良好的结构稳定性，从而具有较长的循环寿命。

3.8 富锂锰基

富锂锰基材料最早由 Numata 等[27]于 1997 年率先提出，他们提出 $Li_2AO_3\cdot LiMO_2$ 固溶体概念，并发现在 $Li_2MnO_3\cdot LiCoO_2$ 中，当充电电压达到 4.3V 时，引入 Li_2MnO_3 可以显著提高材料的循环性能。

单独的 Li_2MnO_3 电化学活性很差，在一般的放电范围内（2.0~4.4V），因为其所有的八面体位置都被占据了，因此不会有锂的嵌入反应；同时，锰离子的高价态很难被氧化，因此也不会发生锂的脱嵌反应。但是当 Li_2MnO_3 与其他层状氧化物材料复合时，得到的复合材料表现出高的可逆容量，与此同时还具有较好的循环性能。因此 Li_2MnO_3 与其他材料复合的体系逐渐越来越受青睐，成为正极材料被关注的新宠。

3.8.1 $Li_2MnO_3 \cdot LiMO_2$

Li_2MnO_3 为层状单斜结构，可以表示为 $Li(Li_{1/3}Mn_{2/3})MnO_2$，即可以看作是 $LiMnO_2$ 中锰离子层的部分锰被锂取代。由于 Li_2MnO_3 中的锂出现在了过渡金属离子层中，与锰形成了超点阵结构，影响了单斜系的对称性，同时锰离子表现为+4 价，这两个因素共同导致了 Li_2MnO_3 电化学性能很差，在传统放电电压范围内呈现出非活性。

富锂锰基材料 $Li_2MnO_3 \cdot LiMO_2$ 是由 Li_2MnO_3 和 $LiMO_2$ 两种材料组成，它们都是 α-$NaFeO_2$层状结构，属于（$R\bar{3}M$）群。不过到目前为止，对于富锂锰基材料的结构还没有达成共识，争论主要集中在过渡金属层中阳离子的排列方式，现阶段有两种主流观点：一种认为 Li_2MnO_3 中的锂离子和锰离子与 $LiMO_2$ 中的过渡金属实现某种形式的混排，形成固溶体；而另一种认为它们有序排列，形成两相均匀的混合物。

一般认为 $Li_2MnO_3 \cdot LiMO_2$ 中的 Li_2MnO_3 是惰性的，所以认为它在复合物中仅仅起到稳定材料结构的作用。不过随着研究的进行，人们发现将 $Li_2MnO_3 \cdot LiMO_2$ 充电至 4.5V 以上时，会出现一个新的充电平台，且获得高于 250mA·h/g 的放电容量，且这一容量高于 $LiMO_2$ 中过渡金属 M 所能获得的理论容量。因此认为在 4.5V 以上的高电压下有着新的充放电机制，显然与 Li_2MnO_3 有关。起初人们认为在 4.5V 的充电平台与四价锰离子被氧化成五价有关，但是原位测试表明，在该电压下锰离子价态并没有发生变化，因此这种新的放电机制不同于传统的层状材料锂的嵌入脱嵌机制解释。

关于 $Li_2MnO_3 \cdot LiMO_2$在 4.5V 以上新的充放电机制，目前已经提出了几种理论来解释它：Bruce 等人[28-30]提出的“质子交换机制”，他们在测试富锂锰基首轮充电至不同阶段的元素组成时，发现材料中出现了大量氢元素，并且氢元素与锂脱出量和容量存在一定的对应关系，因此他们认为该处的容量源于锂离子与电解液氧化分解产生的质子发生了交换。Dahn 等[31]提出“氧流失机制”，这种观点认为在富锂锰基材料的首次充电过程中，锂离子与氧离子同时脱出。Armstrong 等人[32]认为，首次充电至 4.5V 以上时，晶格中的氧离子伴随锂离子以 Li_2O 的形式脱出，在此过程中，过渡金属离子占据氧离子脱出时的空位，导致脱出的锂离子不能完全回嵌，造成了首次循环的不可逆容量。与此同时过渡金属离子占据锂离子脱出后的空位，导致材料的超晶格结构消失，使得以后的充放电曲线更多地表现为传统层状材料脱嵌锂的机制，4.5V 的平台消失。不过到目前为止 $Li_2MnO_3 \cdot LiMO_2$ 的嵌脱锂的机制还没有被完全了解到。

在 $Li_2MnO_3 \cdot LiMO_2$ 中，由于放电机制使得 Li_2MnO_3 的首次充放电库伦效率不高，且循环性能很差，而且它是绝缘体，因此倍率性能也不佳。而对于 $LiMO_2$，一般来说其循环性能和倍率性能较好，不过容量较低。这两种材料的组合结果使得容量达到了 250mA·h/g 以上，而且倍率性能和循环性能都得到了一定的改善。

3.8.2 合成方法

$Li_2MnO_3 \cdot LiMO_2$ 目前通常采用共沉淀法，也有其他方法，如溶胶-凝胶法、水热法、高温固相法等工艺来制备 $Li_2MnO_3 \cdot LiMO_2$ 的，不过因为各自存在的缺点，使得到目前为止，共沉淀法仍然是实验室最理想的制备富锂锰基材料固溶体材料的工艺。

共沉淀法是通过将沉淀剂加入到含有过渡金属离子的溶液中，控制反应条件，使其生成形貌规整，并在原子尺度上组分混合均匀的前驱体，按配比混锂后，再于高温煅烧，最后获得目标产物。共沉淀法通过使几种过渡族金属离子在溶液中充分接触，基本可以达到原子水平混排，使样品形貌形成粒径均匀分布的规则球形，使产物电化学性能稳定。

参考文献

[1] GUMMOW R J, THACKERAY M M, DA VID W, et al. Structure and electrochemistry of lithium cobalt oxide synthesised at 400℃ [J]. Materials Research Bulletin, 1992, 27 (3): 327-337.

[2] JULIEN C. Structure, morphology and electrochemistry of doped lithium cobalt oxides [J]. Ionics, 2000, 6 (5-6): 451-460.

[3] JULIEN C. Local structure and electrochemistry of lithium cobalt oxides and their doped compounds [J]. Solid State Ionics, 2003, 157 (1-4): 57-71.

[4] ZIOLKIEWICZ C. $LiCo_{1-y}M_yO_2$ positive electrodes for rechargeable lithium batteries: I. Aluminum doped materials [J]. Materials Science and Engineering, 2002, 95: 6-13.

[5] AMDOUNI N, ZARROUK H, F SOULETTE, et al. $LiAl_yCo_{1-y}O_2$ ($0.0 \leqslant y \leqslant 0.3$) intercalation compounds synthesized from the citrate precursors [J]. Materials Chemistry & Physics, 2003, 80 (1): 205-214.

[6] JULIEN C, NAZRI G A, ROUGIER A. Electrochemical performances of layered $LiM_{1-y}M'_yO_2$ (M = Ni, Co; M′ = Mg, Al, B) oxides in lithium batteries [J]. Solid State Ionics, 2000, 135 (1): 121-130.

[7] JULIEN C M, MAUGER A, GROULT H, et al. ChemInform Abstract: $LiCo_{1-y}B_yO_2$ as Cathode Materials for Rechargeable Lithium Batteries [J]. ChemInform, 2011, 42 (12): 141-148.

[8] AMDOUNI N, ZARROUK H, JULIEN C, et al. Low temperature synthesis of $LiCr_{0.3}Co_{0.7}O_2$ intercalation compounds using citrate, oxalate, succinate, and glycinate precursors [J]. British Ceramic Transactions, 2013, 102 (1): 27-33.

[9] IRIYAMA Y, KURITA H, YAMADA I, et al. Effects of surface modification by MgO on interfacial reactions of lithium cobalt oxide thin film electrode [J]. Journal of Power Sources, 2004, 137 (1): 111-116.

[10] DAHN J R, et al. Thermal stability of Li_xCoO_2, Li_xNiO_2 and λ-MnO_2 and consequences for the safety of Li-ion cells [J]. Solid State Ionics, 1994, 69: 256-270.

[11] ZHANG Z, FOUCHARD D, REA J R. Differential scanning calorimetry material studies: implications for the safety of lithium-ion cells [J]. Journal of Power Sources, 1998, 70 (1): 16-20.

[12] CHOI J, MANTHIRAM A. Role of chemical and structural stabilities on the electrochemical properties of layered $LiNi_{1/3}Mn_{1/3}Co_{1/3}O_2$ cathodes [J]. Journal of the Electrochemical Society, 2005, 152 (9): A1714-A1718.

[13] TARASCON J M, WANG E, SHOKOOHI F K, et al. ChemInform Abstract: The Spinel Phase of $LiMn_2O_4$ as a Cathode in Secondary Lithium Cells [J]. Cheminform, 1991, 22 (49): 2859.

[14] AYDINOL M K, CEDER G. Firs-principles prediction of insertion potentials in Li-Mnoxides for secondary Li batteries [J]. J Electrochem Soc, 1997, 144: 3832-3835.

[15] DONG H J, SHIN Y J, OH S M. Dissolution of Spinel Oxides and Capacity Losses in 4V Li/$Li_xMn_2O_4$Cells [J]. Journal of the Electrochemical Society, 1996, 143 (7): 2204-2211.

[16] JULIEN C M, MAUGER A. Review of 5-V electrodes for Li-ion batteries: status and trends [J]. Ionics, 2013, 19: 951-988.

[17] AMINE K, TUKAMOTO H, YASUDA H, et al. A new three-volt spinel $Li_{1+x}Mn_{1.5}Ni_{0.5}O_4$ for secondary lithium batteries [J]. J Electrochem Soc, 1996, 143: 1607-1613.

[18] OHZUKU T, TAKEDA S, IWANAGA M, et al. Solid-state redox potentials for Li[$Me_{1/2}Mn_{3/2}$]O_4 (Me: 3d-transition metal) having spinel-framework structures: a series of 5 volt materials for advanced lithium-ion batteries [J]. J Power Sourc, 1999, 81-82: 90-94.

[19] OKADA S, SAWA S, EGASHIRA M, et al. Cathode properties of phospho-olivine $LiMPO_4$, for lithium secondary batteries [J]. J Power Sources, 2001, 97-98: 430-432.

[20] STRELTSOV V A, BELOKONEVA E L, TSIRELSON V G, et al. Multipole analysis of the electron density in triphylite, $LiFePO_4$, using X-ray diffraction data [J]. Acta Crystallographica, 1993, 49 (2): 147-153.

[21] DODD J L, YAZAMI R, FULTZ B. Phase diagram of $LixFePO_4$ [J]. Eletrehem Solid-Siate Lett 2006, 9 (3), A151-A155.

[22] XU G, LI F, TAO Z, et al. Monodispersed $LiFePO_4$@C core-shell nanostructures for a high power Li-ion battery cathode [J]. Journal of Power Sources, 2014, 246: 696-702.

[23] BYSTROM A, WILHELMI K A, BROTZEN O. Vanadium pentoxide: a compound with five-coordinated vanadium atoms [J]. Acta Chemica Scandinavica, 1950, 4: 1119-1130.

[24] BACTMANN H G, AHMED F R, BARNES W H, et al. The crysal structure of vanadium pentoxide [J]. Z Kristallogr, 1961, 115: 110-116.

[25] DELMAS C, BRETHES S, MENETRIER M. Cheminform abstract: ω-$Li_xV_2O_5$, a new electrode material for rechargeable lithium batteries [J]. Cheminform, 1990, 21 (35): 113-118.

[26] LEGER C, BACH S, SOUDAN P, et al. Structural and electrochemical properties of ω-Li [sub x] V [sub 2] O [sub 5] ($0.4 \leqslant x \leqslant 3$) as rechargeable cathodic material for lithium batteries [J]. Journal of The Electrochemical Society, 2005, 152 (1): A236.

[27] NUMATA K, SAKAKI C, YAMANAKA S. Synthesis of solid solutions in a system of $LiCoO_2$- Li_2MnO_3 for cathode materials of secondary lithium batteries [J]. Chem Lett, 1997, 26 (8): 725-726.

[28] ROBERTSON A D, BRUCE P G. The origin of electrochemical activity in Li_2MnO_3 [J]. Chem Commun, 2002, 2790-2791.

[29] ROERSON A D, BRUCE P G. Mechanism of electrochemical activity in Li_2MnO_3 [J]. Chem Mater, 2003, 15: 1984 -1992.

[30] ARMSTRONG A R, ROBERSON A D, BRUCE P G. Overcharging manganese oxides: Extracting lithium beyond Mn^{4+} [J]. J Power Sources, 2005, 146: 275-280.

[31] LU Z H, DAHN J R. Understanding the anomalous capacily of Li/Li[$Ni_xLi_{(1/3-2x/3)}Mn_{(2/3-x/3)}$]$O_2$ cells using in situ X-ray dffraction and electrochemical studies [J]. J Electrochem Soc, 2002, 149, A815-A822.

[32] ARMSTRONG A R, HOLZAPFEL M, NOVAK P, et al. Demonstrating oxygen loss and associated structural reorganization in the lithium battery cathode Li[Ni0.2Li[0.2Mn0.6]O_2 [J]. J Am Chem Soc, 2006, 128: 8694-8698.

第4章 电解液

电解液是锂离子电池的四大主要组成部分之一，是实现锂离子在正负极迁移的媒介，对锂电容量、工作温度、循环效率以及安全性都有重要影响。在传统电池中，电解液均采用以水为溶剂的电解液体系，由于水对许多物质有良好的溶解性以及人们对水溶液体系物理化学性质的认识已很深入，故电池的电解液选择范围很广。但是由于水的理论分解电压只有1.23V，即使考虑到氢或氧的过电位，以水为溶剂的电解液体系的电池的电压最高也只有2V左右（如铅酸蓄电池）。锂离子电池电压高达3~4V，传统的水溶液体系显然已不再适应电池的需要。因此，对高电压下不分解的有机溶剂和电解质的研究是锂离子电池开发的关键。表1-4-1列出了部分有机溶剂的分解电压[1]。

表1-4-1 部分有机溶剂的分解电压

溶　剂	EC/DEC（1∶1）	EC/DMC（1∶1）	PC/DEC（1∶1）
分解电压/V	4.25	4.1	4.35

电解质是指可以产生自由离子而导电的化合物。通常指在溶液中导电的物质，但熔融态及固态下导电的电解质也存在。正负电极之间的连接桥梁，传输电流作用，决定电池的工作机制。影响电池比能量、安全性、循环特性、倍率充放电特性、储存性能与造价。

4.1 电解质和电解液对电池性能的影响及要求

4.1.1 电解液对电池的影响

锂离子电池采用的电解液是在有机溶剂中溶有电解质锂盐的离子型导体[2]。虽然有机溶剂和锂盐的种类很多，但真正能用于锂离子电池的却很有限，一般作为实用锂离子电池的有机电解液应该具备以下性能：

1）离子电导率高，一般应达到10^{-3}~2×10^{-3}S/cm；锂离子迁移数应接近于1。

2）电化学稳定的电位范围宽；必须有0~5V的电化学稳定窗口。

3）热稳定性好，使用温度范围宽。

4）化学性能稳定，与电池内集流体和活性物质不发生化学反应。

5）安全低毒，最好能生物降解。

改善和提高电解液性能的主要措施有：

1）合成新的电解质，特别是阴离子有高的非局域化电荷，如$LiN(CF_3SO_2)_2$和$LiC(CF_3SO_2)_3$一类的盐。

2）合成有高介电常数的有机溶剂，以提高电解质的溶解度和电解液的导电率。

3）寻找新的电解液添加剂，如冠醚和穴状配合物等复杂结构化合物。最具有吸引力的是阴离子接受体作为添加剂的研究，由于阴离子接受体能够加速电解液中离子对解离并提高自由移动的阳离子的数量，当使用阴离子接受体作为添加剂时可以提高电导率的阳离子迁移数。

4.1.2 电解质对电池的影响

1）电池容量的影响；

2）电池内阻及倍率充放电性质的影响；

3）对电池操作温度范围的影响；

4）对电池储存和循环寿命的影响；

5）对电池安全性的影响；

6）对电池自放电性质的影响；

7）对电池过充过放性质的影响；

8）正负电极表面的副反应、表面钝化的影响；

9）电解质中离子导电电阻、界面电阻的影响。

4.2 有机溶剂

锂离子电池采用的是非水有机溶剂体系[3]，有机溶剂的种类很多，根据溶剂酸碱性的强弱和介电常数的大小，有机溶剂的种类见表1-4-2。

表1-4-2 有机溶剂的种类

有机溶剂	溶剂亲疏性	分子式
两性溶剂	生质子溶剂	EG，BuOH
	中性溶剂	HCOOH，AcOH
	亲质子溶剂	NMF，$PrNH_2$
非质子溶剂	亲质子溶剂	DMF，THF
	憎质子溶剂	PC，MIBK
惰性溶剂	—	CHO，DMI

从酸碱性的角度来考虑，有机溶剂可以分为质子给受的两性溶剂和不参与质子给受的非质子溶剂两大类；非质子性溶剂根据极性大小可以分成双极性非质子溶剂和无极性的活泼溶剂。两类溶剂是指非质子溶剂以外的溶剂，如式（1-4-1）中所表示的HS，在遇到酸（HA）的情况下表现为碱性，在遇到碱（B）的情况下表现为酸性。两性溶剂和非质子溶剂的区别在于两个方面：一是是否放出质子；二是溶剂的阴离子是否能稳定存在。

通常认为溶剂本身的质子电离常数在30以下的是两性溶剂。

$$\begin{gathered} HS+HA \longleftrightarrow H_2S^+ + A^- \\ HS+B \longleftrightarrow S^- + HB^+ \\ 2HS \longleftrightarrow H_2S^+ + S^- \end{gathered} \tag{1-4-1}$$

锂电池和锂离子电池中所用的有机溶剂应为不与锂反应的非质子溶剂，为了保证锂盐的溶解和离子传导，要求溶剂有足够大的极性。锂盐的电导率用式（1-4-2）表示。

$$\gamma = ne\mu \tag{1-4-2}$$

式中 γ——电导率；

n——电解液中承担电荷传输的离子数；

μ——离子迁徙速率；

e——电子电量。

因此，希望锂盐在有机溶剂中有足够大的溶解度。一般非质子性溶剂中阴离子的溶剂化很困难，锂离子的溶剂化显得很重要。离子的溶剂化自由能（ΔG_S）可以表示为

$$\Delta G_S = -[N(Z_{ie})^2/(8\pi\varepsilon_0 r_i)](1-1/\varepsilon_r) \tag{1-4-3}$$

式中 N——阿伏加德罗常数；

Z_{ie}——离子的电荷；

ε_0、ε_r——真空介电常数和溶剂的比介电常数；

r_i——离子半径。

从上式可以看到，ε_r 对锂盐的解离有重要影响；ε_r 大则锂盐容易解离，一般 ε_r 小于 20 时，锂盐的解离就很少；ε_r 小时，溶剂的黏度小，离子在溶剂中移动抵抗溶剂的黏性小，离子的移动速度快。

从溶剂角度来看，要获得性能良好的电解质溶液，溶剂必须是非质子溶剂，以保证在足够负的电位下的稳定性（或不与金属锂反应），而在极性溶剂中溶解锂盐可提高锂离子电导率；溶剂的熔点、沸点和电池体系的工作温度范围，则要求溶剂有低的熔点和高的沸点，同时蒸发气压较低。从以上的分析可以看出，溶剂的比介电常数和黏度是决定电解液的离子电导率的两个重要参数。

常用的几种有机溶剂：

用作锂离子电池的电解液，应具有较高的离子导电性，这就要求溶剂的介电常数高，黏度小。烷基碳酸盐，如 PC、EC 等极性强，介电常数高，但黏度大，分子间作用力大[4]，锂离子在其中移动速度慢。而线性酯，如 DMC（二甲基碳酸盐）、DEC（二乙基碳酸盐），EMC（甲乙基碳酸酯）等黏度低，但介电常数也低，因此，为获得具有高离子导电性的溶液，一般都采用 PC+DEC，EC+DMC 等混合溶剂[5-8]。

表 1-4-3 列出了溶有锂盐的有机溶剂的电导率和黏度。

表 1-4-3　溶有锂盐的有机溶剂的电导率和黏度

溶　剂	电导率 γ/(mS/cm)	黏度 η/cp
环状碳酸酯及其混合溶剂	电解质：1mol/L $LiClO_4$	
EC	7.8	6.9
PC	5.2	8.5
BC	2.8	14.1
EC+DMC（50%vol）	16.5	2.2
PC+DME（50%vol）	13.5	2.7
BC+DME（50%vol）	10.6	3.0
PC+DMM（50%vol）	7.9	3.3
PC+DMP（50%vol）	10.3	2.9

（续）

溶 剂	电导率 γ/(mS/cm)	黏度 η/cp
环状与链状醚	电解质：1.5mol/L $LiAsF_6$	—
THF	16	—
2MeTHF	4	—
DOL	12	—
4MeDOL	7	—
MF	35	—
MA	22	—
MP	16	—
环状碳酸脂与链状碳酸脂混合溶剂	电解质：1mol/L $LiPF_6$	—
EC+DMC（50%vol）	11.6	—
EC+EMC（50%vol）	9.4	—
EC+DEC（50%vol）	8.2	—
PC+DMC（50%vol）	11.0	—
PC+EMC（50%vol）	8.8	—
PC+DEC（50%vol）	7.4	—

4.3 电解质

锂离子电池使用的电解质盐有多种[9]，从其在有机溶剂中解离和离子迁移的角度来看，一般是阴离子半径大的锂盐最好。卤素离子 F^-、C^- 由于离子半径小，电荷密度高，因此在有机溶剂中的电离度小；而 Br^-、I^- 容易电化学氧化，因此卤素阴离子的锂盐不宜作锂离子电池电解液的导电盐。高氯酸根离子的半径比卤素大，因此其锂盐在有机溶剂中的溶解度要大得多，可以提供足够高的电导率，但是由于阳极氧化时不稳定，因此在一价的无机阴离子盐中，适合作锂离子电池导电盐的仅有 $LiBF_4$、$LiPF_6$、$LiAsF_6$ 等几种[10]，在这些盐中仍存在热稳定和化学稳定、对水分敏感、不容易纯化等问题。关于有机阴离子锂盐，人们发现 $LiCF_3SO_3$、$Li(CF_3SO_2)_2N$、$Li(C_2F_5SO_2)N$、$Li(CD_3SO_2)_3C$ 等，其阴离子电荷分散程度高，在有机溶剂中易溶解，有可能成为锂离子电池新一代电解质，目前尚未进入实用阶段[11]。电解质技术含量高价格高，造成锂离子电池价格居高不下。常用电解质种类见表 1-4-4。

表 1-4-4 常用电解质种类

电解质种类	有机溶剂影响电解质导电的因素	特 点
高氯酸钾	介电常数	容易爆炸，主要在实验室使用
四氟硼酸锂	介电常数越高，解离度增强	对水分较不敏感，稳定性较好，但导电性及循环性能差
六氟砷酸锂	黏度	性能好，不易分解，但价格昂贵，会引起砷中毒

（续）

电解质种类	有机溶剂影响电解质导电的因素	特点
六氟磷酸锂	黏度直接影响离子移动速率	导电率高，但易水解和热稳定性较差
三氟甲基磺酰	熔点低、沸点高、蒸汽压低，从而使工作温度范围宽	热稳定性和循环性好，但导电率低
双草酸硼酸锂	介电常数高、黏度低，从而使导电率高	热稳定性和电化学稳定性好，但在溶剂体系中溶解度低，电导率低

锂离子电池对液体电解质的要求[12]：

1）锂离子的电导率要高；

2）热稳定性要好；

3）电化学窗口要宽；

4）化学稳定性要高；

5）在较宽的温度范围内为液体；

6）对离子具有较好的溶剂化性能；

7）没有毒性，蒸汽压低；

8）能尽可能促进电极可逆反应的进行；

9）制备容易，成本低。

电解质溶剂要求：黏度小，熔点低，形成 SEI 膜，EMC/DEC/EC = 1/1/1 混合，可在 −40℃工作电解质锂盐的要求：热稳定性好，离子电导率高，化学稳定性好，不与溶剂、电极材料发生反应，分子量低，具有较好的溶解性，使锂在正负极材料中的嵌入迁出可逆性好，成本低[13]。

4.3.1 无机阴离子盐

目前开发的无机阴离子导电盐主要有 $LiBF_4$、$LiPF_6$、$LiAsF_6$ 三大类，它们的电导率、热稳定性和耐氧化性次序如下：

电导率：$LiAsF_6>LiPF_6>LiClO_4>LiBF_4$

热稳定性：$LiAsF_6>LiBF_4>LiPF_6$

耐氧化性：$LiAsF_6 \geqslant LiPF_6>LiBF_4>LiClO_4$

$LiAsF_6$ 有非常高的电导率、稳定性和电池充电放电率，但由于砷的毒性限制了它的应用。目前，正在研究的其他无机阴离子盐还有 $LiAlCl_4$、$Li_2B_{10}C_{10}$、LiSCN、$LiTaF_6$、$LiGeF_6$ 等，据报道，$Li_2B_{10}Cl_{10}$、$LiB_{12}Cl_2$ 在二氧环戊烷中的电导率可达 7mS/cm。

4.3.2 有机阴离子盐

由于 $LiCF_3SO_3$ 具有良好的电化学稳定性和适当的电导率，在锂一次电池中得到应用。$Li(CF_3SO_2)N$ 和 $Li(CF_3SO_2)_3C$ 电化学稳定性好，且由于其阴离子电荷的非局域化，离子半径大，离子电导率高，有可能成为新的电解质。但 $Li(CF_3SO_2)_2N$ 存在对正极铝集流体的腐蚀，而且价格高，尚未实现实用化。表 1-4-5 列出了部分氟化有机离子锂盐的电导率。

表 1-4-5 部分氟化有机离子锂盐的电导率

氟化有机阴离子锂盐的电导率 [250℃，0.1mol/L PC/DME（1∶2）vol]	电导率 Y/(mS/cm)	摩尔质量
$LiCF_3CO_2$	0.4	120
$Li(CF_3CO_2)_2N$	0.8	215
$LiCF_3SO_3$	2.3	156
$Li(CF_3SO_2)_2N$	4.0	287
$Li(CF_3SO_2)_3$	3.6	418
$LiPF_6$	4.4	152
LiTFPB	2.7	870

$LiPF_6$ 的优缺点：

电导率高，电压下稳定，不腐蚀集流体，商用主导产品；热稳定性差，80℃分解生成酸性气体，增加电池内压，对电池安全性产生影响；$LiPF_6 \rightarrow LiF+PF$；对水非常敏感，环境中少量水就可产生 HF，在电极处形成 LiF，不导电，界面电阻会变得非常大；$LiPF_6+H_2O \rightarrow LiF+HF+POF_3$；改良 $LiPF_6$替换 F 避免水解，但降低了电导率。有机电介质盐可以增大阴离子半径，实现离域化，提高溶解度和电导率。

有机溶剂影响电解质导电的因素：

（1）介电常数：介电常数越高，解离度越强。

（2）黏度：黏度直接影响离子移动速率。

最佳电解液溶剂要求：

（1）熔点低、沸点高、蒸汽压低，从而使工作温度范围宽。

（2）介电常数高、黏度低，从而使导电率高。锂离子电池对溶剂的要求有安全性、氧化稳定性、与负极的相容性、导电性等，总体要求溶剂具有较高的介电常数、较低的黏度等特征。

4.3.3 聚合物电解质

聚合物电解质的类型：

市场上可选择的锂二次电池，主要使用液体电解液，并且使用 10~20μm 厚的隔膜，来促进锂离子的运动。当聚合物电解液替代液体电解液使用时，更容易制造紧凑的电池，因为这样不需要进行金属包装。聚合物电解质主要有固态聚合物电解质、凝胶聚合物电解质和聚电解质（Polyelectrolyte）。聚合物电解质中锂离子的迁移依靠聚合物链的链段运动，凝胶聚合物电解质则受混入聚合物中的液体电解液和它们的离子电导率的影响。在聚合物电解质中，凝胶聚合物电解质在室温下具有较高的离子电导率和机械强度。因此，相对于固态聚合物电解质和聚电解质而言，凝胶聚合物电解质更广泛地应用于锂二次电池中。为了解决锂二次电池中的安全问题，固态聚合物电解质值得进一步研究。下面介绍不同聚合物电解质的性质、应用和发展。

1. 固态聚合物电解质

自从 Wright 发现离子可以在聚合物中迁移以及 Armand 发现其可以应用于包括电池的电化学设备中，固态聚合物电解质被广泛研究。使用固态聚合物电解质的全固态电池的优势如下[14,15]：

1）使用锂金属负极的电池具有很高的能量密度；

2）非常可靠，没有泄露的危险；

3）可以制造成不同的形状和设计；

4）能制造超薄的电池；

5）高温下不会释放可燃性气体；

6）不使用隔膜和保护电路，实现了电池的低成本。

固态聚合物电解质仅由聚合物和锂盐组成，研究主要集中在聚合物的分子设计和合成[16]。在固态聚合物电解质中，聚合物应该是无定形态并且包含如氧、氨、硫的极性元素，从而促进室温下聚合物链的运动和锂盐的解离。在过去进行派生物，如聚氧化乙烯（PEO）、聚环氧丙烷（PPO）、聚膦腈、聚硅氧烷的研究中，有关 PEO 基的聚合物是研究最多的。

固态聚合物电解质的聚合物基质与离子电导率密切相关。为了使固态聚合物电解质具有较高的离子电导率，聚合物基质应该具有以下性质：

1）含有具有离子复合作用能力的极性基团，在相邻的链上含有极性基团参与复合作用。

2）足够的空间构象来允许锂盐解离。

3）极性基团中应该含有给电子基团，如醚、酯或胺，用于阳离子溶剂化。

4）玻璃化温度要低，以便合物链有较强的弹性。

在前述的条目中，1)~3）是锂盐解离的要求，4）与离子的迁移有关。PEO 由重复的—CH_2CH_2O—单元组成，其中氧原子和碱性金属形成配位键，这是因为氧原子比其他具有复合作用能力的极性元素具有更强的供电子体的性质。因此，当碱性金属和醚中的氧发生配位时，锂盐会解离[17]。

由于 PEO 中氧和亚甲基之间的旋转能垒（Rotational Energy Barrier）低，弹性的聚合物链很容易构象生成阳离子配位键。与冠状醚相似，醚中氧电子对和阳离子之间的离子偶极相互作用生成一个复合体，并且锂盐在 PEO 中发生解离。为了获得高的离子电导率，解离离子在聚合物中需要有较好的迁移能力。室温下聚合物链段参与活跃的热运动，这比弹性聚合物的玻璃化温度更高。因此，锂离子通过与聚合物链段发生复合作用来改变它们的位置。因此，锂阳离子在内部自由移动并参与聚物的局域结构改变。与此同时，随着聚合物弛豫运动产生的自由空间的再分配。锂离子毫无限制地自由移动。PEO 基质复合体由于强烈 O-Li^+ 相互作用而具有的结晶度，因此室温以下离子电导率较低。大多数研究集中在合成新的聚合物提高离子电导率。已经尝试了多种方式，包括嫁接一个短的 EO 单元到侧链中。该方法在保持无定形结构的同时降低了玻璃化温度，因此在室温下具有高达 10^{-4}S/cm 的离子电导率。另一种方法是引入一种交联结构来增大无定形区域同时改善机械结构。通过添加无机物微粒如氧化铝、氧化硅、氧化钛到固态聚合物电解来改善离子电导率、机械强度和电极/电解液表面性质。这是因为无机填充物抑制了聚合物的结晶，过量的水分和杂质被吸附到无机颗粒表面。铁电无机材料也可以促进锂盐的分解。尽管进行了很多研究，使用固态聚合物电解质的聚合物锂电池还没有实现商业化。与液体电解液相比，固态聚合物电解质室温下具有较低的离子电导率、较差的机械性质和界面性质。因此，正在研究将其用于高温下的电动汽车和能量存储设备中的大型二次电池。

2. 凝胶聚合物电解液

凝胶聚合物电解液由聚合物、有机溶剂和锂盐组成。凝胶聚合物电解液是通过将有机电解液与固态聚合物基质混合制得。尽管以固态膜的形式存在，但由于电解液被限制在聚合物链中，凝胶聚合物电解液的离子电导率可达 10^{-3}S/cm。凝胶聚合物电解液兼具了固体电解质和液体电解液的优点，正在被积极研究用于锂二次电池。胶聚合物电解质基质的代表性聚合物有聚丙烯腈（polyacrlonitile）、聚偏氟乙烯［poly（vinylidene fluoride），PVdF］、聚甲基丙烯酸甲酯［poly（methyl methacrylate），PMMA］和聚氧化乙烯 PEO。

3. 聚丙烯腈体系

PAN 中高极性 CN 键侧链吸引锂离子和溶剂，从而使它适合作为凝胶聚合物电解质聚合物的基质。一般说来，将 PAN 浸渍 $LiPF_6$ 基有机溶剂，如 EC 和 PC 的电解液中制得，室温下离子导电率高达 10^{-3}S/cm。PAN 基的凝胶聚合物电解质具有较宽的电势窗口、较强的机械性能、与正极材料之间较弱的化学反应活性。稍后会介绍的电解质制备，涉及将 PAN 在高达 100℃下溶解到 EC 或 PC 中。当 PAN 和锂盐完全溶解后，将溶液浇铸成型然后在室温下冷却。

4. 聚偏二氟乙烯体系

由 PVdF 聚合物组成的胶合物电解质可以在高温下溶解，能够在冷却过程中发生相分离和结晶，从而达到物理凝胶化。由于 PVdF 基凝胶聚合物电解质膜在相分离时形成微孔，在微孔中的液体电解液使其具有较高的离子电导率。P（VdF-co-HFP）是偏二氟乙烯和六氯丙烯的共聚物，被用作凝胶聚合物电解质的基质。

这些电解质通过制备多孔薄膜获得，多孔薄膜则通过将聚合物膜中的塑化剂萃取来制备。在这种情况下，电解质膜是在空气下制备的，仅在最后一步得到活化。

5. 聚甲基丙烯酸甲酯体系

PMMA 凝胶聚合物电解质是通过 MMA 单体和二甲基丙烯酸双官能团单体的聚合反应制得。透明薄膜中夹有 PMMA 基凝胶聚合物电解质，可用于电致变色元件中。由 $LiClO_4$ 和 EC/PC 组成非水电解液制备的化学交联的凝胶聚合物电解质，室温下离子电导率达 10^{-3}S/cm，其电化学窗口对锂电位达 4.5V。除此之外，锂金属的界面阻抗即使在一段时间以后仍保持恒定不变。

6. 聚氧化乙烯体系

聚氧化乙烯凝胶电解质是由主链或侧链上有 EO 结构的 PEO 聚合物基质组成的。对于主链上有 EO 结构的聚合物基质，PEO 末端的羟基使用异氰酸盐来发生化学交联反应。对于侧链上有环氧乙烷基团的聚合物基质组成的凝胶聚合物电解质甲基丙烯酸酯和丙烯酸酯是常见的派生物。侧链上也可以包含聚氨酯、聚磷腈或嫁接的分子量为 2000 的 PEO 基团。

在凝胶聚合物电解质中，离子在液体介质中迁移，聚合物基质用来保持薄膜的机械强度和储存液体。根据液态电解质含量的不同，凝胶聚合物电解质呈现不同的机械强度。如之前提到过的，凝胶聚合物电解质的离子电导率接近于液体电解液的离子电导率。凝胶聚合物电解质根据交联方式是物理或化学交联可被分为两类。当聚合物链段相互缠绕在一起或者聚合物链段部分分子取向上相互交联时，物理交联凝胶聚合物电解质呈现物理交联结构。这种电解质由于聚合物链在加热时解开缠绕，冷却时转化为凝胶状态而获得迁移能力。利用这种性质，液体电解液可以在被冷却成凝胶之前先注入电池中。但是，高温下凝胶聚合物电解质会流动，易于发生泄漏。在物理交联的凝胶聚合物电解质中，由偏二氟乙烯和六氟丙烯的PVF-HFP共聚物组成的凝胶聚合物电解质被广泛研究。

为了克服物理交联机械性能差的缺陷，锂离子聚合物电池通过在聚烯烃隔膜或电极上包覆凝胶聚合物电解质来制得。这种锂离子聚合物电池与锂离子电池具有相同的结构。用于物理凝胶化的聚合物是PEO、PAN、PVdF和PMMA。锂离子聚合物电池的性能取决于聚烯烃隔膜包覆层的厚度。多孔薄膜上的凝胶包覆层弥补了电解质机械强度差的缺陷，改善了电极的黏接性能，提高了电池的安全性。由于电极与电解质界面接触得好，电池可以用铝封装袋来包封。同时，圆柱电池通过缠绕压力和金属外壳的使用来保持良好的界面接触。最近，低熔点的PE被分散到凝胶聚合物电解质中作为熔断器。这些微粒在100℃左右融化，使阻抗升高从而极大改善电池性能。另一方面，化学交联的凝胶聚合物电解质中的结构变化更加困难，因为网络结构是基于化学键而不是基于范德华作用力。电池的性能也可能受非反应的单体或者交联剂的影响。为了制造使用化学交联的凝胶聚合物锂离子电池，需要将能够化学交联的聚合物前驱体溶解到电解液中，注入电池内。然后通过热聚合来实现电解质均匀凝胶化。由于完全使用凝胶聚合物电解质，即使使用铝箔作为包装材料，这样的电池也不会存在泄漏的危险。

7. 聚电解质：单离子导体

聚电解质（polyelectrolytes）是在聚合物中阳离子和阴离子解离制得的导电物质。因为阳离子和阴离子可以独立地迁移，它们又被称为单离子导体。在含锂盐的聚合物电解质中，解离的离子不通过与聚合物链段反应来迁移。这表明阳离子电导率的阳离子迁移数一般低于0.5。当在二次电池中使用时，锂离子和相反的阴离子在充放电过程中都发生迁移。阴离子会在电极活性物质表面聚集，锂离子会在两个电极之间流动。这会导致两极之间形成浓差极化，并且电解质阻抗也随着时间的延长而增大。在聚电解质中，由于缺少阴离子的运动，锂阳离子迁移数量接近于1.0。当聚电解质应用于二次电池时，可以获得稳定的放电电流，因为不会出现浓差极化并且阻抗随着时间保持不变。

对于含锂阳离子的聚电解质，阴离子被固定于聚合物链段中。分子设计应该可以促进解离度并为锂离子提供迁移路径。为了改善含有通过共价键连接在聚合物链上的阴离子的聚电解质的离子电导率，削弱离子对形成促进解离。这可以通过降低阳离子的电荷密度或使用替代物来限制阴离子的使用来实现。含有重复的EO单元或环氧乙烷和其他醚链的PEO链段被用作锂离子的迁移路径。除了将聚合物连入醚链中，聚电解质可以和聚醚混合在一起。

电解液为什么不能有水呢?

锂离子电池的优势与不足与电解质有关，非水电解质分解电压较高，水溶液电解质电压不会超过2V，水容易发生分解，所以封装需要真空手套箱。锂离子电池具备高电压和高比容特点。非水电解质溶液导电性能不足，所以高倍率充放电性能有限。高度可燃性是锂离子电池安全隐患。

4.4 液体电解液

4.4.1 锂二次电池典型的液体电解液

将锂盐溶解到有机溶剂中，虽然存在很多类的有机溶剂和锂盐，但是并不是所有的溶剂和锂盐都适合用于锂二次电池[18]。应用于锂二次电池的液体电解液需要具备如下特性：

1）电解液应具有高的离子电导。高离子电导率电解液的电池具有优异的电化学性能。锂离子在电极内的迁移以及在电解液中扩散对于锂二次电池的快速充放电十分重要。室温下，锂二次电池液体电解液的离子导电率应高于 10^{-3}S/cm^2。

2）电解液与电极之间要有良好的化学和电化学稳定性。由于锂二次电池在负极和正极处发生电化学反应，电解液应该在两个电极的氧化还原反应的电压范围内具有电化学稳定性。除此之外，电解液还应对不同金属、聚合物具有化学稳定性，这些金属、聚合物是正极、负极和电池的重要组成部分。

3）电解液应在较宽的温度范围内都可使用。使用液体电解液的锂离子电池一般广泛应用于移动设备，所以需要在-20~60℃范围内满足以上要求。在较高温度下，液体电解液的电化学稳定性会下降，离子电导率会增大。

4）电解液要有高的安全性能。电解液中的有机溶剂容易燃烧，当发生短路时会被加热到较高温度，从而引起燃烧或爆炸。高着火点或者高闪点是有利的，如果可能的话可以使用不易燃的材料。电解液还应具有较低的毒性以防发生泄漏和废弃。

5）电解液应成本低廉。如果高性能电解液的成本过高，它们可能很难商业化。考虑到锂离子电池激烈的市场竞争，高成本的材料不大可能被采用。

锂二次电池电解液需要在宽的温度范围内具有高的离子电导率，在比锂电池工作电压更宽的电压范围内保持电化学稳定性。电解液的性质由溶剂和锂盐决定，并且随组合的不同而变化。

4.4.2 液体电解液的性质

1. 离子电导率

电解液的离子电导率是一项重要性质，它能够评定和测量电池的性能。如下式所示，离子电导率与离子电荷数浓度和电子迁移率 μ 成正比。

$$\sigma = N_A e \sum \| Z_i \| C_i \mu_i \tag{1-4-4}$$

这里，N_A 和 e 分别是阿伏伽德罗（Avogadro）常数和元电荷。离子电导率随着解离的自由离子数的增多以及这些离子的迁移速度的增大而增大。正常的电池反应在较低的离子电导率下很难进行，因为在电池内部一个电极的锂离子不能够轻易地迁移到另一电极。室温下，锂二次电池电解液的离子电导率需要高于 10^{-3}S/cm。如果电导率低，锂离子不能在两个电极之间充分的迁移，那么电极活性物质不能够充分地发挥容量。离子电导率可以通过电导率仪来测量，也可以通过已知电解池常数的电解液的阻抗来计算。另一种方法是首先得到电解液溶剂的阻抗然后使用如下公式计算：

离子电导率=极之间的距离/(溶剂的阻抗×电极面积)

2. 电化学稳定性

电解液的电化学稳定性是由不参与氧化还原反应的电势范围决定的。使用恒电位仪在特定扫速下扫描工作电极相对于参比电极的电势。电流的快速增大和减小对应分解电压。这个值也可以由氧化还原电流达到某一特定值时的电势来决定。工作电极使用的是铂电极、碳电极或者不锈钢电极，另一方面参比电极则是由锂金属或 Ag/AgCl 构成。这种方法就是线性扫描伏安法。由于分解电压随着不同的测试条件而改变。参比电势和扫描速率需要记录下来。慢的扫描速度（如 1mV/s 以下）可以更准确地检测电化学的稳定性。

锂盐的氧化稳定性顺序如下：

$$LiAsF_6>LiPF_6>LiBF_4>Li(CF_3SO_2)_2N>LiClO_4,LiCF_3SO_3$$

3. 电极/电解液的界面性质

液体电解液和电极活性材料之间反应生成 SEI 膜，它会很大程度上影响锂二次电池的充放电循环特性。随着循环的进行，锂进行扩散，SEI 膜对电解液与电极的副反应会产生直接影响。对于石墨电极，碳酸乙烯酯比碳酸丙烯酯更有利，因为后者会破坏石墨层并阻止 SEI 膜的形成。锂盐也有利于形成保护膜。向有机电解液中加入化合物，如碳酸亚乙烯酯（VC）可以促进还原反应，从而改善负极 SEI 膜的性质。尽管已经进行了许多关于碳电极和有机电解液表面反应的研究，但添加剂和 SEI 膜之间的关系仍没有确定。尽管正在研究通过使用添加剂来抑制电解液的活性，但是也需要对此有更基础的理解。

4. 工作温度

锂离子电池在-20~60℃的温度范围内工作，所以必须仔细考虑溶剂的熔点和沸点。例如，具有低熔点的溶剂，如 DEC、DME、PC 与 EC、DMC 混合溶剂或其在 0℃呈固态存在的盐进行混合。当锂盐不易溶于溶剂中时会发生沉淀，这个温度成为电解液的较低的限制。除此之外，具有低沸点的溶剂的使用也受到限制，因为包装材料如铝在蒸汽压升高时会发生膨胀。在更高的温度下，液体电解液的热力学和电化学稳定性会降低，而离子电导率会升高。

5. 阳离子迁移数

离子电导率是阳离子和阴离子电导率的总和。在锂二次电池中，锂离子参与电化学反应，在电极上产生电流。因此，电解液中阳离子的电导率是至关重要的。阳离子对总体电导率的贡献可以用阳离子迁移数（t^+）表示：

$$t^+=\sigma^+/(\sigma^++\sigma^-)=\mu^+/(\mu^++\mu^-) \tag{1-4-5}$$

在上述方程式中，电导比值可以用电子迁移率（μ）来表示，因为锂盐分解得到相同数量的阳离子和阴离子。当阳离子迁移数很小时，电池的总体阻抗会增大。这是因为电解液中存在阴离子的浓差极化。阳离子迁移数可以通过使用多种方法计算得到，如交流阻抗法、直流极化法、Tubandt 法、希托夫法和脉冲梯度场核磁共振法。这个数受多种因素影响，如温度、电解液中盐浓度、离子半径和电荷。

4.4.3 离子液体

离子液体是指盐呈液体状态存在。特别是，在室温下以液体状态的盐被称为室温离子液体。随着吡啶盐或咪唑盐的化合物和氯化铝的发现，离子液体在 20 世纪 50 年代开始被广泛研究。与液体电解液相比，离子液体具有以下优势：

1）液程范围宽，具有低的蒸汽压；

2）不易燃烧，且耐热；

3）化学稳定性好；

4）具有相当高的极性和离子电导率。

但是，离子液体在电池应用上的电化学性能却不理想。这是由于离子键造成黏度很高，而且锂的扩散受到其他存在的阳离子的阻碍。

1. 离子液体的结构

离子液体包括有机阳离子和无机阴离子，以N或P为中心的离子液体，呈现多种结构，如烷基咪唑盐、烷基吡啶盐、烷基氨、烷基膦盐。即使相同的阳离子，根据阴离子的种类，离子液体也不一定在室温下呈液体状态。比如，含有1-乙基-3-甲基咪唑盐（EMI）作为阳离子，不同的阴离子的离子液体具有不同的熔点。如果阴离子是Br^-，离子液体在室温下是白色结晶粉末（熔点是78℃）；如果阴离子BF^-和$TFSI^-$，它则变为无色透明的液体，熔点分别为15℃和-16℃。含氟阴离子比如BF_4^-、PF_6^-、$CF_3SO_3^-$和$(CF_3SO_2)_2^-$常用于离子液体中。

2. 离子液体的特性

离子液体具有独特的性质，离子电导率高、不挥发、不易燃、热力学十分稳定等。而且具有很高的极性，可以溶解无机和有机的金属化合物，并且它们可以在很宽的温度范围内呈液态。随着阳离子和阴离子结构的不同，离子液体的性质也会有所不同。

3. 黏度和离子电导率

离子液体是特殊的液体，仅由离子所组成。因为离子浓度高，因此离子液体具有很高的离子电导率。离子液体的黏度随着阳离子和阴离子的组合不同而改变，常是有机溶剂的10倍以上。离子间的相互作用随着锂盐的添加而增大，这会导致黏度增大，但同时会使离子电导率减小。

4. 密度和熔点

与有机液体电解液类似，含离子液体的电解液的密度随着锂盐的添加而增大。由于大多数锂盐的熔点高于200℃，这个值随着锂盐的浓度增大而增大。例如，当添加1.2mol/L的LITFSI到TMPA-TFSI中时，电解液在室温下会固化。因此，二次电池的离子液体的熔点应该在室温以下。离子液体的熔点根据阳离子和阴离子的不同组合呈现不同的值。即使含有相同阳离子的液体，不同类型的阴离子也会造成不同的熔点。

4.4.4 二次电池电解液

具有较高的电动势（EMF），是锂二次电池一个很大的优势。这是由于正极使用过渡金属氧化物具有很高的电势，以及负极或者金属负极具有很低的电势，共同作用的结果。传统的有机液体电解液不能够简单地应用于锂二次电池，因为它们不能满足安全性的要求，如阻燃性和不挥发性等要求。另一方面，离子液体不易燃烧，具有较低的挥发性并且呈现相对较高的离子电导率。最常见的离子液体之一是用EMI作为阳离子。EMI阳离子可以被用来与多种阴离子结合组成，形成多种具有较低熔点和黏度的离子液体。但是，EMI的一个缺陷是较低的正极稳定性。正因为如此，不需要添加剂能形成SEI膜的季铵盐被考虑用作锂二次电池的电解液材料。含氟阴离子的脂肪族季铵具有较低的黏度和较高的抗氧化性。这些铵可能含有甲基侧链，或者存在含有 BF_4^- 或 ClO_4^-，TFSI 或 TSAC 系统。表 1-4-6 表示典型的离子液体溶剂的物理化学性质。

表 1-4-6　典型的离子液体溶剂的物理化学性质

溶剂名称	溶剂简称	介电常数	黏度/（mPa·s）	熔点/℃	沸点/℃	分解电压/V
乙烯碳酸酯	EC	90	1.9	37	238	5.8
丙烯碳酸酯	PC	65	2.5	−49	242	5.8
二甲基碳酸酯	DMC	3.1	0.59	3	90	5.7
二乙基碳酸酯	DEC	2.8	0.75	−43	127	5.5
乙基甲基碳酸酯	EMC	2.9	0.65	−55	108	—
二甲醚	DME	7.2	0.46	−58	84	4.9

从表 1-4-6 可以看出：

丙烯碳酸酯（PC）：化学稳定、熔点低（−49℃），沸点高，具有较好低温特性和安全性。但是不能和石墨形成界面膜（SEI）。

乙烯碳酸酯（EC）：介电常数很高，可以与石墨形成有效致密和稳定的 SEI 膜，大大提高循环寿命。但是熔点高（37℃），黏度大，所以低温特性很差。

4.5　电解液的导电性

4.5.1　电解液的电导率

电导率是衡量有机电解液性能的一个重要参数，它决定电极的内阻和倍率特性。锂离子电池用的电解液的电导率一般只有 0.01S/cm，是铅酸蓄电池电解液（5%H_2SO_4）或碱性电池电解液（6mol/L KOH）的电导率的几百分之一。因此，锂离子电池在大电流放电时，来不及从电解液中补充 Li^+，会发生电压下降（IR 降）。电解液由有机溶剂和电解质组成。电解液的摩尔电导率用 Λ 表示。

$$\Lambda = 1000\gamma/c \tag{1-4-6}$$

式中　Λ——摩尔电导率（$S \cdot cm^2/mol$）；

γ——电导率测定值（S/cm）；

c——电解质浓度（mol/L）。

电解液的电导率为

$$\gamma = Ne\sum |Z_i| c_i u_i \tag{1-4-7}$$

式中　u_i—离子迁移率。

从式中可知，电解质离解的自由离子数越多，离子迁移速度越快，则电导率 γ 越大。

4.5.2　电解液电导率的影响因素

从溶剂方面来讲，影响电导率的主要因素有溶剂的比介电常数和黏度。溶剂中阳离子

Z_ie 与阴离子 Z_je 相距 d 时，两电荷间的相互作用力按库仑法则为

$$f=Z_iZ_je^2/(\varepsilon_r d^2) \tag{1-4-8}$$

式中　f——电荷间作用力；

d——阴、阳离子间距离；

Z_ie——阳离子电荷；

Z_je——阴离子电荷。

式（1-4-8）表明，介电常数 ε 越高，Li^+ 与阴离子间的静电作用力越弱，锂盐的解离越容易，自由锂离子数越多。以 $\varepsilon_r=20$ 为界，一般认为，$\varepsilon_r<20$，则离子解离变得困难。

溶剂黏度的影响从 Stokes 公式可以看出，即溶剂的黏度越低，离子的移动速度越大，能获得更高的离子电导率。

锂盐（LiX）在溶剂（s）中溶解过程的 Born-Harber 循环如图 1-4-1 所示，溶剂的种类对溶剂化过程有影响，一般是溶剂化能越负，锂盐的溶解越容易。

溶解过程的溶剂化能与溶剂的种类有关。不同种类的溶剂对溶剂化过程的影响可以从离子—溶剂以及离子—离子间的微观作用理解。

要得到高导电率的电解液，最好是选择介电常数大、黏度低的溶剂。但溶剂的介电常数大，黏度也高。阴离子半径大的锂盐容易在溶剂中电离，但在溶剂中移动困难。因此，在选择电解液时，必须对溶剂体系和导电盐进行综合分析[19]。表 1-4-7 列出了电解液中常用的溶剂和溶质种类。

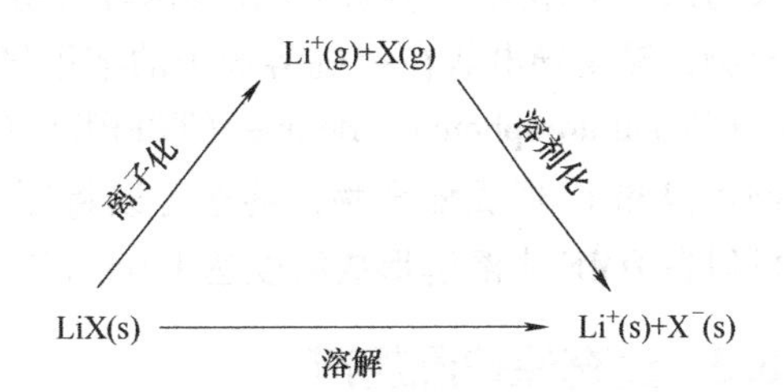

图 1-4-1　锂盐（LiX）在溶剂（s）中溶解过程的 Born-Harber 循环图

表 1-4-7　电解液中常用的溶剂和溶质种类

电解质	名称	分子式	分子量/(g/mol)
溶质	六氟磷酸锂	$LiPF_6$	151.90
	双氟磺酰亚胺锂	LiFSI	187.07
	四氟硼酸锂	$LiBF_4$	93.74
	草酸二氟硼酸锂	LiODFB	143.77
	双草酸硼酸锂	LiBOB	193.79
	双三氟甲烷磺酰亚胺锂	LiTFSI	287.08
溶剂	碳酸二甲酯（DMC）	$C_3H_6O_3$	90.08
	碳酸甲乙酯（EMC）	$C_4H_8O_3$	104.10
	碳酸二乙酯（DEC）	$C_3H_{10}O_3$	118.10
	碳酸乙烯酯（EC）	$C_3H_4O_3$	88.06
	碳酸丙烯酯（PC）	$C_4H_6O_3$	103.09
	乙酸乙酯（EA）	$C_4H_8O_2$	88.11

4.6 电解液中的添加剂及作用

4.6.1 改善界面特性用添加剂

在电解液中加入添加剂，可以改善界面特性，提高电解液导电能力，有的添加剂还具有过充电保护作用。用石墨做锂离子电池负极时，由于溶剂分解，会在石墨电极的表面形成一层保护膜，如果在电解液中加入合适的添加剂，可以改善表面膜的特性，并能使表面膜变得薄且致密。由无机添加剂形成的表面膜更容易通过非溶剂化的锂离子，阻止溶剂的共嵌入。常用的无机添加剂有 CO_2、N_2O、SO_2 等[20]。

4.6.2 改善电解液能力用添加剂

提高电解液导电能力的添加剂的作用主要是提高导电盐的溶解和电离能力，此类添加剂分成与阳离子作用和与阴离子作用两种类型。冠醚和穴状化合物作为添加剂能和阳离子形成配合物，提高导电盐在有机溶剂中的溶解度，因此提高电解液的电导率；硼基化合物，如 Tris（Pentafluorophenyl）Borane（TPFPB）$(C_6F_5)_3B$，是阴离子接受体，用这类物质作为添加剂可以和 F^- 形成配合物，甚至可以将原来在有机溶剂不溶解的 LiF 溶解在有机溶剂中，如可以在 DME 中溶解形成浓度达 1.0mol/L 的溶液，电导率 6.8×10^{-3}S/cm。

4.6.3 过充保护添加剂

目前过充电保护是通过保护电路来实现的。将来，有可能采用氧化还原对，进行内部过充电保护。这种方法的原理是通过在电解液中添加合适的氧化还原对，在正常充电时，这个氧化还原对不参加任何的化学或电化学反应，而当充电电压超过电池的正常充电截止电压时，添加剂开始在正极上被氧化，氧化产物扩散到负极被还原，还原产物再扩散回到正极被氧化，整个过程循环进行，直到电池的过充电结束。

电解液中这一类添加剂，应该具备的基本要求如下：

（1）添加剂在有机电解液中有良好的溶解性和足够快的扩散速度，能在大电流范围内提供保护作用。

（2）在电池使用的温度范围内性能稳定。

（3）有合适的氧化电位，其值在电池的正常充电截止电压和电解液氧化电位之间。

（4）氧化产物在还原过程中没有其他的副反应，以免添加剂在过充电过程中被消耗。

（5）添加剂对电池的性能没有副作用。

4.6.4 电解液添加剂对锂离子电池性能的影响

从图 1-4-2 可以看到，电解液中添加 PHS（一种电解液添加剂）后，可以保证 NCM811/石墨软包电池具有很好的长循环性能。在经过 850 圈循环以后，不加及分别加了 0.5%和 1.0% PHS 样品的容量保持率分别为 96.6%、98.1%和 98.1%。

图 1-4-3a 给出了使用不加 PHS 及分别加了 0.5%和 1.0% PHS 的电解液的 NCM811/石墨软包电池的容量/电压微分（dQ/dU）曲线。电解液中添加 PHS 后电池在 1.5V 附近有一

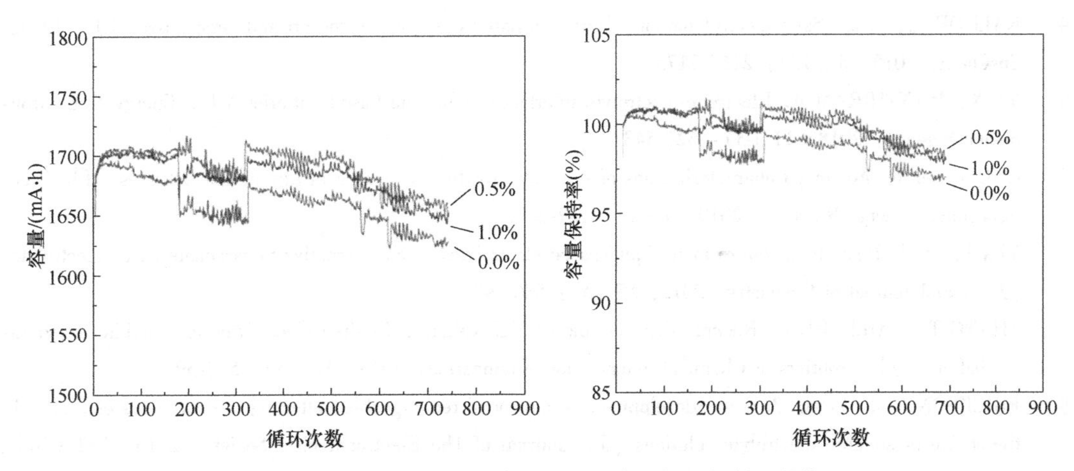

图 1-4-2 NCM811/石墨软包电池具有很好的长循环性能

个明显的电流峰，对应于 PHS 在石墨负极表面的还原。这意味着 PHS 可以在电池中优先于电解液的溶剂发生还原反应，在电极表面生成 SEI 膜，避免了电解液在电极表面的持续分解。从图 1-4-3b 可知，电解液中加入 PHS 可以明显降低 NCM811/石墨软包电池的阻抗，表明 PHS 分解生成的 SEI 膜还具有低阻抗的特点。这也可以解释添加剂的加入为何能够提升电池的常温、低温和高温循环性能。

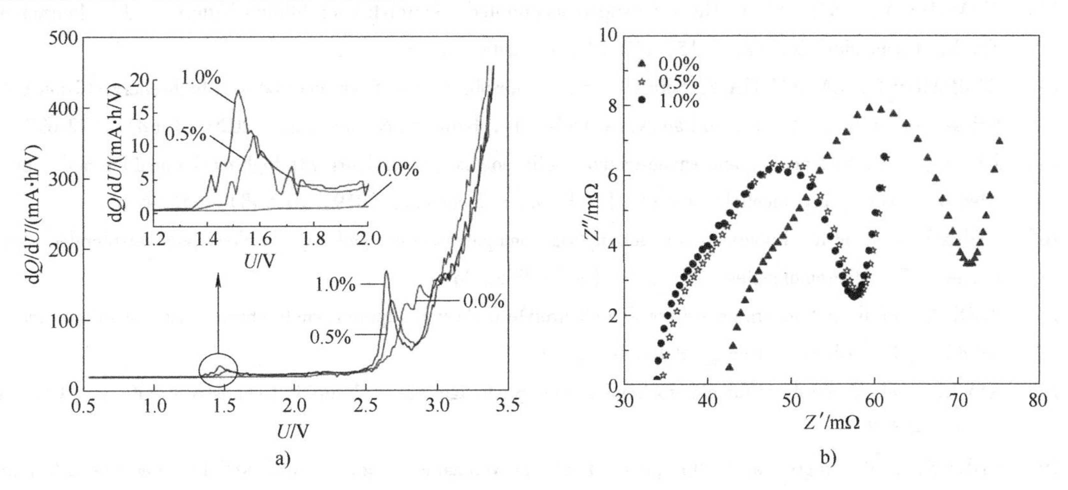

图 1-4-3 NCM811/石墨软包电池的容量/电压微分（dQ/dU）曲线和电化学阻抗谱

a）容量/电压微分曲线 b）电化学阻抗谱

参 考 文 献

[1] XU K，CRESCE VON A. Interfacing electrolytes with electrodes in Li ion batteries [J]. Journal of Materials Chemistry，2011，21 (27).

[2] HU M，PANG X，ZHOU Z. Recent progress in high-voltage lithium ion batteries [J]. Journal of Power Sources，2013，237：229-242.

[3] CEKIC-LASKOVIC I，et al. Synergistic effect of blended components in nonaqueous electrolytes for lithium ion batteries [J]. Top Curr Chem (Cham)，2017，375 (2)：37.

[4] KALHOFF J, et al. Safer electrolytes for lithium-ion batteries: state of the art and perspectives [J]. ChemSusChem, 2015, 8 (13): 2154-2175.

[5] YU X, MANTHIRAM A. Electrode-electrolyte interfaces in lithium-based batteries [J]. Energy & Environmental Science, 2018, 11 (3): 527-543.

[6] CHU Y, et al. Advanced characterizations of solid electrolyte interphases in lithium-ion batteries [J]. Electrochemical Energy Reviews, 2019, 3 (1): 187-219.

[7] YIM T, et al. Room temperature ionic liquid-based electrolytes as an alternative to carbonate-based electrolytes [J]. Israel Journal of Chemistry, 2015, 55 (5): 586-598.

[8] ZHANG T, PAILLARD E. Recent advances toward high voltage, EC-free electrolytes for graphite-based Li-ion battery [J]. Frontiers of Chemical Science and Engineering, 2018, 12 (3): 577-591.

[9] ERICKSON E M, et al. Review—development of advanced rechargeable batteries: a continuous challenge in the choice of suitable electrolyte solutions [J]. Journal of The Electrochemical Society, 2015, 162 (14): A2424-A2438.

[10] BHATT M D, O'DWYER C. Recent progress in theoretical and computational investigations of Li-ion battery materials and electrolytes [J]. Phys Chem Chem Phys, 2015, 17 (7): 4799-4844.

[11] SCHAEFER J L, et al. Electrolytes for high-energy lithium batteries [J]. Applied Nanoscience, 2011, 2 (2): 91-109.

[12] XUE Z, HE D, XIE X. Poly (ethylene oxide)-based electrolytes for lithium-ion batteries [J]. Journal of Materials Chemistry A, 2015, 3 (38): 19218-19253.

[13] YAMADA Y, YAMADA A. Review—superconcentrated electrolytes for lithium batteries [J]. Journal of The Electrochemical Society, 2015, 162 (14): A2406-A2423.

[14] ZAMPARDI G, LA MANTIA F. Solid-electrolyte interphase at positive electrodes in high-energy Li-ion batteries: current understanding and analytical tools [J]. Batteries & Supercaps, 2020, 3 (8): 672-697.

[15] JO Y H, et al. Self-healing and shape-memory solid polymer electrolytes with high mechanical strength facilitated by a poly (vinyl alcohol) matrix [J]. Polymer Chemistry, 2019, 10 (48): 6561-6569.

[16] MORRIS M A, et al. Enhanced conductivity via homopolymer-rich pathways in block polymer-blended electrolytes [J]. Macromolecules, 2019, 52 (24): 9682-9692.

[17] ZHOU Q, et al. A temperature-responsive electrolyte endowing superior safety characteristic of lithium metal batteries [J]. Advanced Energy Materials, 2019. 10 (6).

[18] XIA L, et al. Electrolytes for electrochemical energy storage [J]. Materials Chemistry Frontiers, 2017, 1 (4): 584-618.

[19] CHEN S, et al. Progress and future prospects of high-voltage and high-safety electrolytes in advanced lithium batteries: from liquid to solid electrolytes [J]. Journal of Materials Chemistry A, 2018, 6 (25): 11631-11663.

[20] HAREGEWOIN A M, WOTANGO A S, HWANG B J. Electrolyte additives for lithium ion battery electrodes: progress and perspectives [J]. Energy Environ. Sci., 2016, 9 (6): 1955-1988.

第 5 章　隔　膜

锂离子电池主要由正极材料、负极材料、隔膜、电解液四个部分组成。其中，隔膜是一种具有微孔结构的薄膜，是锂离子电池产业链中最具技术壁垒的关键内层组件，其成本占比仅次于正极材料，约为 10%～14%，在一些高端电池中甚至达到 20%。如图 1-5-1 所示，在锂离子电池中隔膜起到两个主要作用[1]：

1）分隔锂电池的正、负极，使电池内部的电子不能自由穿过，防止正、负极接触形成短路；

2）隔膜中的微孔能够让电解质液中的离子在正负极间自由通过，形成充放电回路。

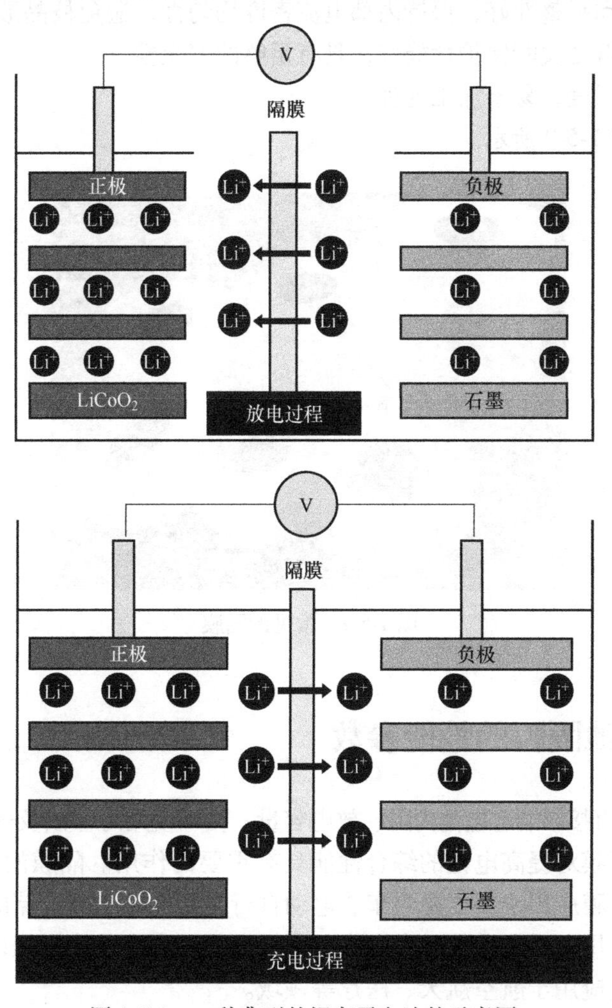

图 1-5-1　一种典型的锂离子电池的示意图

在锂离子电池中，隔膜的基本功能是浸润电解液的同时防止电极发生物理接触，并且实现离子运输。隔膜不直接参与任何电池反应，但其结构和特性通过电池动力学特性在电池性能方面发挥着重要作用，包括周期寿命、安全性、能量密度和功率密度等[2,3]。在锂离子电池中选择合适的隔膜时应考虑各种因素。锂离子电池对隔膜的基本要求如下：

1）具有隔离性和电子绝缘性，保证正负极的机械隔离，阻止活性物质的迁移，可以避免短路与微短路以及自放电行为，延长电池寿命。

2）有适当的孔径和孔隙率，对锂离子有很好的透过性，保证低内阻和高的离子电导率，能够允许大电流充放电，提高电池的倍率性能。

3）耐电解液腐蚀，电化学稳定性好，可以稳定存在于溶剂和电解液中，保证电池的长循环运行。

4）对电解液的浸润性好并具有足够的吸液保湿能力，足够的离子导电性可提高循环次数[4]。

5）具有足够的力学性能和防震能力，包括穿刺强度、拉伸强度等，可有效阻止外力或者是电极枝晶损坏隔膜，提高安全性与循环能力。

6）空间稳定性和平整性好，保持内部电流密度均匀性，避免枝晶形成与刺穿。

7）热稳定性和自动关断保护性能好，具有足够的安全性。

8）足够的物理强度，易于加工处理。

常见的隔膜如图 1-5-2 所示。

图 1-5-2　常见的隔膜

5.1　锂离子电池隔膜的性能参数

隔膜性能的优劣直接影响着电池内阻、放电容量、循环使用寿命以及安全性能。如图 1-5-3 所示，性能优异的隔膜对提高电池的综合性能具有重要的作用。隔膜的应用已遍及各领域。动力类锂离子电池隔膜应用于新能源汽车、电动自行车、电动工具、储能电池等领域，数码块键离子电池层膜应用于手机、笔记本电脑、平板电脑、可穿戴式智能设备等便携式电子产品，其他功能类隔膜应用于航空航天、医疗等领域。

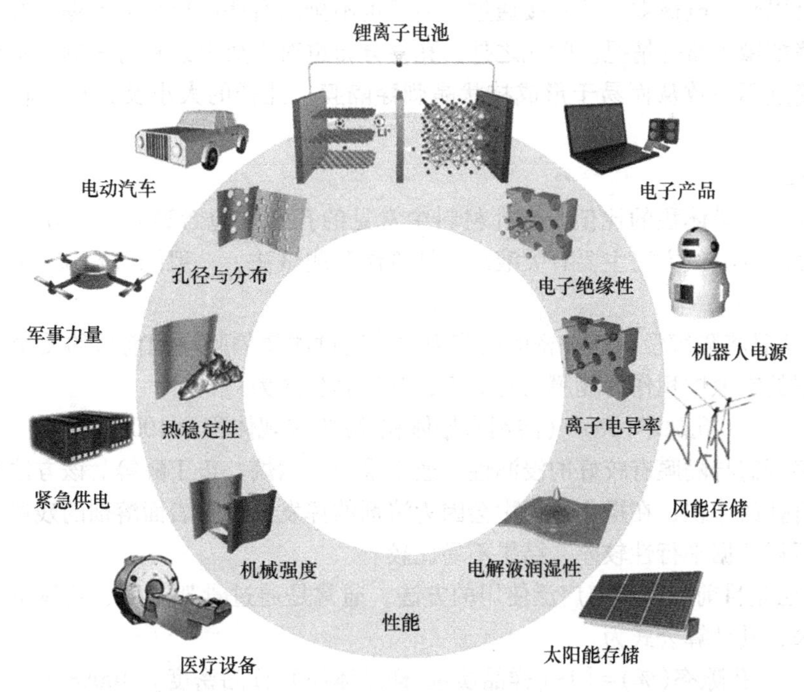

图 1-5-3 隔膜所需的主要性能参数图示与锂离子电池的应用及常见隔膜的微观结构[5]

美国先进电池联盟规定了锂离子电池隔膜的参数标准，包括合适的厚度（5~25μm）、均匀的孔径（<1μm）、高润湿性、优异的渗透性（<0.025s/μm），坚固的拉伸机械强度（>1000kg/cm^2 或 98.06MPa），高热稳定性（90℃下 60min 后收缩率< 5%），突出的尺寸稳定性、化学稳定性和电化学稳定性等[6]。在对隔膜的要求中，隔膜的机械性能主要以纵向（MD）和横向（TD）的抗拉强度为特征[7]。图 1-5-3 所示的所有性能都与锂离子电池的内阻、循环性能、速率容量、安全性和商业前景密切相关[2,3]。

1. 厚度

对于消耗型锂离子电池（手机、笔记本电脑、数码相机中使用的电池），25μm 的隔膜逐渐成为标准。可充电电池中使用的隔膜通常为 20~50μm 的厚度，但大多数商用锂离子电池的隔膜都在 20~25μm 的范围内[8]。然而，由于人们对便携式产品的使用的日益增长，更薄的隔膜，比如说 20μm、18μm、16μm，甚至更薄的隔膜开始大范围的应用。对于动力电池来说，由于装配过程的机械要求，往往需要更厚的隔膜，当然对于动力用大电池，安全性也是非常重要的，而厚一些的隔膜往往同时意味着更好的安全性，电动汽车（Electric Vehicles，EV）/混合动力电动汽车（Hybrid Electrical Vehicle，HEV）使用的是厚度为 40μm 左右的隔膜。

2. 孔径

孔径大小影响隔膜的透过能力。一般防止电极颗粒直接通过隔膜，要求隔膜孔径为 0.01~0.1μm，小于 0.01μm 时，锂离子穿透能力太小，大于 0.1μm 时，电池内部枝晶生成时电池易短路。目前所使用的电极微粒一般在 10μm 的量级，而所使用的导电添加剂炭黑则在 10nm 的量级，不过很幸运的是一般炭黑颗粒倾向于团聚形成大颗粒。一般来说，亚微米孔径的隔膜足以阻止电极颗粒的直接通过，当然也不排除有些电极表面处理不好，粉尘较多导致的一些诸如微短路等情况。除此之外，孔径分布也对充放电过程有影响，不均匀导致电池内部电流密度不一致从而易于形成枝状晶刺穿隔膜。孔径的大小及分布与制备方法密切相关。

3. 孔隙率

即孔的体积和膜体积的比值，微孔材料中常见的孔通常包含通孔、盲孔、闭孔3种结构。目前孔隙率的测试方法主要有吸液法、计算法和测试法。一般隔膜孔隙率在35%~60%之间。

1）吸液法是将隔膜浸入已知密度的溶剂中，通过测量隔膜浸润前后的质量差计算出隔膜被液体占据的空隙体积作为隔膜的孔隙率，其计算公式为

$$孔隙率(\%)=(溶剂占据体积/隔膜表观体积)\times100\% \tag{1-5-1}$$

选用的溶剂需与隔膜有较好的浸润性，通常采用十六烷、正丁醇等。该方法测试的是隔膜中通孔与盲孔的体积，在操作过程中会因为溶剂的挥发、隔膜表面溶剂的残留等原因造成误差较大，所得数据平行性较差，结果不易比较。

2）计算法是目前隔膜厂家广泛使用的方法，通常是通过骨架密度、基体重量、材料尺寸等计算出来，其计算公式为

$$孔隙率(\%)=[1-(样品质量/样品体积)/样品密度]\times100\% \tag{1-5-2}$$

式中，样品密度可采用已知原材的密度、真密度仪测量或注塑方法测量的结果。若用原材或注塑方法测试，得到的结果是包含通孔、盲孔与闭孔的，若采用真密度仪测试，其测量原理为气体置换法，测得的结果不包含内部空隙，因此所得结果应为通孔与盲孔的孔隙率。

3）测试法是通过毛细管流动分析仪或压汞仪测试得到。仪器测试法得到的结果与测试原理、实验条件的选择密切相关，且孔隙率为仪器根据孔径分布测量情况的计算结果。毛细管流动分析仪是通过泡点法即采用惰性气体冲破已润湿的隔膜，测量气体流出的压力值，通过计算得到孔径参数；压汞仪是采用压汞法即测量汞压入孔所施压力计算出孔径参数。

4. 透气率

MacMullin 数：含电解液的隔膜的电阻率和电解液本身的电阻率之间的比值，用符号 N_m 表示。其计算公式为

$$N_m=\rho_s/\rho_e \tag{1-5-3}$$

式中 ρ_s——隔膜电阻率；

ρ_e——电解液电阻率。

实际上，N_m 值比离子电阻率更能表征隔膜的离子透过性，因为其消除了电解液对结果的影响。此数值越小越好，对于消耗型锂离子电池，此数值为接近8。

Gurley 数：一个重要物化指标；是指一定体积的气体，在一定压力条件下通过一定面积的隔膜所需要的时间。与隔膜装配的电池的内阻成正比，即该数值越大，则内阻越大[9]。单纯比较两种不同隔膜的 Gurley 数是没有意义的，因为可能两种隔膜的微观结构完全不一样；但同一种隔膜的 Gurley 数的大小能很好地反映出内阻的大小，因为同一种隔膜相对来说微观结构是一样的或可比较的。实验常用测定方法有两种：使垂直通过试样的气流稳定在一个恒定的流量，测定在该条件下试样两侧所形成的压差，计算空气流通阻力等参数；通过调节使试样两侧形成一个恒定的压差，测定一定时间内垂直通过试样给定面积的气流流量，

计算透气率等参数。

5. 力学强度

包括穿刺强度与拉伸强度。穿刺强度可大致定标为：在一定的速度（3~5m/min）下，让一个没有锐边缘的直径为1mm的针刺向环状固定的隔膜，未穿透隔膜所施加在针上的最大力。由于测试的时候所用的方法和实际电池中的情况有很大的差别，直接比较两种隔膜的穿刺强度不是特别合理，但在微结构一定的情况下，相对来说穿刺强度高的，其装配不良率低。但单纯追求高穿刺强度，必然导致隔膜的其他性能下降。拉伸强度测试可分为单向拉伸与双向拉伸。拉伸时隔膜大多呈现各向异性，一般横向（TD）与纵向拉伸（MD）强度大约在几到几十牛之间，需要注意的是，双向拉伸需要保持两个方向的一致性。双向拉伸前、后的聚合物膜SEM图如图1-5-4所示。

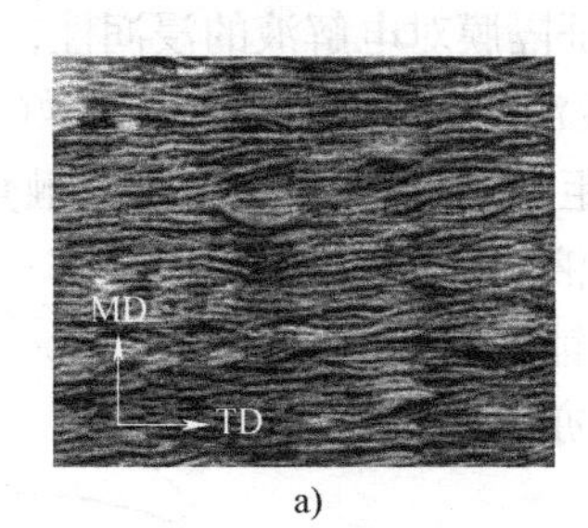

a)

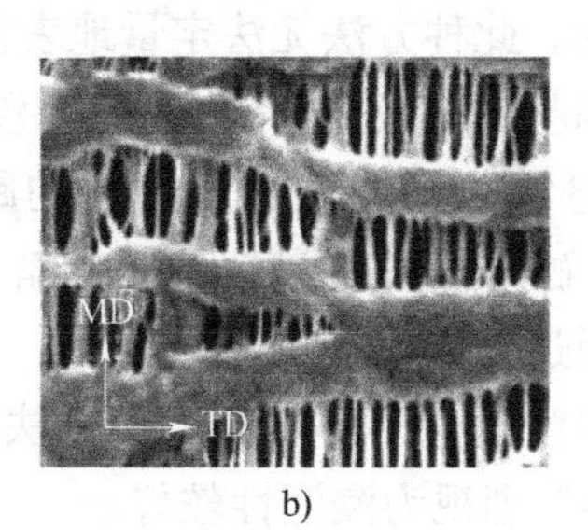

b)

图1-5-4 聚合物膜SEM图像[10]

a）双向拉伸前 b）双向拉伸后

6. 化学稳定性

要求隔膜在电化学反应中是惰性的，且对强还原、强氧化不活泼，机械强度不衰减，不产生杂质。一般认为，目前隔膜用材料PE或PP可满足化学惰性要求。

7. 热稳定性

隔膜需要在电池使用的温度范围内（-20~60℃）保持热稳定。一般来说目前隔膜使用的PE或PP材料均可以满足上述要求。通常，真空条件下，90℃恒温60min，湿法隔膜横向收缩小于3%，纵向收缩小于5%[11]，干法隔膜横向收缩小于1%，纵向收缩应小于3%。

8. 热关闭

由于安全性问题比较严重，目前锂离子电池用隔膜一般都能够提供一个附加的功能，就是热关闭。自动关闭机理是一种安全保护性能，可以限制温度升高和防止短路。一般我们将原理电池（两平面电极中间夹一隔膜，使用通用锂离子电池用电解液）加热，当内阻提高三个数量级时的温度称为热关闭温度。实际上隔膜的闭孔温度由材料本身的熔点决定。聚乙烯（PE）融化温度约130℃，热关闭温度为135℃附近[11]。当然，不同的微结构对热关闭温度有一定的影响，但对于小电池热闭机制所起的作用很有限。

目前闭孔温度的测量方法主要是电阻突变法，即在外界温度升温情况下测量浸于电解液中的隔膜两侧电阻，当电阻发生突跃时即为隔膜的闭孔温度。该方法在UL SUBJECT 2591-2009与Nasa/TM-2010-216099中均有描述：将尺寸为60mm×60mm的隔膜浸于电解液中10min以上，电解液为1mol/L $LiClO_4$体系，将浸润电解液的隔膜置于测试夹具中，测试电极为两个比隔膜稍小一圈的金属平板，两端用聚四氟包覆的金属板并施加344.75kPa的压力压住来模拟电池。将整个测试系统置于可连续升温的烘箱中，从（100±5℃）~（180±2℃），以 1℃/min 的速率升温，隔膜温度采用 J-type 型热电偶测量。测量整个升温过程中的电阻，电阻明显升高的温度即为闭孔温度。

9. 浸润度和吸液率

为保证电池的内阻不是太大，能够拥有良好的循环性能，要求隔膜是能够被电池所用电解液完全浸润并具有吸液保液能力，这与隔膜材料本身和隔膜的表面及内部微观结构相关。

目前对浸润性的测试主要有目测法和用接触角仪进行接触角的测量。目测法通常对浸润度的粗略判断如下：用微量注射器吸取典型电解液（如 EC：DMC＝1：1，1mol/L $LiPF_6$），滴在隔膜表面，看是否液滴会迅速消失被隔膜吸收。若精确判断则需用超高时间分辨的摄像机记录从液滴接触隔膜到液滴消失将隔膜完全浸润的过程，计算时间，通过时间的长短来比较两种隔膜的浸润度。此种方法无法定量地表征隔膜对电解液的浸润性，但可用于甄别对电解液浸润性不好的隔膜，一般 2~3s 内可完全浸润的隔膜视为浸润性较好。接触角仪测量方法为在隔膜上滴下电解液，测定液滴两端的距离与高度，计算出接触角，具体计算方法如图 1-5-5 所示。接触角仪可定量地给出电解液对隔膜的浸润性，还可通过捕捉液滴在隔膜表面，铺展开来的动态影像计算出浸润速率等数据。该方法亦无参考标准，接触角 $\theta<37°$则视为浸润性较好。

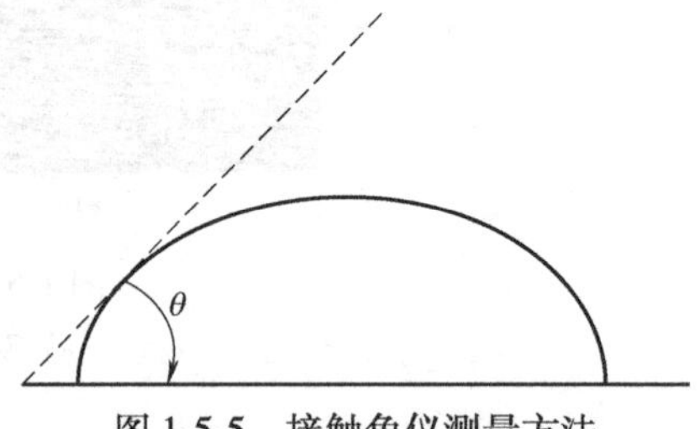

图 1-5-5　接触角仪测量方法

吸液率采用吸液法进行测定，参考标准为 SJ-247-10171.7《隔膜吸碱率的测定》，该方法为碱性电池标准，采用的溶剂为碱液，用于测量锂离子电池时应替换为电解液，由于电解液的挥发等问题目前大多数采用对隔膜浸润性较好的有机溶剂进行测定，常用的溶剂为十六烷、正丁醇、环己烷等。采用浸液前后隔膜的质量差进行测定，具体公式如下：

$$A=[(m_2-m_1)/m_1]\times100\% \tag{1-5-4}$$

式中　A——隔膜吸液率；

m_1——浸泡前试样质量；

m_2——浸泡后试样质量。

但由于所用溶剂为有机溶剂且隔膜本身质量较轻，该方法与溶剂的选择，实验过程中的操作有很大的关系，所得结果平行性也不甚理想，无法得到精确结果。

10. 离子电导率

表征离子透过性，影响电池的电化学性能。离子电导率是物体传导电流的能力，与电阻率互为倒数。隔膜的离子电阻率/电导率直接影响电池的内阻，因此测量隔膜的电阻是非常重要的。离子电阻率 ρ_S 的计算公式为

$$\rho_S=R_SA/l \tag{1-5-5}$$

式中　ρ_S——离子电阻率（Ω·cm）；

R_S——测量得到的隔膜电阻（Ω）；

A——电极的面积（cm^2）；

l——隔膜的厚度（cm）。

离子电导率 σ（S/cm）的计算公式为

$$\sigma = 1/\rho_{S} \tag{1-5-6}$$

离子电导率的测量装置可参考闭孔温度的测量装置，方法采用交流阻抗法，为了消除电极电阻以及接触电阻等的影响，应多次测试多层隔膜下的电阻值，并把测试结果进行线性拟合，斜率值即为该隔膜电阻值。

除上述隔膜性能指标，还可以通过扫描电子显微镜（Scanning Electron Microscope，SEM）对孔洞形貌和造孔均匀性观察电池一致性；红外光谱（Infrared Spectroscopy，IR）可用于确定隔膜的化学组成，对隔膜的熔断温度、闭孔特性和点化学稳定性进行初步判定。

5.2 锂离子电池隔膜的分类

锂离子电池隔膜材料发展种类也较多，可分为半透膜与微孔膜。半透膜包括天然再生离子膜和合成高分子膜。微孔膜分为有机材料隔膜与无机材料隔膜。具体分类如图 1-5-6 所示。

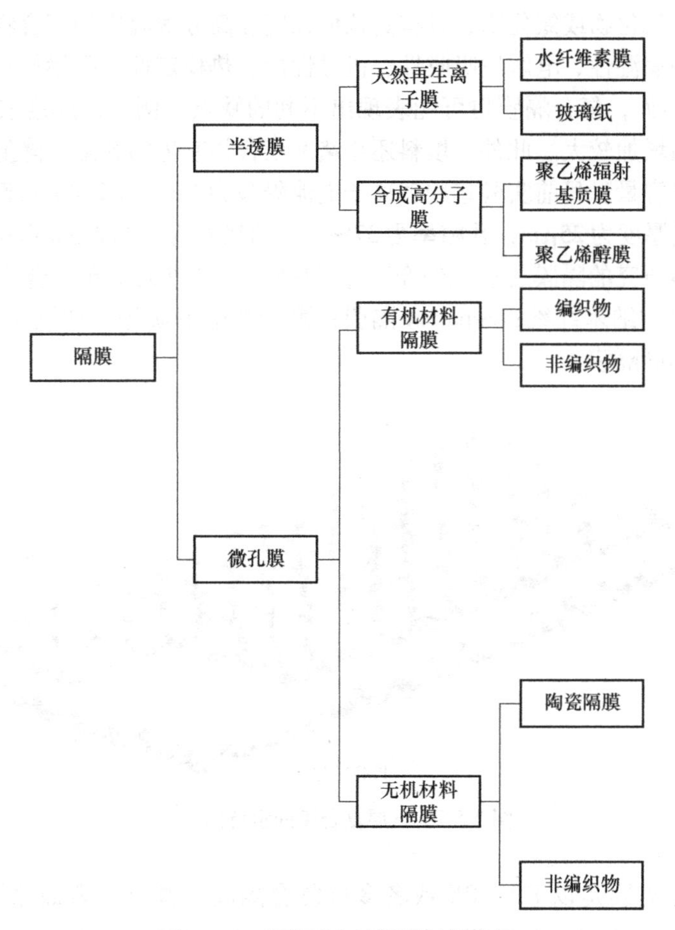

图 1-5-6 锂离子电池隔膜材料分类

商用主要隔膜材料聚烯烃材料具有优异的力学性能、化学稳定性和相对廉价的特点。隔膜基体材料主要包括聚丙烯、聚乙烯材料和添加剂。隔膜所采用的基体材料对隔膜力学性能以及与电解液的浸润度有直接的联系。尽管近年来有研究用聚偏氟乙烯、纤维素复合膜等材料制备锂离子电池隔膜，但至今商品化的电池隔膜材料仍主要采用聚乙烯、聚丙烯微孔膜[6,12]。然而，商用聚烯烃隔膜的热稳定性较差，润湿性较弱，无法满足日益增长的能源需求[13,14]。由于锂离子电池易燃性和热稳定性差，在恶劣环境中运行时隔膜会出现热收缩而导致短路，从而导致锂离子电池失效[7]。由于聚烯烃隔膜的电解质吸收不良，隔膜孔中的电解质填充不完全导致离子通道堵塞，导致阳极和阴极之间锂离子的不均匀和不可逆传输[15-18]。因此，聚烯烃隔膜与正负电极的兼容性较差。此外，较差的相容性界面容易形成不稳定的固体电解质界面（SEI），这与不均匀的锂枝晶生长有关[19-23]，而不均匀的锂枝晶刺穿隔膜则会引发潜在的安全隐患[24]。聚烯烃基隔膜的润湿性较差会造成锂离子转移缓慢[25]。最近，聚偏氟乙烯（PVDF）和其他聚合物也因其优越的润湿性而引起广泛关注[26,27]。然而，其热稳定性和机械强度仍不能满足工业要求。为了解决上述问题，人们提出并重点研究了以各种有机和无机材料为填料，以聚合物为基体的复合隔膜。与商用聚烯烃隔膜或单组分聚合物隔膜相比，复合隔膜有几个优点和缺点。复合隔膜的填料主要是具有高熔点和机械性能的氧化物或氮化物、具有高拉伸强度和高分解温度的聚合物或其组合。在复合形式下，隔膜的润湿性、电解质吸收性、机械性能、热稳定性、阻燃性和离子导电性得到了显著改善[28]。然而，复合隔膜也可能表现出不利的缺点。例如，厚度较大，孔结构不理想，导致电池内阻增加较大。此外，填料还会堵塞聚合物基体的孔隙，降低离子导电性和锂离子电池的高倍率容量。目前实验室用锂离子电池隔膜为 Celgard 2400 隔膜，其主要成分为聚丙烯（PP），其厚度为 25μm，孔隙率为 37%，孔的尺寸为 0.117μm×0.042μm。除多孔聚合物薄膜外，较多研究的隔膜还有无纺布[29]，包括玻璃纤维无纺布、合成纤维无纺布、陶瓷纤维纸等；高空隙纳米纤维；Separion 隔膜；聚合物电解质等。如图 1-5-7 和图 1-5-8 所示，展示了三种不同隔膜。

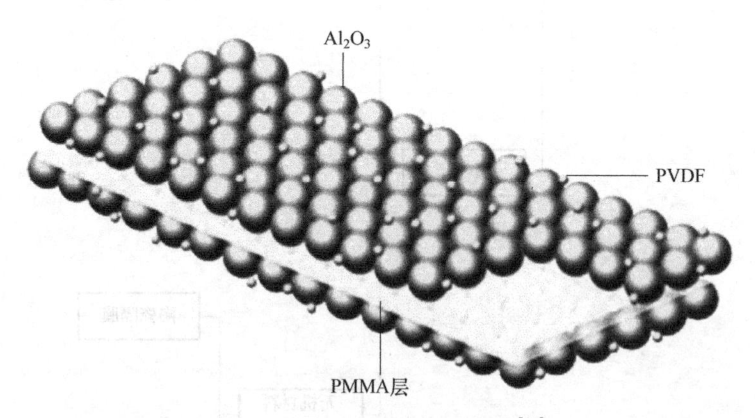

图 1-5-7　三层复合膜的示意图[32]

陶瓷颗粒涂覆隔膜是以 PP、PE 或者多层复合隔膜为基体，表面涂覆一层 Al_2O_3[30]、SiO_2[31]、$Mg(OH)_2$ 或其他耐热性优良的无机物陶瓷颗粒，经特殊工艺处理后与基体紧密黏结在一起，稳定结合有机物的柔性以及无机物的热稳定性，提高隔膜的耐高温、耐热收缩性能和穿刺强度，进而提高电池的安全性能。陶瓷复合层一方面可以解决 PP、PE 隔膜热收缩导致的热失控从而造成电池燃烧、爆炸的安全问题；另一方面，陶瓷复合隔膜与电解液和正负极材料有良好的浸润和吸液保液的能力，大幅度提高了电池的使用寿命。此外，陶瓷涂覆隔膜还能中和电解液中少量的氢氟酸，防止电池气胀。陶瓷隔膜对氧化铝的性能有几点要求：粒径均匀性，能很好地黏接到隔膜上，又不会堵塞隔膜孔径；氧化铝纯度高，不能引入杂质，影响电池内部环境；氧化铝晶型结构的要求，保证氧化铝对电解液的相容性及浸润性。涂覆高纯氧化铝（VK-L30G）隔膜具有如下优点：①耐高温性：氧化铝涂层具有优异的耐高温性，在180℃以上还能保持隔膜形态；②高安全性：氧化铝涂层可中和电解液中游离的高聚物（High Polymer，HP），提升电池耐酸性，安全性提高；③高倍率性能：纳米氧化铝在锂电池中可形成固溶体，提高倍率性和循环性能；④良好浸润性：纳米氧化铝粉末具有良好的吸液及保液能力；⑤独特的自关断特性：保持了聚烯烃隔膜的闭孔特性，避免热失控引起安全隐患；⑥低自放电率：氧化铝涂层增加微孔曲折度，自放电低于普通隔膜；⑦循环寿命长：降低了循环过程中的机械微短路，有效提升循环寿命。

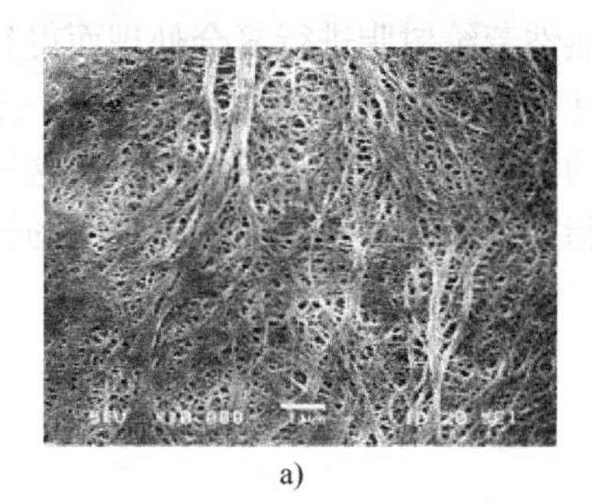

a)

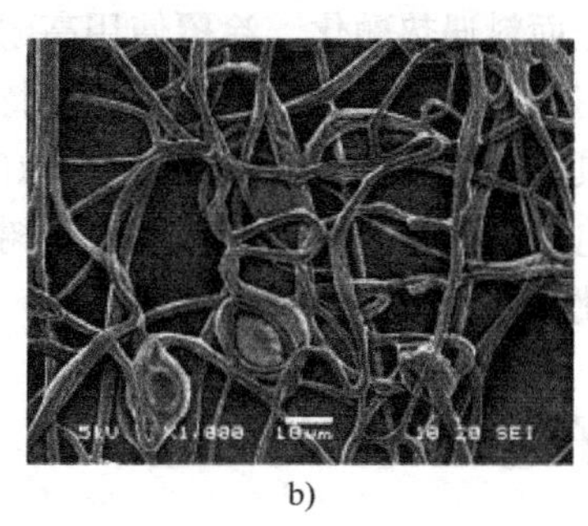

b)

图 1-5-8 SEM 图像[33]

a）PE 膜 b）Al_2O_3/PVDF-co-CTFE 纤维涂层 PE 膜

常规隔膜与涂覆隔膜的物理性能指标对比见表 1-5-1。PVDF 涂覆隔膜具有低内阻、高（厚度/空隙率）均一性、力学性能好、化学与电化学稳定性好等特点。PVDF 即聚偏氟乙烯，是一种白色粉末状结晶性聚合物，熔点 170℃，热分解温度 316℃以上，可长期使用温度范围为-40~150℃，具有优良的耐化学腐蚀性、耐高温色变性、耐氧化性、耐磨性、柔韧性以及很高的抗涨强度和耐冲击性强度。由于纳米纤维涂层的存在，该新型隔膜对锂电池电极具有比普通电池隔膜更好的兼容性和黏合性，能大幅度提高电池的耐高温性能和安全性。此外，该新型隔膜对液体电解质的吸收性好，具有良好的浸润和吸液保液的能力，延长电池循环寿命，增加电池的大倍率放电性能[34]，使电池的输出能力提升 20%，特别适用于高端储能电池、汽车动力电池。

表 1-5-1 常规隔膜与涂覆隔膜的物理性能指标对比

性 能 指 标	行业通用指标	陶瓷涂覆隔膜指标	PVDF 涂覆隔膜指标（美国 Celgard）
厚度/μm	20~40	20~50	20~50
电解质容纳量/(mg/cm²)	0.6~1.5	1.2~1.5	1.2~1.5
透气度/(s/100ml)	100~1000	400~650	800~1000

（续）

性能指标		行业通用指标	陶瓷涂覆隔膜指标	PVDF 涂覆隔膜指标（美国 Celgard）
断裂长度（%）		>30	>31	>30
孔隙率（%）		30~50	50~60	50~60
拉伸强度/MPa	纵向	≥150	≥110	160
	横向	≥120	≥110	130
（180℃，2h）热收缩率（%）	纵向	5	≤1	≤1
	横向	5	0	≤0.5

芳纶纤维作为一种高性能纤维，具有可耐受400℃以上高温的耐热性和卓越的防火阻燃性，可有效防止面料遇热融化。涂覆使用高耐热性芳纶树脂进行复合处理而得到的涂层，一方面能使隔膜耐热性能大幅提升，实现闭孔特性和耐热性能的全面兼备；另一方面由于芳纶树脂对电解液具有高亲和性，使隔膜具有良好的浸润和吸液保液的能力，而这种优秀的高浸润性可以延长电池的循环寿命。此外，芳纶树脂加上填充物，可以提高隔膜的抗氧化性，进而实现高电位化，从而提高能量密度。

5.3 锂离子电池隔膜的工艺

我国隔膜产品主要在于厚度、强度、孔隙率等指标不能得到整体兼顾，且量产批次稳定性较差。因此研究开发低成本、制作工艺简单、孔径尺寸适当、空隙率高、机械强度能满足要求的微孔聚合物隔膜对于提高电池性能和降低电池成本具有重要的实际意义。

目前隔膜生产工艺方法分为两种，干法与湿法[35]，两种方法的成孔机理存在差异。干法隔膜工艺是隔膜制备过程中最常采用的方法，该工艺是将高分子聚合物、添加剂等原料混合形成均匀熔体，挤出时在拉伸应力下形成片晶结构，热处理片晶结构获得硬弹性的聚合物薄膜，之后在一定的温度下拉伸形成狭缝状微孔，热定型后制得微孔膜。

干法隔膜按照拉伸取向分为单拉和双拉，干法单拉是使用流动性好、分子量低的PE或PP聚合物，利用硬弹性纤维的制造原理，先制备出高取向度、低结晶的聚烯烃铸片，低温拉伸形成银纹等微缺陷后，采用高温退火使缺陷拉开，进而获得孔径均一、单轴取向的微孔薄膜[36-38]。干法单拉工艺流程为

① 投料：将PE或PP及添加剂等原料按照配方预处理后，输送至挤出系统。

② 流延：将预处理的原料在挤出系统中，经熔融塑化后从模头挤出熔体，熔体经流延后形成特定结晶结构的基膜。

③ 热处理：将基膜经热处理后得到硬弹性薄膜。

④ 拉伸：将硬弹性薄膜进行冷拉伸和热拉伸后形成纳米微孔膜。

⑤ 分切：将纳米微孔膜根据客户的规格要求裁切为成品膜。

干法双拉工艺是中科院化学研究所开发的具有自主知识产权的工艺，也是中国特有的隔膜制造工艺。由于PP的β晶型为六方晶系，单晶成核、晶片排列疏松，拥有沿径向生长成发散式束状的片晶结构的同时不具有完整的球晶结构，在热和应力作用下会转变为更加致密

和稳定的α晶，在吸收大量冲击能后将会在材料内部产生孔洞。该工艺通过在PP中加入具有成核作用的β型改性剂，利用PP不同相态间密度的差异，在拉伸过程中发生晶型转变形成微孔[39]。干法双拉工艺流程为：

1）投料：将PP及成孔剂等原料按照配方预处理后输送至挤出系统。

2）流延：得到β晶含量高、β晶形态均一性好的PP流延铸片。

3）纵向拉伸：在一定温度下对铸片进行纵向拉伸，利用晶受拉伸应力易成孔的特性来致孔。

4）横向拉伸：在较高的温度下对样品进行横向拉伸以扩孔，同时提高孔隙尺寸分布的均匀性。

5）定型收卷：通过在高温下对隔膜进行热处理，降低其热收缩率，提高尺寸稳定性[36-40]。

干法与湿法制备的微孔隔膜SEM图像如图1-5-9所示。

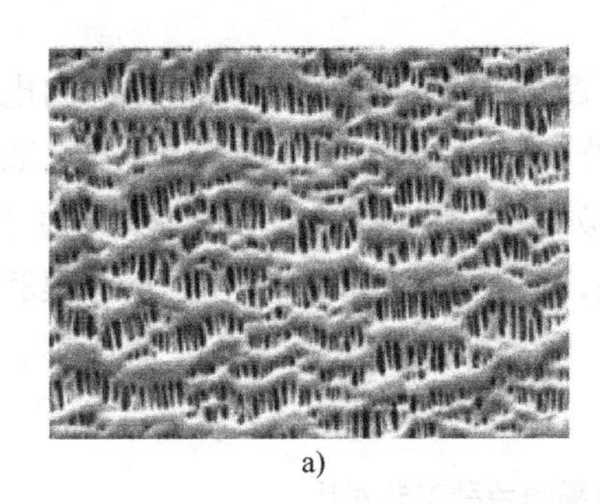

a)

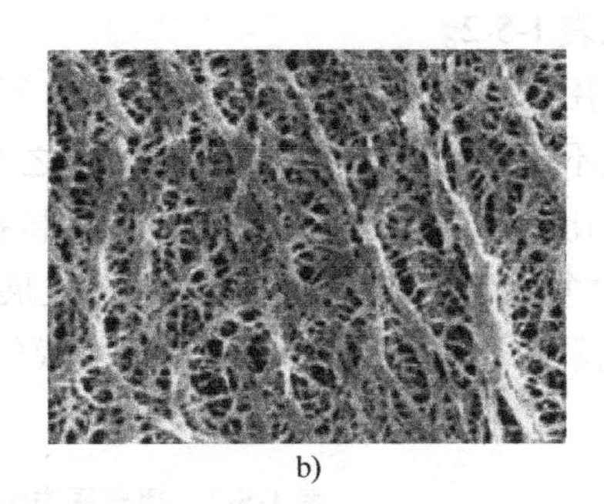

b)

图1-5-9 不同方法制备的微孔隔膜SEM图像[11]

a）干法 b）湿法

湿法隔膜的主要工艺流程如图1-5-10所示。按照拉伸取向是否同时分为异步和同步。湿法工艺是利用热致相分离的原理，将增塑剂（高沸点的烃类液体或一些分子量相对较低的物质）与聚烯烃树脂混合，利用熔融混合物降温过程中发生固-液相或液-液相分离的现象，压制膜片，加热至接近熔点温度后拉伸使分子链取向一致，保温一定时间后用易挥发溶剂（例如二氯甲烷和三氯乙烯）将增塑剂从薄膜中萃取出来[41]，进而制得的相互贯通的亚微米尺寸微孔膜材料。

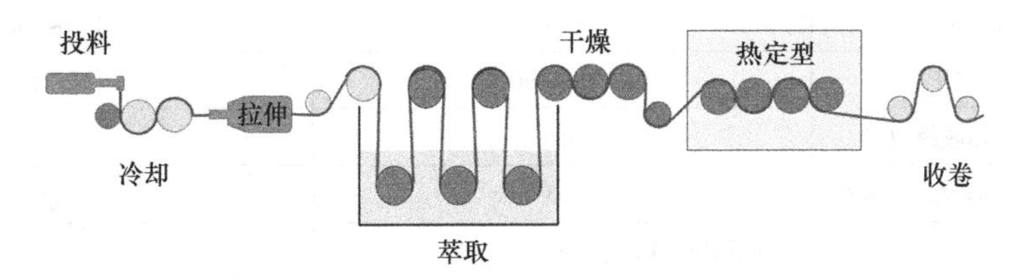

图1-5-10 湿法隔膜的主要工艺流程

湿法工艺适合生产较薄的单层PE隔膜，是一种隔膜产品厚度均匀性更好、理化性能及力学性能更好的制备工艺。根据拉伸时取向是否同时，湿法工艺也可以分为湿法双向异步拉伸工艺以及双向同步拉伸工艺两种。

湿法异步拉伸工艺流程为：

1）投料：将PE、成孔剂等原料按照配方进行预处理输送至挤出系统。

2）流延：将预处理的原料在双螺杆挤出系统中经熔融塑化后从模头挤出熔体，熔体经流延后形成含成孔剂的流延厚片。

3）纵向拉伸：将流延厚片进行纵向拉伸。

4）横向拉伸：将经纵向拉伸后的流延厚片横向拉伸，得到含成孔剂的基膜。

5）萃取：将基膜经溶剂萃取后形成不含成孔剂的基膜。

6）定型：将不含成孔剂的基膜经干燥、定型得到纳米微孔膜。

7）分切：将纳米微孔膜根据客户的规格要求裁切为成品膜。

湿法同步拉伸技术工艺流程与异步拉伸技术基本相同，只是拉伸时可在横、纵两个方向同时取向，免除了单独进行纵向拉伸的过程，增强了隔膜厚度均匀性。但同步拉伸存在的问题：第一是成速慢，第二是可调性略差，只有横向拉伸比可调，纵向拉伸比则是固定的。隔膜工艺对比见表1-5-2。

小型电池用隔膜将越来越薄，PE基膜将不断薄层化，进一步功能化，向电池高能量密度和高安全性不断优化。除PE基膜的发展之外，3D隔膜或无隔膜的固体电池的固体电解质的发展。相比之下，大型电池用隔膜厚度将拟定在20~40μm之间，多致力于PE、PP多孔膜或PE/PP复合膜的向低价耐热等功能发展，并不断跟进高功能化分子膜和孔径均一可调控的3D隔膜以及固体电解质以及无机隔膜的发展，以实现高安全、低成本、长寿命和高能量密度。

表1-5-2　锂离子电池隔膜两种工艺对比

工艺对比	干法工艺		湿法工艺	
工艺原理	单向拉伸	双向拉伸	异步拉伸	同步拉伸
	晶片分离	晶型转换	热致相分离	
厚度/μm	20~50，较均匀		5~10，均匀	
孔径分布/μm	0.01~0.3		0.01~0.1	
孔隙率（%）	30~40		35~45	
闭孔温度/℃	145		130	
熔断温度/℃	170		150	
横向拉伸强度/MPa	<100		130~150	
纵向拉伸强度/MPa	130~160		140~160	
（120℃，2h）横向热收缩（%）	<1		<6	
（120℃，2h）纵向热收缩（%）	<3		<3	
产品	单层PP、PE及PP/PE/PP复合隔膜	单层PP隔膜	单层PE隔膜	
成本	较低	最低	较高	最高
环境友好性	友好	需要成孔剂	需要大量溶剂	

（续）

工艺对比	干法工艺		湿法工艺	
应用	主要适用于动力锂离子电池	低端3C类锂离子电池	中高端3C类锂离子电池	
代表企业	美国Celgard 日本UBE 星源材质 沧州明珠	中科科技 新时科技 铜峰电子 河南义腾	上海恩捷 苏州捷力 韩国SKI 鸿图隔膜	日本旭化成 日本东丽 天津东皋膜 沧州明珠

参考文献

[1] LEE H, YANILMAZ M, TOPRAKCI O, et al. A review of recent developments in membrane separators for rechargeable lithium-ion batteries [J]. Energy & Environmental Science, 2014, 7 (12): 3857-3886.

[2] ASGHAR M R, ANWAR M T, NAVEED A. A review on inorganic nanoparticles modified composite membranes for lithium-ion batteries: recent progress and prospects [J]. Membranes, 2019, 9 (7): 78.

[3] WANG X, WENG Q, YANG Y, et al. Hybrid two-dimensional materials in rechargeable battery applications and their microscopic mechanisms [J]. Chemical Society Reviews, 2016, 45 (15): 4042-4073.

[4] KIM J R, CHOI S W, JO S M, et al. Characterization and Properties of P (VdF-HFP)-Based Fibrous Polymer Electrolyte Membrane Prepared by Electrospinning [J]. Journal of the Electrochemical Society, 2005, 152 (2): A295.

[5] YUAN B, WEN K, CHEN D, et al. Composite Separators for Robust High Rate Lithium Ion Batteries [J]. Advanced Functional Materials. 2021, 31 (32): 2101420.

[6] DEIMEDE V, ELMASIDES C. Separators for Lithium-Ion Batteries: A Review on the Production Processes and Recent Developments [J]. Energy Technology, 2015, 3 (5): 453-468.

[7] WAQAS M, ALI S, FENG C, et al. Recent development in separators for high-temperature lithium-ion batteries [J]. Small, 2019, 15 (33): e1901689.

[8] PALACIN M R. Recent advances in rechargeable battery materials: a chemist's perspective [J]. Chemical Society Reviews, 2009, 38 (9): 2565-2575.

[9] ABRAHAM K M. Directions in secondary lithium battery research and development [J]. Electrochimica Acta, 1993, 38 (9): 1233-1248.

[10] ZHANG S S. A review on the separators of liquid electrolyte Li-ion batteries [J]. Journal of Power Sources. 2007, 164 (1): 351-364.

[11] YANG M, HOU J. Membranes in lithium ion batteries [J]. Membranes (Basel), 2012, 2 (3): 367-383.

[12] LIU K, LIU Y, LIN D, et al. Materials for lithium-ion battery safety [J]. Sci Adv, 2018, 4 (6): eaas9820.

[13] SONG Y H, WU K, ZHANG T, et al. A Nacre-Inspired Separator Coating for Impact-Tolerant Lithium Batteries [J]. Advanced Materials. 2019, 31 (51): e1905711.

[14] CHEN Z, HSU P-C, LOPEZ J, et al. Fast and reversible thermoresponsive polymer switching materials for safer batteries [J]. Nature Energy, 2016, 1 (1): 15009.

[15] REN W, ZHENG Y, CUI Z, et al. Recent progress of functional separators in dendrite inhibition for lithium metal batteries [J]. Energy Storage Materials, 2021, 35: 157-168.

[16] CHEN X R, ZHAO B C, YAN C, et al. Review on Li deposition in working batteries: from nucleation to

early growth [J]. Advanced Materials. 2021, 33 (8): e2004128.

[17] WANG Z, LU Z, GUO W, et al. A dendrite-free lithium/carbon nanotube hybrid for lithium-metal batteries [J]. Advanced Materials, 2021, 33: 2006702.

[18] LAGADEC M F, ZAHN R, WOOD V. Characterization and performance evaluation of lithium-ion battery separators [J]. Nature Energy, 2018, 4 (1): 16-25.

[19] LU Q, HE Y B, YU Q, et al. Dendrite-Free, High-Rate, Long-Life Lithium Metal Batteries with a 3D Cross-Linked Network Polymer Electrolyte [J]. Advanced Materials. 2017, 29 (13): 1604460.

[20] ZHENG J, KIM M S, TU Z, et al. Regulating electrodeposition morphology of lithium: towards commercially relevant secondary Li metal batteries [J]. Chemical Society Reviews, 2020, 49 (9): 2701-2750.

[21] TUNG S O, HO S, YANG M, et al. A dendrite-suppressing composite ion conductor from aramid nanofibres [J]. Nat Commun, 2015, 6: 6152.

[22] TIKEKAR M D, CHOUDHURY S, TU Z, et al. Design principles for electrolytes and interfaces for stable lithium-metal batteries [J]. Nature Energy, 2016, 1 (9): 16114.

[23] WEI Z, REN Y, SOKOLOWSKI J, et al. Mechanistic understanding of the role separators playing in advanced lithium-sulfur batteries [J]. InfoMat. 2020, 2 (3): 483-508.

[24] KANG B, CEDER G. Battery materials for ultrafast charging and discharging [J]. Nature, 2009, 458 (7235): 190-193.

[25] HAO Z, ZHAO Q, TANG J, et al. Functional separators towards the suppression of lithium dendrites for rechargeable high-energy batteries [J]. Materials Horizons. 2021, 8 (1): 12-32.

[26] CHEN D, ZHOU Z, FENG C, et al. An upgraded lithium ion battery based on a polymeric separator incorporated with anode active materials [J]. Advanced Energy Materials. 2019, 9 (15): 11.

[27] ZOU F, MANTHIRAM A. A review of the design of advanced binders for high-performance batteries [J]. Advanced Energy Materials, 2020, 10 (45): 2002508.

[28] QIU Z, YUAN S, WANG Z, et al. Construction of silica-oxygen-borate hybrid networks on Al_2O_3-coated polyethylene separators realizing multifunction for high-performance lithium ion batteries [J]. Journal of Power Sources, 2020, 472: 228445.

[29] LEE Y M, KIM J-W, CHOI N-S, et al. Novel porous separator based on PVdF and PE non-woven matrix for rechargeable lithium batteries [J]. Journal of Power Sources. 2005, 139 (1-2): 235-241.

[30] LOCQUET J P, PERRET J, FOMPEYRINE J, et al. Doubling the critical temperature of La1. 9Sr0. 1CuO4 using epitaxial strain [J]. 1998, 394 (6692): 453-456.

[31] CROCE F, et al. Physical and Chemical Properties of Nanocomposite Polymer Electrolytes [J]. J. Phys. Chem. B, 1999, 74 (4): 1008-1025.

[32] KIM M, HAN G Y, YOON K J, et al. Preparation of a trilayer separator and its application to lithium-ion batteries [J]. Journal of Power Sources, 2010, 195 (24): 8302-8305.

[33] LEE Y S, JEONG Y B, KIM D W. Cycling performance of lithium-ion batteries assembled with a hybrid composite membrane prepared by an electrospinning method [J]. Journal of Power Sources. 2010, 195 (18): 6197-6201.

[34] LIU Z, YU A, LEE J Y. Synthesis and characterization of $LiNi_{1-x-y}Co_xMn_yO_2$ as the cathode materials of secondary lithium batteries [J]. Journal of Power Sources. 1999, 81-82: 416-419.

[35] CROFT T S, ZOLLINGER J L, SNYDER C E. Perfluoroalkyl ether di-s-triazinyl substituted alkanes [J]. 1974, 13 (2): 144-147.

[36] JOHNSON M B, WILKES G L. Microporous membranes of isotactic poly (4-methyl-1-pentene) from a melt-extrusion process I Effects of resin variables and extrusion conditions [J]. Journal of Applied Polymer

Science, 2002, 83 (10): 2095-2113.

[37] JOHNSON M B, WILKES G L. Microporous membranes of polyoxymethylene from a melt-extrusion process: (Ⅱ) Effects of thermal annealing and stretching on porosity [J]. Journal of Applied Polymer Science, 2002, 84 (9): 1762-1780.

[38] JOHNSON M B, WILKES G L. Microporous membranes of polyoxymethylene from a melt-extrusion process: (Ⅰ) effects of resin variables and extrusion conditions [J]. Journal of Applied Polymer Science, 2001, 81 (12): 2944-2963.

[39] JACOBY P, BAUER C W, CLINGMAN S R, et al. Oriented polymeric microporous films: 07/993300 [P]. 1992-12-18.

[40] SOJI N, HIROYUKI H, KIICHIRO M, et al. Porous film, process for producing the same, and use of the same: EP19950101086 [P]. 1995-01-26.

[41] SOGO H. Separator for a battery using an organic electrolytic solution and method for producing the same: CA2078324 C [P]. 1997-09-23.

第 6 章　电池组装与测试

锂离子电池是一个复杂的体系，包含了正极、负极、隔膜、电解液、集流体和黏结剂、导电剂等，涉及的反应包括正负极的电化学反应、锂离子传导和电子传导，以及热量的扩散等。锂电池的生产工艺流程较长，生产过程中涉及多道工序。这些工序对于电池特性有重要影响，一般通过循环伏安法、交流阻抗法、充放电等电化学测试技术来研究锂离子电池等电化学储能元件中的电化学反应过程和电池的循环性能。

6.1　电池组装

锂电池按照形态可分为圆柱电池、方形电池和软包电池等，其生产工艺有一定差异，但整体上可将锂电制造流程划分为前段工序（极片制造）、中段工序（电芯合成）、后段工序（化成封装）。由于锂离子电池的安全性能要求很高，因此在电池制造过程中对锂电设备的精度、稳定性和自动化水平都有极高的要求。

6.1.1　前段工序

前段工序的生产目标是完成（正、负）极片的制造。前段工序主要流程有：搅拌、涂布、辊压、分切、制片、模切，所涉及的设备主要包括：搅拌机、涂布机、辊压机、分条机、制片机、模切机等。

1. 搅拌

浆料搅拌（所用设备：真空搅拌机）是将正、负极固态电池材料混合均匀后加入溶剂搅拌成浆状。浆料搅拌是前段工序的始点，是完成后续涂布、辊压等工艺的前序基础。

2. 涂布

涂布（所用设备：涂布机）是将搅拌后的浆料均匀涂覆在金属箔片上并烘干制成正、负极片。作为前段工序的核心环节，涂布工序的执行质量深刻影响着成品电池的一致性、安全性、寿命周期，所以涂布机是前段工序中价值最高的设备。

3. 辊压

辊压（所用设备：辊压机）是将涂布后的极片进一步压实，从而提高电池的能量密度。辊压后极片的平整程度会直接影响后序分切工艺加工效果，而极片活性物质的均匀程度也会间接影响电芯性能。

4. 分切

分切（所用设备：分条机）是将较宽的整卷极片连续纵切成若干所需宽度的窄片。极片在分切中遭遇剪切作用断裂失效，分切后的边缘平整程度（无毛刺、无屈曲）是考察分条机性能优劣的关键。

5. 制片

制片（所用设备：制片机）包括对分切后的极片焊接极耳、贴保护胶纸、极耳包胶或使用激光切割成型极耳等，从而用于后续的卷绕工艺。

6. 模切

模切（所用设备：模切机）是将涂布后极片冲切成型，用于后续工艺。

6.1.2 中段工序

中段工序的生产目标是完成电芯的制造，不同类型锂电池的中段工序技术路线、产线设备存在差异。中段工序的本质是装配工序，具体来说是将前段工序制成的（正、负）极片，与隔膜、电解质进行有序装配。由于方形（卷状）、圆柱（卷状）与软包（层状）电池储能结构不同，导致不同类别锂电池在中段工序的技术路线、产线设备存在明显差异。具体来说，方形、圆柱电池的中段工序主要流程有：卷绕、注液、封装，所涉及的设备主要包括：卷绕机、注液机、封装设备（入壳机、滚槽机、封口机、焊接机）等；软包电池的中段工序主要流程有：叠片、注液、封装，所涉及的设备主要包括：叠片机、注液机、封装设备等。

1. 卷绕

卷绕（所用设备：卷绕机）是将制片工序或收卷式模切机制作的极片卷绕成锂离子电池的电芯，主要用于方形、圆形锂电池生产。卷绕机可细分为方形卷绕机、圆柱卷绕机两类，分别用于方形、圆柱锂电池的生产。相比圆柱卷绕，方形卷绕工艺对张力控制的要求更高，故方形卷绕机技术难度更大。

2. 叠片

叠片（所用设备：叠片机）是将模切工序中制作的单体极片叠成锂离子电池的电芯，主要用于软包电池生产。相比方形、圆柱电芯，软包电芯在能量密度、安全性、放电性能等方面具有明显优势。然而，叠片机完成单次堆叠任务，涉及多个子工序并行与复杂机构协同，提升叠片效率需应对复杂动力学控制问题；而卷绕机转速与卷绕效率直接联系，增效手段相对简单。目前，叠片电芯的生产效率、良率与卷绕电芯有所差距。

3. 注液

注液机（所用设备：注液机）是将电池的电解液定量注入电芯中。

4. 电芯封装

电芯封装（所用设备：入壳机、滚槽机、封口机、焊接机）是将卷芯放入电芯外壳中。

6.1.3 后段工序

后段工序的生产目标是完成化成封装。截至中段工序，锂电池的电芯功能结构已经形成，后段工序的意义在于将其激活，经过检测、分选、组装，形成使用安全、性能稳定的锂电池成品。后段工序主要流程有：化成、分容、检测、分选等，所涉及的设备主要包括：充放电机、检测设备等。

1. 化成

化成（所用设备：充放电机）是通过第一次充电使电芯激活，在此过程中负极表面生成有效钝化膜（即 SEI 膜），以实现锂电池的“初始化”。

2. 分容

分容（所用设备：充放电机）即“分析容量”，是将化成后的电芯按照设计标准进行充放电，以测量电芯的电容量。对电芯进行充放电贯穿化成、分容工艺过程，因此充放电机是最常用的后段核心设备。充放电机的最小工作单位是“通道”，一个“单元”（BOX）由若干“通道”组合而成，多个“单元”组合在一起，就构成了一台充放电机。

3. 检测

检测（所用设备：检测设备）在充电、放电、静置前后均要进行，随后将在电池测试部分进行详细介绍。

4. 分选

分选是根据检测结果对化成、分容后的电池按一定标准进行分类选择。检测、分选工序的意义不仅在于排除不合格品，由于锂离子电池实际应用中，电芯常以并联、串联方式结合，所以选取性能接近的电芯，有助于使电池整体性能达到最优。

6.2 电化学分析及电池性能测试

6.2.1 循环伏安法

循环伏安法是一种电位动力学电化学测量方法，其中以给定的扫描速率和一定的循环次数在电势范围扫描期间记录电池电流密度。这种传统的电分析技术不仅提供了有关电化学反应的氧化还原过程，而且还提供了有关电池性能的有用信息，包括容量和电压范围以及可逆性。它通常与恒电流充放电曲线结合使用，因为它提供了补充信息，并且很容易通过使用相同的恒电位仪/恒电流仪获得。

Robertson 等人在 1999 年对 $Li_{1.2}Fe_{0.4}Ti_{1.4}O_4$ 进行了三种不同电压范围的慢扫 CV 曲线测试（见图 1-6-1），他们观察到与两个氧化还原对（即 Ti^{4+}/Ti^{3+} 和 Fe^{3+}/Fe^{2+}）以及四面体和八面体位置上的过渡金属相关的复杂电化学行为[1]。

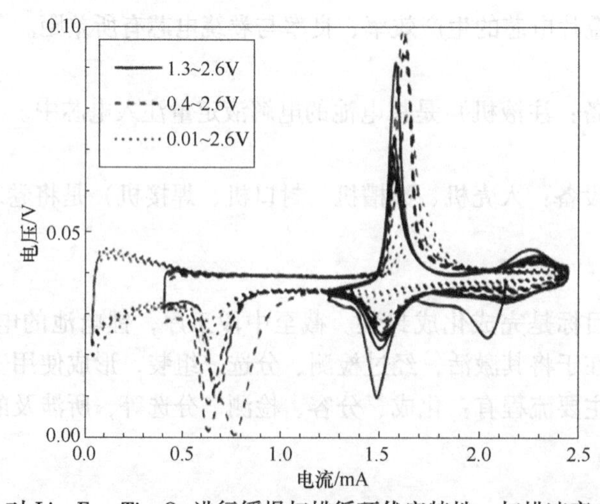

图 1-6-1　对 $Li_{1.2}Fe_{0.4}Ti_{1.4}O_4$ 进行缓慢扫描循环伏安特性，扫描速率 20μV/s [1]

循环伏安法和恒流充放电法是两种传统的电化学分析技术，由于数据采集所需的信息和仪器的互补性，经常被同时使用。

6.2.2 恒电流充放电法

恒电流充放电法（又称计时电势法）是研究材料电化学性能中非常重要的方法之一。它的基本工作原理是：在恒流条件下对被测电极进行充放电操作，记录其电位随时间的变化规律，进而研究电极的充放电性能，计算其实际的比容量。在恒流条件下的充放电实验过程中，控制电流的电化学响应信号，当施加电流的控制信号，电位为测量的响应信号，主要研究电位随时间的函数变化的规律。

作为一个代表性的例子，1999 年，Robertson 等人研究了尖晶石结构的 $Li_{1+x}Fe_{1-3x}Ti_{1+2x}O_4$ ($0.0 \leqslant x \leqslant 0.33$，LFTO）作为锂离子电池电极的潜在用途。在 0.01～2.6V 的电压范围之间进行了的恒电流充放电以研究其电化学行为和相关的结构变化。他们得出结论，含铁样品的可逆容量较差，这归因于尖晶石型结构中阳离子无序程度随含铁量的增加而增加。二十年后，Lin 等人还利用经典的恒电流充放电曲线来推断三维石墨烯纳米壁与纳米晶硅复合材料（GNW@Si）的电化学性能（比容量、倍率性能和容量保持率）。他们对纯硅和 GNW@Si 复合材料进行了比较研究[2]，在 0.001～1.5V 的电位范围内，在前三个循环中以 0.1C 的速率，随后以 1C 的速率进行充放电循环（图 1-6-2a～d）。他们得到结论，GNW 的结构在循环过程中没有被破坏，GNW 的容量稳定性的提高可归因于石墨烯在泡沫镍基体上具有的三维网络结构使得其具有良好的整体导电性。同时，恒电流充放电测量也适用于 SIB 和 PIB。

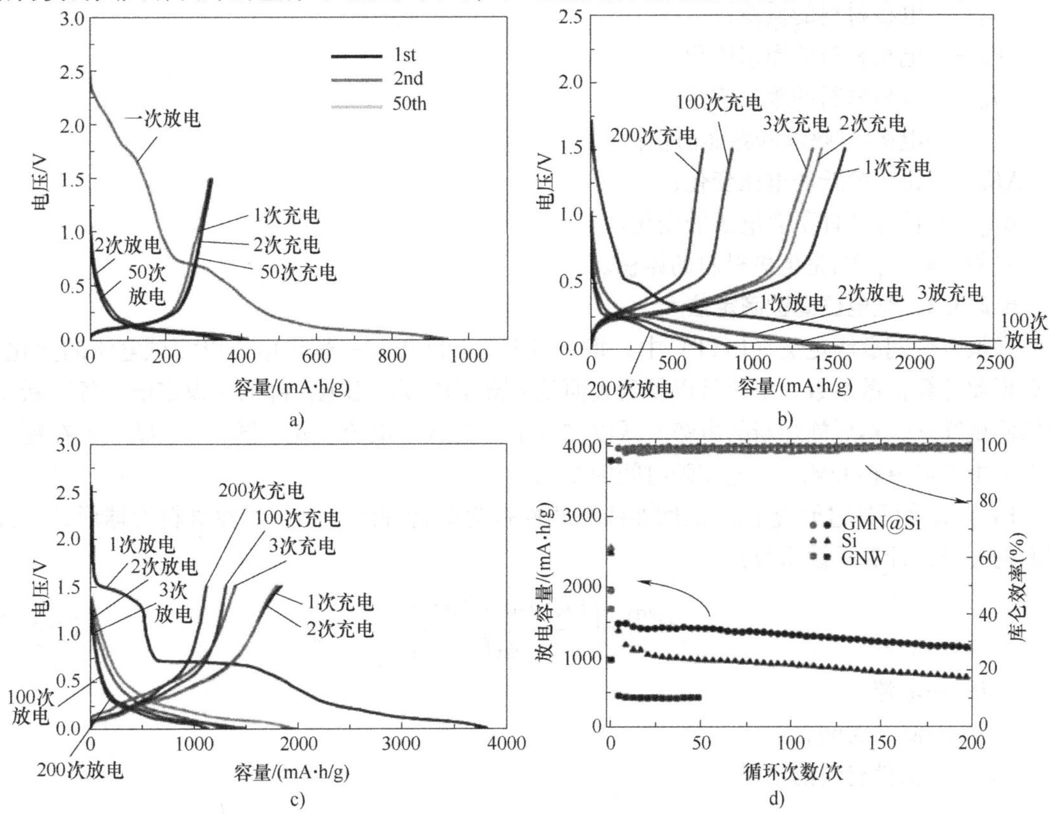

图 1-6-2　三种复合材料作为电极的锂离子充放电曲线及循环性能[2]

a）GNW　b）纯硅　c）GNW@Si 复合材料　d）基于上述三种材料的锂离子电池循环性能

例如，Xie 等人利用这种传统的电分析技术检测了 $Na_2Ti_3O_7$@carbon 空心球作为 NIBAM 在钠离子电池中的循环性能。结果表明：$Na_2Ti_3O_7$@carbon 空心球在电流密度为 1C、2C、5C、10C、20C、30C 和 50C 时，其可逆容量分别为 210mA · h/g、179mA · h/g、142mA · h/g、120mA · h/g、94mA · h/g、82mA · h/g 和 63mA · h/g。此外，该 NIBAM 还显示出了良好的耐久性和不错的性能[3]。

6.2.3 恒电流间歇滴定法和恒电位间歇滴定法

6.2.3.1 恒电流间歇滴定法

恒电流间歇滴定法（GITT）是一种恒电流方法，在充放电过程中，每一步阶跃施加一恒定电流，然后测定由截至电流所引起的开路电压变化。对电极材料是加一个恒定电流后，锂离子会嵌入颗粒或从中脱出，引起电极表面和内部的浓度差。通过测试电压随时间的变化，我们可以计算出浓度的变化率，这样我们就可以计算锂离子的扩散系数。

在 GITT 实验中，当电流施加或截止时，电压的急剧升高或降低可解释为由 IR 降所引起。电压随时间的变化与锂离子扩散有关[4]。使用下列方程式可以得到基于 GITT 的锂离子扩散系数：

$$D^{\mathrm{GITT}}=\frac{4}{\pi\tau}\left(\frac{m_{\mathrm{B}}V_{\mathrm{M}}}{M_{\mathrm{B}}S}\right)^2\left(\frac{\Delta E_{\mathrm{S}}}{\Delta E_{\mathrm{t}}}\right)^2 \tag{1-6-1}$$

式中 τ——施加恒定电流；

m_{B}——电极材料的质量；

V_{M}——电极材料的摩尔体积；

M_{B}——电极材料的摩尔质量；

S——电极-电解液的界面面积；

ΔE_{S}——每步阶跃的电压变化；

ΔE_{t}——恒流条件下总电压的变化。

另外，$m_{\mathrm{B}}V_{\mathrm{M}}/M_{\mathrm{B}}$是电极材料的体积。

6.2.3.2 恒电位间歇滴定法

在恒电位间歇滴定法（PITT）中，每一步电势阶跃施加一恒定电压以测试电流的变化，然后据此计算扩散系数。由此可以得到表面处的离子浓度。当电流降低至设定值，各阶跃步骤的测试终止，然后施加新的电势阶跃以测试下一阶跃的电流变化。图 1-6-3 显示了在锂二次电池中正极材料 $LiMn_2O_4$ 电流随时间的变化。

PITT 结果可通过研究电流-时间曲线的线性行为进行理解。如果活性材料为球形，可按下面的方程式计算扩散系数：

$$D^{\mathrm{PITT}}=\left(\frac{(I\sqrt{t})\max\sqrt{\pi}r_1}{\Delta Q}\right)^2 \tag{1-6-2}$$

式中 I——电流；

t——测试时间；

r_1——活性材料的半径；

ΔQ——$\tau=\int_{t=0}^{\infty}I(t)$。

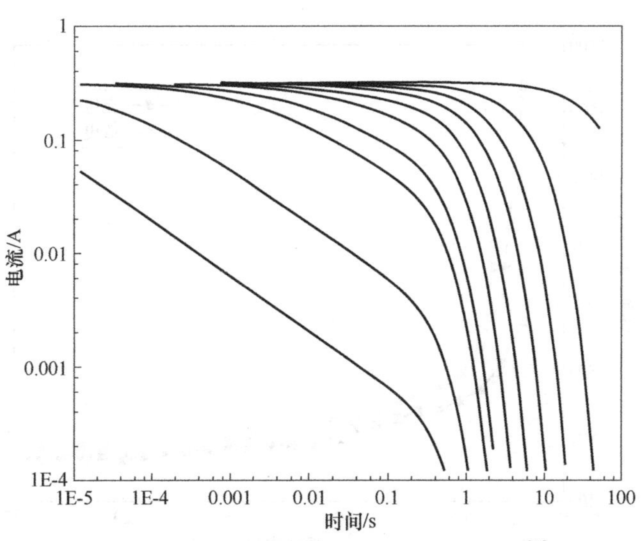

图 1-6-3　PITT 实验中的电流随时间的变化[5]

6.2.4　交流阻抗分析

电化学阻抗谱（Electrochemical Impedance Spectrosco，EIS）又称为交流阻抗谱，是一种测定金属离子电池小信号阻抗（或导纳率）并对其性能进行建模的表征方法。为此，采用小正弦电流（恒流模式）或电压（恒电位模式）扫频，分别记录输出电压或电流的幅值和相移，得到电池阻抗谱。EIS 测量通常采用恒流模式，频率范围为 10k～10MHz。此外，EIS 测试是在没有叠加直流电流的情况下进行的，因此不确定电流对小信号交流的影响。EIS 通常用电等效电路（EEC）来解释，这比较模糊，可能是该技术实际应用的主要限制。

1999 年，Li 等人[6]报道了利用 EIS 研究 LIB 循环过程中 NIBAM 钝化过程的工作，他们提出了 3 种不同放电状态下拟合所得 EIS 谱的等效电路，并讨论了谱的变化、电荷转移电阻和双层电容。他们认为，首先在 SnO 表面形成钝化膜，其次通过后一层的锂离子与 NIBAM 表面发生反应，生成 Li_2O 和 Li-Sn 合金的细晶。2006 年，Schranzhofer 和同事[7]报告了关于石墨上 SEI 形成以及 Ni-和 Pt-NIBAM 上 SEI 形成的 EIS 比较研究。他们观察到 SEI 膜对石墨和镍阳极的电阻表现出类似的时间依赖性，表现出扩散控制的生长动力学。它们还进行了温度相关的测量，得到了 SEI 离子传导的活化能。Guo 等人利用 EIS 研究了 3 种硅碳复合 NIBAM 的容量衰减机制[8]。研究表明，制备过程中的碳化过程以及不同碳纳米纤维/纳米管添加剂的加入都严重影响了 Si-C NIBAM 的最终循环稳定性。

6.2.5　循环寿命

循环寿命是电池能用多久的一个指标，可以用循环次数来表示，图 1-6-4 所示为典型的电池循环寿命曲线。它说明了电池可以充放电的次数。一次循环指的是先充电，然后完全放电的过程。评估电池的循环寿命时，倍率这一概念应该被考虑进来。随着移动设备和笔记本电脑功能的不断增加，要求电池具有优异的性能来满足高输出和高能量的要求。

电池循环寿命的影响因素可以分成材料的本征特性和设计性能两方面。本征特性与核心材料（正极、负极、隔膜和电解液）有关，而设计影响因素则包括正极和负极的设计平衡。

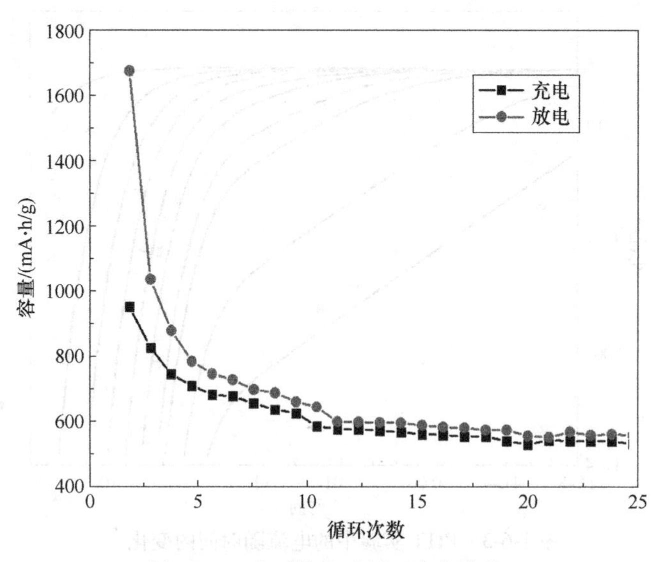

图 1-6-4 典型的电池循环寿命曲线

如果由于核心部件恶化导致电池循环寿命减少，是不可能恢复的。随着电池温度的上升，恶化的进程会加速，循环寿命会迅速地恶化。在这种情况下，材料的基本性能必须得到改善。从另一方面来说，设计因素也是循环寿命恶化的原因，这个问题常常由正极和负极之间热力学和电化学不平衡引起的。例如，选择一个高性能的正极和高性能的负极未必会得到一个循环寿命性能优异的电池，反之亦然。电池设计被认为是具有挑战性的，因为不得不考虑许多因素，并且需要相当的经验。

在图 1-6-4 所示情况下，循环寿命的劣化可以通过调整正极和负极之间的设计平衡来解决。曲线起初展现了极高的电池容量，但是某点之后迅速地恶化。由于这牵涉一个复杂的过程，电池性能的分析必须利用多重手段仔细地探究。

6.2.6 倍率性能

倍率放电能力指的是充放电倍率增加情况下，电池容量的保持能力。充放电的倍率由 χC 表示，1.0C 意味着电池的额定容量能在 1h 用完。电池以 2.0C 的倍率放电可用 30min，4.0C 可用 15min，而 0.5C 则可用 2h。

随着最新电器设备功能的多样化，对大电流放电能力的需求越来越多。电池作为主要的能源被期望有更高的性能。目前的移动电话要求 0.5C 的放电能力，但是不久的将来这将增加到 1.0C。因为与移动电话相比，更大电流要求的笔记本电脑要求装配高容量和大放电能力的电池。特别是，保存运行电脑上的工作或者启动后的初始化过程需要电动机运行起来，大电流放电能力是电动机获得高功率的必要条件。通常情况下，1.0C 的放电倍率需要 0.8C 的倍率充电。混合动力车要求 40C 的输出功率，而电动工具至少需要 10C 放电倍率。我们可以知道倍率充放电能力会随着应用类型的变化而变化。电池的倍率充放电能力也与电池的设计密切相关。它们受多种因素的影响，如电解液、隔膜、活性材料的类型、颗粒大小等。在这些因素中间，电极的厚度是影响大电流放电能力的主要因素。倍率放电能力可以通过将电极变薄而大大改进，因为薄的电极里面具有较小的电子阻抗和离子阻抗。另一个影响因素是活性材料的颗粒大小。然而，电极的变薄会导致电极内更少的活性物质量（被集流体，隔膜和电解液占据），因此减少了电池容量。依照电池的应用，必须适当地考虑这些因素。主要的技术挑战是在电池容量没有减少的情况下增加大电流的放电能力，而且这个领域的研究在未来的研究里面处于优先研究的地位。

当电池用一段时间后，它的循环寿命和倍率放电能力会大大减少。这是因为随着时间的推移，电池的内部阻抗会随之大大增加。正如前面提到的，影响电阻增加的原因有多个，如界面反应产物的形成，活性材料、电解液的性能劣化以及更大的电极接触电阻。

$$I=U/R \tag{1-6-3}$$

式中　I——电流；

U——电压；

R——电阻。

正如式（1-6-3）所示，电阻的增加导致电流的减少。为了增强倍率放电能力，电池的电阻应该保持最小化。

依照式（1-6-4），电池阻抗（R_{tot}）根据电子还是锂离子，可以划分为两个部分。

$$R_{tot}=R_e+R_{Li} \tag{1-6-4}$$

式中　R_e——电阻；

R_{Li}——锂离子的电阻。

大电流时电子引起电阻的增加，接触阻抗成为主因。这些增加的电阻对用于混合动力汽车（HEV）中的电池有举足轻重的影响。因此在保持适当集流器厚度的同时，保持连接处的电阻最小化是非常有必要的。从另一方面来说，来自锂离子的电阻在移动电话以及在装备着需要更低倍率放电能力的电池的笔记本电脑中则更加明显。

6.2.7　温度特性

电池的温度特性是电池可靠性的指示器。电池性能的劣化可以通过环境温度的改变来进行评估。电池的温度特性可以分为正常温度范围内的性能可靠性和正常温度范围之外的电池安全性。在正常工作温度范围，当电池工作时，电阻产生热量。在温度被设定为散热和发热都平衡的温度后，电池可以进行性能劣化检测。在正常温度范围之外，电池进行安全检测，这些问题可能是违反运行规定，周围环境而引起的安全问题。当恢复到正常温度时，与初始值的比较可以看出恢复的程度。随着电器设备工作温度的增加，温度特性变得越来越重要。本章节描述了不同类型的温度特性以及对电池性能的影响。

6.2.7.1　低温特性

关于电池低温特性的一个典型例子便是电池在寒冷冬天或在冰箱里的时候是否能够释放能量。相关特性可以归结成放电特性和循环寿命特性。电池低温放电可对电池容量进行测量，可以从一个放电循环来获取。对于小电池而言，通常的温度条件是从-10～-20℃，对混合动力车辆的电池而言则到-30℃。低温循环寿命特性在0～10℃内检测循环寿命，以及长时间检测低温下的电池性能。随着将来在人工智能机器人和工业上的应用，电池将遭受更苛刻的条件。对于移动设备来讲，低温放电被认为是电池设计中一个重要的因素，直接暴露于外部环境的高能耗设备也必须关注电池的低温放电性能。如在航天器、军用车辆等在特定的环境里充当着主要能量来源的电池在不同的温度、湿度、压力下必须显示出优异的性能。

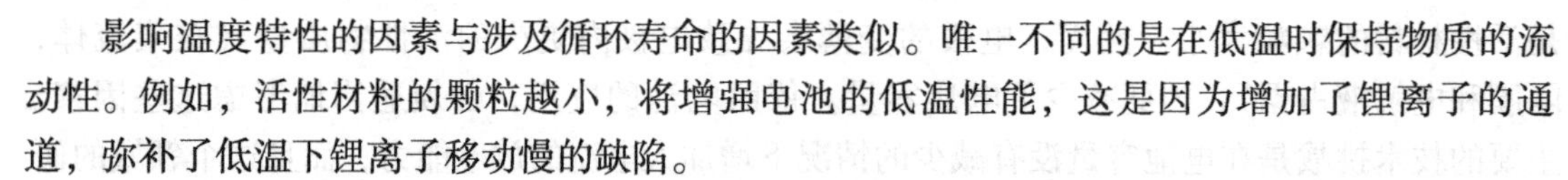

影响温度特性的因素与涉及循环寿命的因素类似。唯一不同的是在低温时保持物质的流动性。例如，活性材料的颗粒越小，将增强电池的低温性能，这是因为增加了锂离子的通道，弥补了低温下锂离子移动慢的缺陷。

6.2.7.2 高温特性

电池的高温特性指的是当电池在高于正常工作范围的温度时，电池保持初始性能的程度。在高温下，电池的特性可以分为长期存储和循环寿命特性。前者评估电池在高温下的性能，而后者涉及在夏天或在其他高温环境下来自电池本身和周围温度的上升。在两种情况下，电池能经得起热应力。

在高温下，因为如电解液、活性材料、隔膜等部件的反应增加，电化学恶化迅速发生。低温特性和高温特性常常彼此冲突。为了增强低温特性，更小粒径的活性材料或低黏度的电解液被使用。而在高温下，这些将增加了活性材料与电解液之间的反应，从而引起循环寿命迅速下降。换句话说，高温性能可以通过阻碍低温特性来改进。这个可以通过使用更小比表面积的活性材料，耐高温的电解液以及使用不同类型电解液添加剂以在负极形成稳定的SEI膜。

参考文献

[1] ROBERTSON A D, TUKAMOTO H, IRVINE J T S. $Li_{1+x}Fe_{1-3x}Ti_{1+2x}O_4$（0.0≤x≤0.33）Based Spinels: Possible Negative Electrode Materials for Future Li-Ion Batteries [J]. J. Electrochem. Soc., 1999, 146: 3958-3962.

[2] LIN G, WANG H, ZHANG L, et al. Graphene nanowalls conformally coated with amorphous/nanocrystalline Si as high-performance binder-free nanocomposite anode for lithium-ion batteries [J]. Power Sources, 2019, 437: 226909.

[3] XIE F, ZHANG L, SU D, et al. $Na_2Ti_3O_7$@N-Doped Carbon Hollow Spheres for Sodium-Ion Batteries with Excellent Rate Performance [J]. Adv. Mater., 2017: 1700989.

[4] DSISS E. Spurious chemical diffusion coefficients of Li^+ in electrode materials evaluated with GITT [J]. Electrochim. Acta, 2005, 50: 2927-2932.

[5] VOROTYNTSEV M A, LEVI M D, et al. Spatially limited diffusion coupled with ohmic potential drop and/or slow interfacial exchange: a new method to determine the diffusion time constant and external resistance from potential step (PITT) experiments [J]. Electroanal. Chem., 2004, 572: 299-307.

[6] ZHAO J, CANO M, GINER-CASARES J J, et al. Electroanalytical methods and their hyphenated techniques for novel ion battery anode research [J]. Energy & Environmental Science, 2020, 13 (9).

[7] SCHRANZHOFER H, BUGAJSKI J, SANTNER H J, et al. Electrochemical impedance spectroscopy study of the SEI formation on graphite and metal electrodes [J]. Journal of Power Sources, 2006, 153 (2): 391-395.

[8] GUO J, SUN A, CHEN X, et al. Cyclability study of silicon-carbon composite anodes for lithium-ion batteries using electrochemical impedance spectroscopy [J]. Electrochim. Acta, 2011, 56, 3981-3987.

第 2 部分

超级电容器

第 1 章　超级电容器的分类

无论是普通的电容器或者超级电容器，存储电荷或电能都是极为关键的性能。常规电容仅能满足结构简单、负荷较小的电路运行要求，对于大负荷的电路运行则难以起到存储电荷的效果。随着人类对能源的需求量与日俱增、传统能源的几近匮乏和耗能设备的持续增加，其导致的直接后果是：一方面人们会对传统的能源剥夺更为激烈，另一方面会对环境造成巨大的压力。因此急需一种解决上述问题的有效途径，从而缓解人类对于能源的大量需求，这正是新能源材料逐步成为未来社会主流能源的内在动因和推动力量[1]。

新型环保节能设备——超级电容器在这一时代背景下应运而生并在当今社会逐渐地占有一席之地。近年来，超级电容器的推广应用有效地解决了大负荷电路运行的难题，同时保证了电力电子设备使用性能的正常发挥，超级电容器的电荷存储容量更大，能满足更多电子元器件的使用需求[2]。超级电容器把存储的能量利用变换器引线传送至电源的输出端之后，经过优化处理能进一步强化电容的存储性能。

“双电层原理”是超级电容器的核心，这是由该装置的双电层结构决定的。超级电容器是利用双电层原理的电容器。当外加电压作用于普通电容器的两个极板时，装置存储电荷的原理是一样的，即正电极与正电荷对应、负电极与负电荷对应。而超级电容器除了这些功能外，若其受到电场作用则会在电解液、电极之间产生相反的电荷，此时正电荷、负电荷分别处于不同的接触面，这种条件下的负荷分布则属于“双电层”，原理如图 2-1-1 所示。因电容器结构组合上的改进，超级电容器的电容存储量极大。此外，如果超级电容器两极板间电势小于电解液的标准电位时，超级电容器则是正常的工作状态，相反则不正常。根据超级电容器原理，其在运用过程中并没有出现化学反应，仅仅是在物理性质上的变化，因而超级电容器的稳定性更加可靠。

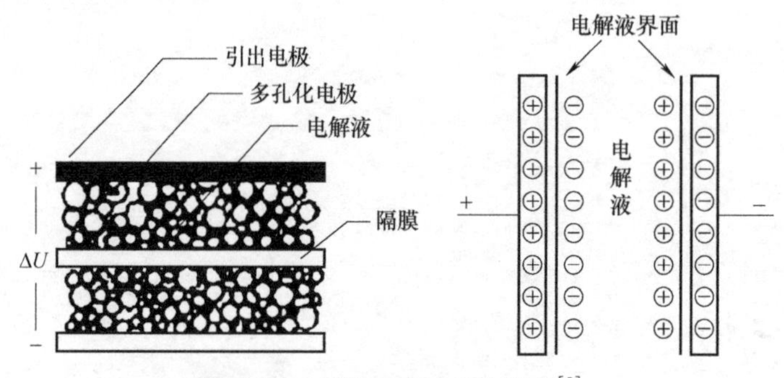

图 2-1-1　超级电容的结构原理[3]

作为一种新型绿色储能装置，超级电容器实际上属于电化学元件，引起电荷或电能存储流程可相互逆转，其循环充电的次数达到 10 万次。电化学电容器（又叫超级电容器）由于兼有传统电容和电池的双重功能，其具有充电速度快、放电电流大、效率高、体积小、循环寿命长、工作温度范围宽、可靠性好、免维护和绿色环保等优点，凭借多个方面的性能优势，超级电容器的应用范围逐渐扩大，在汽车、电力、铁路、通信、国防、消费性电子产品等方面有着巨大的应用价值和市场潜力，引起了国内外科研机构、生产厂家的高度重视，因而在人类生活和生产的各个领域都有着广阔的应用前景。目前根据不同的分类标准，超级电容器可以分为不同的种类，例如按照电容量的大小可分为小型（5F 以下）、中型（5~200F）和大型电容器（200F 以上）；按所采用电极材料的不同可以分为碳电极电容器、贵金属氧化物电极电容器和导电聚合物电容器。本章主要按照以下 3 种分类方式对超级电容器进行了简要阐释：

（1）按其正负极构成与电极上发生反应不同可分为对称型电容器和非对称型电容器。

（2）按照所采用电解质的不同可分为液体电解质电容器和固体电解质电容器。

（3）按照储能机理的不同，可分为双电层电容器、赝电容电容器和混合型电容器。

1.1　根据电极构成的不同分类

随着科技的不断进步，人们对超级电容器的要求与期待也日益增长，部分科研人员不再拘泥于元器件的各个组件，而将研究重点转移到如何构造不同结构的超级电容器，满足不同需要的特殊结构超级电容器应运而生，如混合型超级电容器、纤维状超级电容器、柔性透明超级电容器等，但无论是哪一种电容器，都要求电极材料具有优异的导电性、比表面积和稳定性。根据电极组成结构的不同，超级电容器可分为对称超级电容器和非对称超级电容器。如果超级电容器两电极的形状、材料和储能机制都一致，则称为对称超级电容器，反之，则称为非对称超级电容器。对称电容器两个电极的组成相同且电极反应相同，反应方向也相同，例如碳电极双电层电容器、贵金属氧化物电容器等；非对称电容器两个电极的组成不同或反应不同，是由 n 型和 p 型掺杂的导电聚合物作为电极的电容器，能表现出更高的比能量和比功率。

1.1.1　对称电容器

对称型结构是超级电容器最传统、最基本的结构。以中间隔膜为对称面，两侧电极完全相同，工作时两极板的电性相反。考虑到赝电容材料多在正电位下发生电化学反应，对称型超级电容器电极材料多为双电层材料。使用蔗糖和 KOH 分别作为碳源和成孔剂成功地合成了具有三维互联结构的多孔活性炭，由于其分层多孔结构和高比表面积（$1615m^2/g$），合成的多孔炭在 1A/g 电流密度下显示出 119F/g 的比电容，在 1mol/L $TEABF_4$/AN 电解液中、20A/g 电流密度下充放电循环 5000 次后仍有 81.2%的电容保持率。以此电极材料制造的对称超级电容器显示出高能量密度，在 1mol/L $TEABF_4$/AN 电解液中为 16.52W · h/kg，1mol/L Na_2SO_4 电解液中为 15.78W · h/kg。

电极材料的结构组成对于超级电容器的性能起着决定性作用。近年来，来源于富碳生物材料的生物质碳吸引了很多关注，由于其原材料和工艺成本较低，并且在生物质组织中，水和营养物质的运输渠道可以提供天然的孔隙结构，这非常有利于多孔炭材料的形成。此外，来源于藻类细胞、甲壳类动物细胞、昆虫外骨骼、高等植物细胞壁的壳聚糖具备纯天然、成本低、可再生、无污染等优点，已经成为继纤维素之后的第二大可再生天然生物质。而且，壳聚糖含有丰富的氨基官能团，经过高温碳化之后，可以形成一种原位氮掺杂的多孔炭结构。据此，成功合成了基于壳聚糖的生物质炭材料并将其成功应用于对称超级电容器。

近年来的研究发现，壳聚糖衍生的氮掺杂生物质炭材料是一种非常有应用前景的储能材料。为了研究壳聚糖衍生生物质炭材料在能量存储方面的实际应用，科学家们使用该生物质炭材料作为正极和负极组建全电池型的对称超级电容器。图 2-1-2a 是在 3mol/L 的 KOH 电解质溶液中，对称超级电容器在 20mV/s 的扫速下，不同电压窗口下的 CV 曲线。由图可知，尽管在 0~1.45V 的电压窗口下仍然能够保持类矩形的形状，但是在实际的实验过程中发生了电解水的反应。图 2-1-2b 是在扫速为 10~100mV/s 时，对称超级电容器在不同扫速下的 CV 曲线。所有曲线的矩形形状都可以很好地保持，表明了该装置具有良好的倍率性能。图 2-1-2c 是电流密度为 0.5~10A/g 时对称超级电容器的 GCD 曲线，所有曲线都没有放电平台，体现了典型双电层电容器的特征。根据式（2-1-1）可计算该超级电容器的比电容，但是其电极材料质量应该是正负极活性物质的质量之和。计算结果如图 2-1-2d 所示，在 0.5A/g 的电流密度下，该电容器的比电容为 35F/g。当电流密度从 0.5A/g 增大到 10A/g 时，其比电容的保持率为 74.29%。

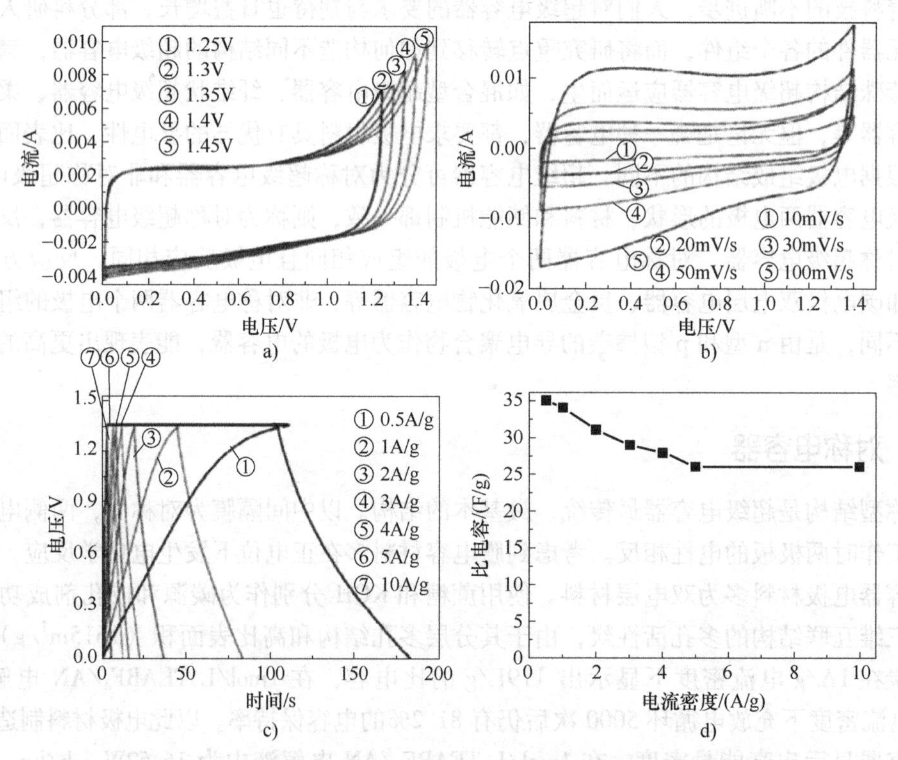

图 2-1-2　对称超级电容器在 3mol/L 的 KOH 溶液中的性能测试[4]

$$C=\frac{I\Delta t}{m\Delta U} \tag{2-1-1}$$

式中　C——比电容（F/g）；

I——放电电流（A）；

Δt——放电时间（s）；

m——活性物质质量（g）；

ΔU——电压窗（v）。

图 2-1-3a 是该对称超级电容器的功率密度与能量密度关系图，该对称超级电容器在功率密度为 399W/kg 时，其能量密度为 9W・h/kg。该结果相比于目前已经报道的基于壳聚糖的电容器而言具有明显的性能优势。图 2-1-3b 是该对称超级电容器设备的循环寿命图，在 5000 次循环后电容保持率几乎为 100%，由此可知，基于壳聚糖衍生生物质炭材料制成的对称超级电容器具有优异的循环稳定性。

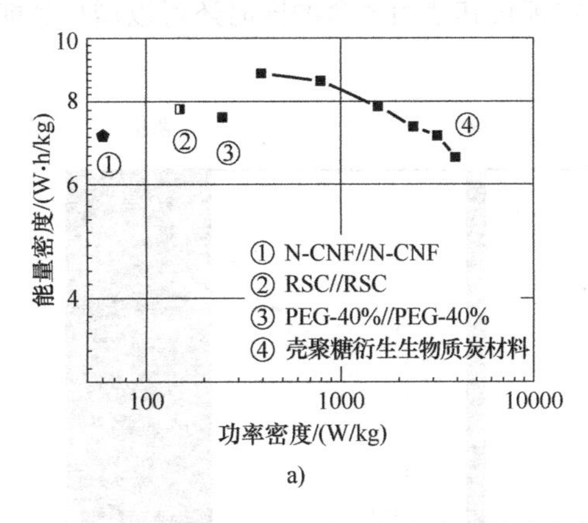

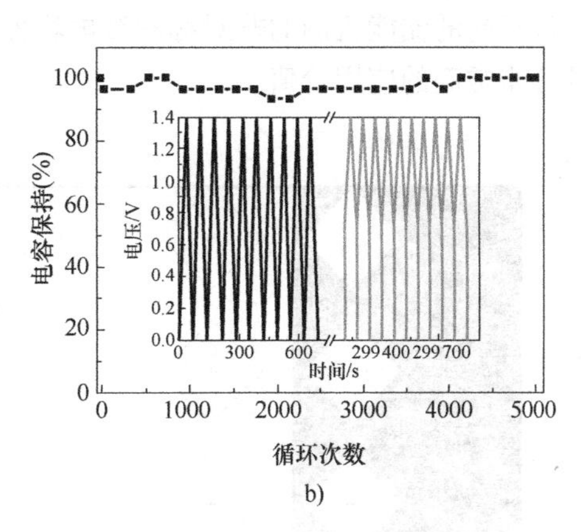

图 2-1-3　对称超级电容器的功率密度与能量密度关系及循环寿命图

a）对称超级电容器的功率密度与能量密度关系图　b）对称超级电容器在 10A/g 的电流密度下，

经过 5000 次循环的图

实验表明，当使用特定量的活化剂时，所得氮掺杂生物质炭材料具有最佳的结构特性及电化学性能。更重要的是，氮掺杂生物质炭材料构建的全电池型的对称超级电容器表现出优异的储能特性及较好的商业应用价值。因此，这种壳聚糖衍生的氮掺杂生物质炭材料在未来的能源存储方面具有较好的应用前景。然而，对称超级电容器的电势窗口受限于电极材料的电势窗口，进而限制了其功率密度与能量密度。与之相对的是，非对称超级电容器的电势窗口为正负电极两者电势窗口之和，在电势窗口的把控上可以更加灵活，也可获得更高的功率密度与能量密度，因此近年来，科研人员逐步把研究重心放在了非对称超级电容器的研制上。

1.1.2　非对称电容器

超级电容器以其高功率、长周期使用寿命、快速充放电和环保等特点已成为最有前途的储能系统之一[5]。然而传统超级电容器固有的低能量密度严重限制了它们的广泛应用，使用两种不同的电极材料组装的非对称超级电容器具有工作电压窗宽的明显优点，从而显著提高了能量密度[6]。近年来世界各国在非对称超级电容器领域取得了很显著的进展，尤其是对其电极材料进行了广泛的研究。

非对称超级电容器分别以赝电容型电极和双电层型电极提供能量源和功率源，相对一般电容器具有更高的电压窗和能量密度。但非对称超级电容器至今已探究了各种各样的材料和组成体系，刚接触该研究工作的人员需要大量的时间调研，因此本节结合近年来非对称超级电容器方向的研究，介绍了非对称超级电容器的基本原理，电极材料的类别和机理，制备技术，并做出总结和展望。

图 2-1-4 阐明了非对称超级电容器的原理，即将两种不同的材料组装在一起作为阳极和阴极。非对称超级电容器的阳极和阴极一般分别由双电层型材料和赝电容/电池型材料组成。电极材料在阳极发生离子的吸脱附，在阴极发生快速可逆的氧化还原反应来存储电荷。非对称超级电容器元件的电压窗口一般为阴极材料和阳极材料在三电极测试下的最大电压窗口之和，其中混合超级电容器使用两个不同的电极，也被称为非对称超级电容器。总之，结合了两种材料不同的储能机制的非对称超级电容器在延长其使用寿命的同时还可以增加其能量密度，具有非常高的应用价值。

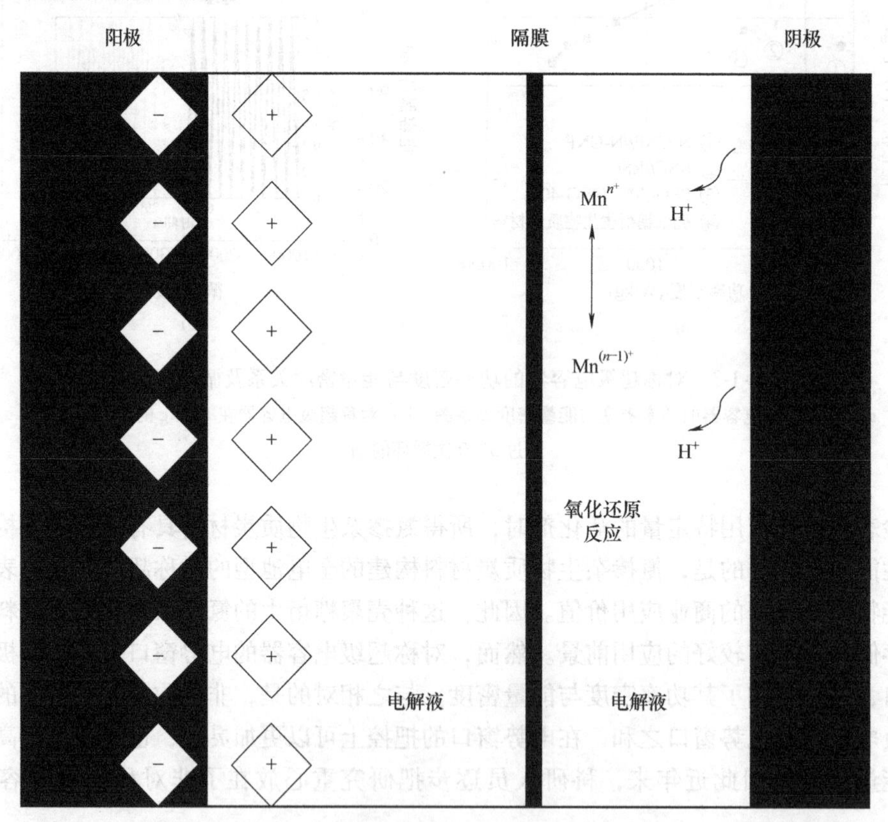

图 2-1-4　非对称超级电容器的原理示意图[9]

非对称超级电容器领域的最新发展，主要集中在最先进的阳极和阴极材料的合成、性质和性能。活性炭（AC）、多孔炭、碳纳米管（CNT）、石墨烯（GO）和氧化石墨烯（rGO）等碳基材料通常用于负极，因为它们具有较高的表面积和电极/电解质界面的静电电荷存储机制。一些金属氧化物、硫化物、磷化物和氢氧化物被用作赝电容的正极材料，因为它们具有电极/电解质界面以及电极表面附近的快速可逆氧化/还原反应。图 2-1-5 比较了各种储能设备的能量和功率密度，与电池、燃料电池和对称超级电容器相比，非对称超级电容器显然具有更高的功率密度。此外，与电池相比的非对称元件的能量密度表明，它们可能在下一代电子和储能元件中得到广泛的应用。

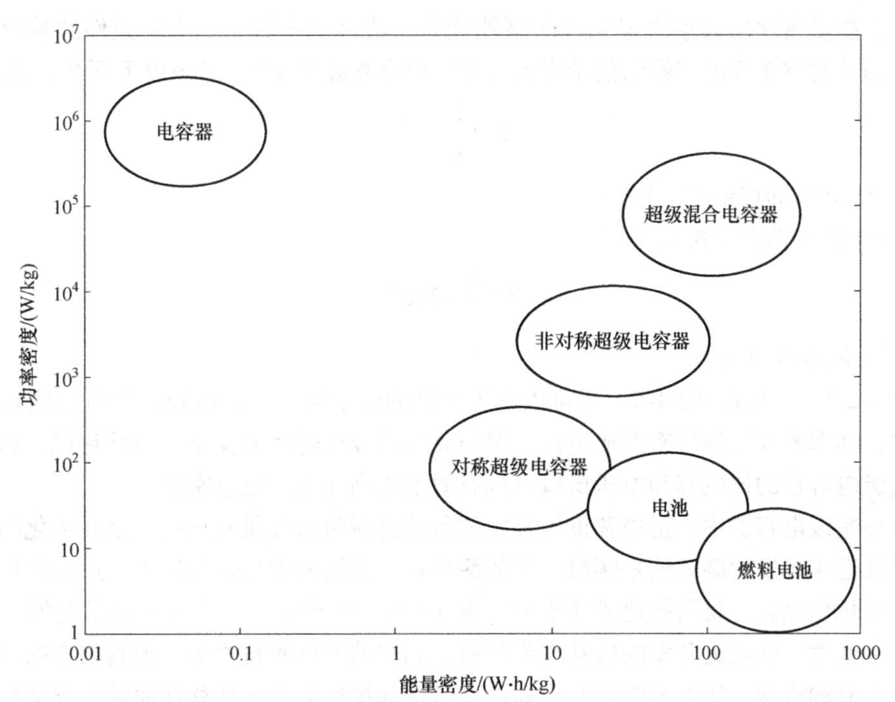

图 2-1-5　非对称超级电容器和各种电容器、电池的能量密度与功率密度的对比图

非对称超级电容器的性能指标包括比电容、循环寿命、功率密度与能量密度等。

（1）比电容：非对称超级电容器的总电容（C_T）由正极（C_P）和负极（C_n）两个电容串联得到，如下：

$$\frac{1}{C_T}=\frac{1}{C_P}+\frac{1}{C_n} \tag{2-1-2}$$

在实际测试中，非对称超级电容器实际的比电容则由式（2-1-3）来计算：

$$C_T=\frac{It}{mU} \tag{2-1-3}$$

式中　I——电流密度（A/g）；

t——放电时间（s）；

m——元件活性材料总质量（g）；

U——元件放电时的最大电压窗口（V）。

将式（2-1-3）中的质量（m）替换为面积（s）或者体积（v），可分别得到元件的面积比电容（C_S）和体积比电容（C_V）。非对称超级电容器的比电容与所组装元件的能量密度和功率密度密切相关。

（2）循环寿命：非对称超级电容器的循环寿命指的是元件经过多次充放电后比电容衰减程度，这主要受电极材料的化学稳定性影响。元件在进行充放电测试时，电解液与材料的反复吸附脱出导致材料结构发生坍塌，从而使比电容降低，双电层材料受到的影响一般比赝电容材料小，这与两种材料不一样的储能机制有关。尽管如此，非对称超级电容器的循环寿命仍然比蓄电池长许多，这也是非对称超级电容器的优势之一。

（3）功率密度与能量密度：非对称超级电容器的能量密度和功率密度是衡量元件的关

键性参数，能量密度的大小决定元件的储能能力，功率密度的大小决定元件的瞬时放电能力。理想的非对称超级电容器的能量密度（E）和功率密度（P）可由以下两个公式计算：

$$E=\frac{1}{2}CU^2 \tag{2-1-4}$$

式中　C——元件的比电容（F/g）；

　　　U——元件的电压窗口（V）。

$$P=\frac{E}{t}\times 3600 \tag{2-1-5}$$

式中　t——放电时间（s）。

从式（2-1-4）和式（2-1-5）中可以看出元件的能量密度与比电容以及电压窗口的二次方成正比，功率密度与能量密度成正比，但与元件的放电时间成反比。也就是说，通过提高非对称超级电容器的比电容和电压窗口可以有效地提高元件的能量密度。

非对称超级电容器中，正极和负极开发的各种材料包括金属氧化物、金属硫化物、氢氧化物，以及近年开发的碳基纳米颗粒，例如活性炭、碳纳米管和石墨烯等。过渡金属在充放电过程中体积变化大、材料的比表面积低、电子/离子电导率差，从而破坏了它们的循环稳定性和功率密度。而最近开发的碳基纳米材料，如碳纳米管和石墨烯，因其独特的结构而提供了前所未有的机遇，碳纳米管具有极高的导电性和快速的离子迁移性而被广泛地探索，但是它们在其商业处理的集成以及纯化相关的高成本仍然具有挑战性。目前的电动混合动力车辆、智能电网系统和先进的消费电子设备中，超级电容器可以在为这些系统提供所需的高能量和高功率密度方面发挥至关重要的作用。锂离子电池可提供大于 200W・h/kg 的储能容量，而对于正常对称超级电容器，只有 5~10W・h/kg。然而，相当大的研究进展已经见证了非对称超级电容器能量密度约为 40W・h/kg 以上的成就，使之成为锂离子电池潜在的储能系统。在大量科研人员的不懈努力下，下一代超级电容器很快就能提供接近薄膜电池（约 100W・h/kg）的能量密度。此外，从实验室研究得到工业规模制造的高性能非对称超级电容器是困难的，我们真诚地希望非对称超级电容器能够实现接近薄膜电池能量密度的目标。

1.2　根据电解质的形式分类

超级电容器主要由电极材料、集流体、隔膜和电解液组成，作为超级电容器的重要组成部分，由电解质盐和溶剂构成的电解质是极为重要的研究领域，不同类型的电解液往往对超级电容器性能产生较大影响[10]。然而，相对于电极材料，人们对超级电容器电解质的关注却相对较少，专门对电解质进行讨论的文章或评论寥寥无几，因此本节从水系、有机体系、离子液体以及固体电解质等几个方面重点讨论了 2000 年以来超级电容器电解质发展的历程，尤其是近五年以来超级容器电解质的重要理论和技术突破[13]。

超级电容器对电解质的性能要求主要有以下几方面：①电导率要高，以尽可能减小超级电容器内阻，特别是大电流放电时更是如此；②电解质的电化学稳定性和化学稳定性要高，根据储存在电容器中的能量计算公式 $E=CU^2/2$（C 为电容，U 为电容器的工作电压）可知，提高电压可以显著提高电容器中的能量；③使用温度范围要宽，以满足超级电容器的工作环境；④电解质中离子尺寸要与电极材料孔径匹配（针对电化学双层电容器）；⑤电解质要环境友好。

近年来的国内外超级电容器根据所工作电解质的不同，可分为固体电解质超级电容器和液体电解质超级电容器。

1.2.1　固体电解质电容器

作为超级电容器的一种结构形式，固体电解质或凝胶电解质具有良好的可靠性，且无电解液泄漏，比能量高，工作电压较高，这使得超级电容器向小型化、超薄型化发展成为可能。但由于室温下大多数聚合物电解质的电导率较低，电极/电解质之间接触情况很差，电解质盐在聚合物中溶解度相对较低，尤其当电容器充电时，低的溶解度会导致极化电极附近出现电解质的结晶，因此限制了固体电解质在超级电容器中的应用。与传统的水系电解质相比，其具有易于封装和成型、挥发性与可燃性低、机械可弯曲性以及可伸展性优异等特点，因而受到了越来越多的研究与关注。同时，固态电容器没有内部气体释放而导致电解质泄漏的风险，不像水系电解质一样具有毒性或者有机电解质一样易燃。因此，固态超级电容器可以应用在很多特殊电子产品场合，例如便携式电子设备、可穿戴电子产品、可打印的电子产品、微电子产品、移动医疗产品等，极大地扩充了电化学电容器的应用范围。

固态超级电容器的电解质主要分为4种，分别是水凝胶、有机凝胶、离子凝胶和无机电解质。无机电解质拥有完全干燥的特点，在卫星等特殊领域有需求，但是其性能较差，研究和应用范围都较少。基于离子凝胶的超级电容器能量密度、功率密度和循环稳定性等性能均不优异，但离子凝胶温度适用范围广，是其他材料不具备的。基于有机凝胶的超级电容器工作电压高，比电容值一般高于100F/g，其能量密度比基于水凝胶的超级电容器略高，只是其循环稳定性不佳，这或许是未来研究的方向之一。基于水凝胶的超级电容器工作电压较低，但是能量密度和功率密度均较好，循环稳定性也优于其他固态超级电容器。当水凝胶的溶剂为无腐蚀性的中性溶剂时，往往具备良好的生物兼容性，这是有机凝胶和离子凝胶无法比拟的优点。

在固体电解质体系中，水凝胶全固体电解质超级电容器是极具潜力和环境友好的储能装置，由于电解质中含有一定量的水，相比于其他固体电解质，水凝胶聚合物的电导率一般都比较高。2009年科学家们专门对水凝胶全固体电解质作为超级电容器电解质进行了综述，在各种碱性聚合物水凝胶电解质超级电容器中，以交联PAAK-KOH-H_2O为电解质（PAAK指聚丙烯酸钾）和以活性炭纤维布为电极材料展现了较高的比电容（150F/g），而对于以$MnO_2 \cdot nH_2O$为电极材料，配合使用PAAK-KCl-H_2O的赝电容器得到更高的比电容（168F/g）。此外与传统的非铰链的固态聚合物电解质相比，使用化学交联的PVA（聚乙烯醇）不仅具有良好的力学性能，而且还有很好的化学稳定性。Stepniak等人研究了PAAM（聚丙烯酰胺）$\cdot H_2SO_4 \cdot H_2O$酸性水凝胶聚合物体系，比电容达到132F/g（电极材料为2000m^2/g活性炭），但工作电压比较低，只有1.2V。因此，对于水凝胶全固体电解质，碱性体系一般要优于酸性体系。

固态超级电容器主要有3种构型，分别为三明治构型、指状交叉构型和纤维状构型。如图2-1-6所示，其中，图2-1-6a和图2-1-6b分别是三明治构型的示意图和实物图，这种构型最为常见，其制造较为简单，但是其电解质和电极的厚度会影响其等效串联电阻（Equivalent Series Resistance，ESR）和离子传输速率。图2-1-6c和图2-1-6d分别是指状交叉构型的示意图和实物图，这种构型不会因电极的厚度影响ESR，并且拥有较短的离子扩散路径，可以帮助离子快速扩散，进而提高了电容器性能。图2-1-6e和图2-1-6f分别是轴向纤维状构型的示意图和实物图。纤维状构型的超级电容器，不但拥有传统超级电容器高功率密度、快速充放电的优点，还因其具有一维的结构特点，可以通过编织技术制成可穿戴的织物，而三明治构型和指状交叉构型的超级电容器因结构特点无法采用编织技术制备成织物，所以未来基于纤维状构型的固态超级电容器可能是下一步研发的热点之一。

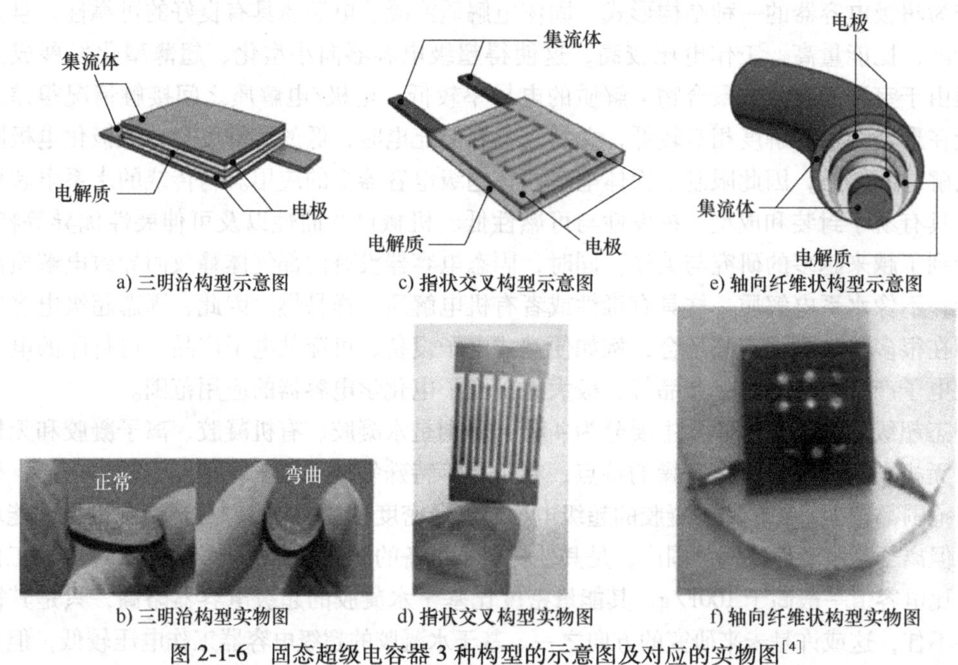

图 2-1-6　固态超级电容器 3 种构型的示意图及对应的实物图[4]

中国工程物理研究院化工材料研究所的科学家们研究出的纤维状超级电容器，经过 2000 次弯曲依旧保持高柔韧性和优异的电化学性能，用于可穿戴智能织物，具有极高的安全性和非常好的应用前景。

1.2.2　液体电解质电容器

液体超级电容器又可以分为水系、有机系、离子液体等类型。

1. 水溶液体系电解液

水溶液体系电解液是最早应用于超级电容器的电解液，主要采用的是水溶液作为溶剂，选用不同的酸、碱、无机盐作为电解质或者氧化还原反应物以实现其电极工作的，目前水溶液电解质主要用于一些涉及电化学反应的赝电容以及双电层电容器中。水溶液电解质的优点是电导率高，电容器内部电阻低，电解质分子直径较小，容易与微孔充分浸渍，许多高比电容的赝电容电极材料都是通过该体系得以实现的；但缺点是容易挥发，水的分解电位（即发生析氢和析氧过程的电位）以内所能工作的电位窗口较窄，往往只在 1V 范围内，因此限制了超级电容器能量密度的提高；而有机电解液或者离子液体，往往能将工作电位窗口提高到 3V 以上，在一定程度上满足了超级电容器高能量密度的要求，但是能够在该体系中工作的电极材料种类不如在水系中的多，一般主要有碳材料、二氧化锰、氧化钌等，因为对于大部分的赝电容电极材料来说，其在该电解液体系中不能提供其表面氧化还原反应所必需的反应离子，在很大程度上受到了局限和制约。

水系电解液的研究主要是对酸性、中性、碱性水溶液的研究：

（1）在酸性水溶液中最常用的是H_2SO_4水溶液，因为它具有电导率及离子浓度高、内阻低的优点。但是以H_2SO_4水溶液为电解液，腐蚀性大，集流体不能用金属材料，电容器受到挤压破坏后，会导致硫酸的泄漏，造成更大的腐蚀，而且工作电压低，如果使用更高的电压需要串联更多的单电容器。此外也有人尝试着用HBF_4、HCl、HNO_3、H_3PO_4、CH_3SO_3H（甲烷磺酸）等作为超级电容器电解液，但这些电解液都不太理想。

（2）对于碱性电解液，最常用的是KOH水溶液，其中以碳材料为电容器电极材料时用高浓度的KOH电解液（如6mol/L），以金属氧化物为电容器电极材料时用低浓度的KOH电解液（如1mol/L）。除了用KOH水溶液外，Stepniak等人研究了以LiOH水溶液作为电解液的电容器的性能，相对于KOH水溶液电解液，使用LiOH水溶液作为电容器电解液，电容器的比电容、能量密度和功率密度都得到了一定的提升，但没有本质上的改变。另外，碱性电解液的一个严重缺点就是爬碱现象，这使得密封成为难题，因此碱性电解液的发展方向应是固态化。

（3）中性电解液的突出优点是对电极材料不会造成太大的腐蚀，目前中性电解液中主要是锂、钠、钾盐的水溶液，其中KCl水溶液是最早研究一种中性电解液，如Lee等报道了用2mol/L的KCl水溶液取代硫酸水溶液，以MnO_2等过渡金属氧化物电极为电极材料得到了200F/g以上的比电容，但缺点是如果电容器过充后，KCl水溶液电解容易产生有毒的氯气。目前中性电解液中研究较多的是锂盐水溶液，尤其在以过渡金属氧化物为电极材料的赝电容体系中，除了充当电解液的支持电解质以外，由于锂离子的离子半径小，其功能很像锂离子电池中的锂离子，可以“插入”氧化物中，从而增大了电容器的容量。

2. 有机系电解液

超级电容器的工作电压受限于电解液在高电位下在电极表面的分解。因此，电解液的工作电压范围越宽，超级电容器的工作电压也越宽。用有机电解液取代水系电解液，电容器工作电压可以从0.9V提高到2.5~2.7V。目前商用的超级电容器较为普遍的工作电压为2.7V，由于超级电容器的能量密度与工作电压的二次方成正比，工作电压越高，电容器的能量密度越大，因此，大量的研究工作正致力于高电导率、化学和热稳定性好、宽电化学窗口的电解液的开发。

超级电容器有机电解质体系主要由有机溶剂和支持电解质构成，有机溶剂主要包括丙烯碳酸酯（PC）、乙烯碳酸酯（EC）、γ-丁内酯（GBL）、甲乙基碳酸酯（EMC）、二甲基碳酸酯（DMC）等酯类化合物以及乙腈（AN）、环丁砜（SL）、N-N二甲基甲酰胺（DMF），其主要特点是低挥发、电化学稳定性好、介电常数较大。支持电解质中阳离子主要包括季铵盐系列、锂盐系列，此外，季磷盐也有报道；而阴离子主要是PF_6^-、BF_4^-、ClO_4^-等。四氟硼酸锂（$LiBF_4$）、六氟磷酸（$LiPF_6$）、四氟硼酸四乙基铵（TEABF4）、四氟硼酸三乙基铵（$TEMABF_4$）等盐类是比较常用的支持电解质，最近也有报道季铵盐（TMABOB），其特点主要是电化学稳定性高，在上述酯类溶剂中溶解性好。

有机电解液中的水在应用中应尽量避免，水含量尽量控制在20μg/g以下。水的存在会导致电容器性能的下降，自放电加剧。研究表明，含水量为2000μg/g的有机电解液组装成的电容器经过多次充放电，活性炭电极的储电能力降低。此外当电容器的过充，会导致有毒的挥发性物质产生，同时也会使电容器的储电能力下降甚至丧失。总之，通过对各种有机溶剂的混合优化并与支持电解质和电极材料适配，以达到最优的配比，是当前有机电解液研究的发展方向。

3. 离子电解液

近年来，离子液体作为一种新型的绿色电解液，以其相当宽的电化学窗口、相对较高的电导率和离子迁移率、几乎不挥发、低毒性等优点，在超级电容器，尤其是双层电容器领域得到了广泛的应用，使得包含离子液体的超级电容器具有稳定、耐用、电解液没有腐蚀性、工作电压高等特点，但缺点就是离子液体的黏度过高，目前离子液体型超级电容器是电容器研究最为活跃的领域之一，2008 年以来，离子液体在超级电容器方面的应用迅速发展，尤其是一些新的理论的出现和离子液体型超级电容器产业的迅速推进，使得离子液体在超级电容器中的应用达到了一个新的高度。

虽然离子液体电解质作为碳基超级电容器的电解质显示了很多的优点，但是其比电容还是比水系的电解质体系低很多，其原因就在于离子液体电解液不能和活性炭很好地浸润，一些学者也在积极地寻求这方面解决的方案，如 Simon 就发现离子液体本身离子的尺寸和活性炭的孔隙尺寸相差不多时，电容器的比电容最大，如图 2-1-7 所示。

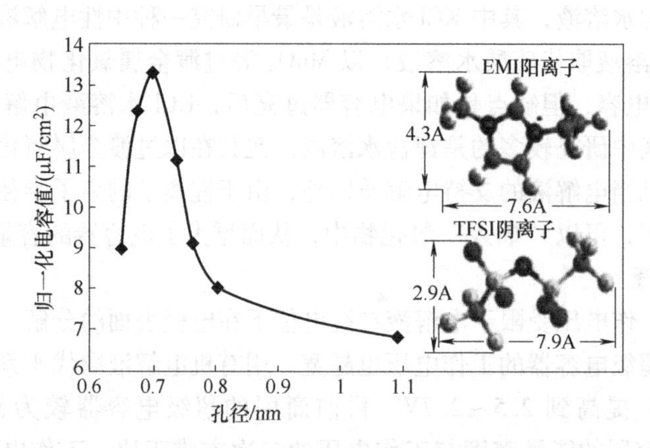

图 2-1-7 由不同温度制备出的不同孔径的活性炭与电容之间的关系[15]

目前离子液体作为超级电容器电解质取得了相当大的发展，已经有了商品化的离子液体型超级电容器出现，但还存在一些问题，如价格昂贵、电导率有待进一步提升（内电阻相对较高）等，然而这丝毫不会影响人们对离子液体电解质的青睐。随着研究的深入，相信在不久的将来，离子液体型超级电容器在一些特殊或极端领域如高温、真空、航天等方面可以大显身手。

为了进一步提高电容器的性能，加快其推广应用的步伐，具有实用价值的电解质材料仍是广大研究者追求的目标。为此，本书认为应着重从以下几方面进行研究：

1）开发具有低黏度、高电导率和高电化学稳定性的离子液体电解质应是将来超级电容器在基础领域中研究的重点。

2）积极研究电解质与电极材料相互作用机理，优化电解质与电极材料之间的关系。

3）离子液体与混合有机溶剂多种成分的优化组合是将来电解质发展的趋势。

总之，超级电容器作为一种新型的储能装置在各个领域都体现出其潜在的巨大应用价值，尤其符合我国当前节能减排、发展新能源领域的可持续发展之路。能量密度、功率密度、安全性能以及寿命是衡量电容器性能的主要指标，而电解质的性质是影响超级电容器性能的关键因素之一。对于电解质来说，电解质的黏度、电导率、电化学稳定性、化学稳定性是影响超级电容器性能的重要因素，在使用相同的电极材料的情况下，提高电解质的电导率和电化学稳定性可以提高超级电容器的能量密度和功率密度。此外，通过优化电解质中离子的尺寸与碳材料的孔径，可以有效提高超级电容器的比电容。

1.3　根据电容器充放电的机制不同分类

自 1957 年通用电气公司申请了第一篇电化学电容器专利以来，电化学电容器取得了飞速的发展。到如今，双电层电容器（Electrical Double-Layer Capacitors，EDLC）和赝电容器（Pseudo Capacitor）作为电化学电容器的两大类型，它们的基本原理已经初步为人们所了解。双电层电容器的电容产生主要基于电极、电解液上电荷分离所产生的双电层电容；赝电容超级电容器由贵金属和贵金属氧化物电极组成，其电容的产生主要是基于电活性离子在贵金属表面发生欠电位沉积，或在贵金属氧化物电极表面及体相中发生的氧化还原反应而产生的吸附电容，该类电容产生的机理不同于双电层电容，它伴随着电荷传递过程的发生，通常具有更大的比电容。为了寻求兼有高功率密度、高能量密度与长循环寿命的储能元件以满足市场需求，有人提出了混合超级电容器的概念[16]。它将电池型电极和电容型电极作为正负两极，结合两种类型的电极优势来达到相应的目标。

1.3.1　双电层型超级电容器

双电层电容器（Electrical Double-Layer Capacitor，EDLC）电极是通过在电极和电解质之间的界面的离子积累形成双电层来存储电荷[17]。当超级电容器充电时，电子被迫通过外部电路从正极进入负极。因此，电解液中的阳离子集中在负极中，而阴离子则集中在正极中，形成一个能补偿外部电荷不平衡的双电层电容。在放电过程中，电子通过一个外部电路从负极传到正极，阳离子则向正极移动，阴离子向负极移动，直到电池放电结束。电荷分离发生在电极-电解质界面的极化上，产生了 Helmholtz 在 1853 年描述的双层电容 C，计算公式为

$$C=\frac{\varepsilon_r\varepsilon_0 A}{d} \tag{2-1-6}$$

式中　A——电极的表面积；

d——双层之间的有效厚度；

ε_r、ε_0——电解质和真空的介电常数。

后来科研人员又重新建立了一个修正版的电容模型，他们认为电解质中由于靠近电极表面的离子积聚而存在扩散层。用碱性或酸性水系电解质获得的比电容通常高于有机电解质，但是它们所能承受的工作电压与有机电解质相比要低得多，这个优势使得有机电解质的应用更加广泛。双电层电容器的能量密度的计算方式由式（2-1-4）可知：电压 U 增加 3 倍，导致存储在同一电容上的能量 E 增加约一个数量级。

由于静电电荷的存储，在 EDLC 电极上没有发生氧化还原（Faradic）反应。超级电容器电极从电化学的角度来说必须被视为是一个封闭的电极，这种通过极化电阻的电化学动力学没有受到限制，这是与电池的主要区别。另一方面，EDLC 电极表面快速的能量吸收和传输

的储能机制所表现出来的功率性能更加优越。并且EDLC电极上的储能机制消除了电池在充放电循环中表现出的活性物质的膨胀。EDLC的循环寿命最高可以达到数百万次，而电池能有几千次的循环寿命就很不错了。除此之外，和锂离子电池不同的是，EDLC的电解质溶剂并不参与充放电过程中的电荷存储，当使用高电位正极或者是石墨负极时，更有助于形成固体电解质界面。EDLC的电解质并不受限于溶剂的选择，这意味着可以设计出能够承受更广温度的电解质，提高EDLC在更高或更低温度下的功率特性。同样由于EDLC表面快速的存储机制，其能量密度相比电池要低得多。这也说明了EDLC如果不提高其能量密度而很难继续进一步发展，所以开发出高能量密度和耐高温、低温的电容器将十分有前景。

这类材料通常采用高比表面积的碳材料作为电极使用，主要包括：活性炭、碳毡、碳纤维以及目前较为热门的碳纳米管、碳纳米片和石墨烯等。通过利用电极和电解质界面的双电层来存储电荷的碳材料作为双电层电容器的工作电极，主要利用了其较高的比表面积、优异的循环稳定性、宽的电位窗口、可用于有机电解质体系，从而在更宽的温度范围内使用等优点。但是碳基双电层电容器的不足也是很明显的，相较于赝电容电极而言，双电层电容器往往存在着比电容普遍较低的弊端。一般小于500F/g（而赝电容材料的比电容数值往往都在500F/g以上），改进其不足的方式主要可以通过对碳材料表面进行活化以引入含氧官能团、提高碳材料的比表面积、与赝电容材料进行复合等方法。

1.3.2 赝电容超级电容器

超级电容器是电化学电容器的一种，属于普通电化学储能设备的范畴。无论是以氧化还原反应为基础还是以吸附作用为基础的电化学储能，均受电解液中离子的活性支配。赝电容电容器的电极材料往往选用赝电容材料，它们是通过表面或近表面快速、近可逆的化学反应来实现电荷存储的。而如果将赝电容进一步细化，可以分为在反应过程中电化学活性分子的单分子（或类单分子层）在基体表面发生电吸附和脱附，进而转移电荷的“吸附赝电容”；以及电活性物质通过氧化还原反应产生氧化状态或者还原态来存储能量的“氧化还原赝电容”两种类型。

赝电容材料主要有过渡金属氧化物和氢氧化物、导电聚合物。过渡金属氧化物和氢氧化物通过表面或内部的氧化还原反应来进行电荷转移过程，进而存储能量，可获得比双电层电容更高的电容量，一般是双电层电容的10~100倍，且具有优异的循环寿命，最具代表性的是RuO_2电极材料，但由于成本因素迫使人们寻求价格低廉、环境友好、性能优异的替代物质，以氧化锰、氧化钴、氧化镍等为代表的替代材料成为研究热点。

1）MnO_2由于来源丰富，环境友好，是理想的超级电容器电极材料。但与RuO_2相比，MnO_2的电导率较低，内阻较大，实际比电容并不理想。如何改善MnO_2的导电性，降低内阻，提高其电化学性能是其研究的重点。

2）近年来，混合型金属氧化物多级结构纳米材料由于具有高电容性，优良的循环稳定性而逐渐成为研究热点。科研人员利用高温气相沉积技术，制备得到吸附氧化镍纳米片晶石墨烯复合膜（3DG/NiO）的电极材料，该复合电极不仅比表面积大，而且导电性高，稳定的充、放电比电容在350~400F/g之间，循环300次后仍保持98.88%，库仑效率保持在95%以上。更重要的是，该复合电极兼具双电层电容和赝电容的性能，为开发新型的电极材料提供了参考。多孔球形结构的氧化钴/碳（Co_3O_4/C）复合材料，虽也能表现出较好的电化学性能，但循环稳定性衰减较快（充放电1000次后，比电容仅保持77.8%）。将上述的多孔球形结构变化成三维微/纳米阵列结构，则能极大地改善电极反应过程中离子的动力学行为，有效解决离子扩散效率低的问题，从而显著提高比容量（6mol/L KOH电解液，0.5A/g电流下，比电容987.9F/g）和循环稳定性（2000次循环后其容量保持率高达94.5%），为超级电容器电极结构的优化提供了借鉴。

导电聚合物属于赝电容型超级电容器另一种重要电极材料，其作为超级电容器电极的相关研究起步较晚。但由于其制备的电容器具备成本低、容量高、充放电时间短、环境友好和安全性高等优点，引起了研究者的广泛关注。目前导电聚合物研究重点主要包括聚苯胺、聚吡咯、聚噻吩等，导电聚合物材料主要是利用其掺杂—去掺杂电荷过程来实现能量的存储和释放。

1）在众多导电聚合物中，聚苯胺是被广泛使用的超级电容器电极材料之一。使用碳纳米纤维/聚苯胺（CN-F/PANI）复合材料制备了柔性自支撑一体化的超级电容器，该柔性电容器的比电容为201F/g，循环6000圈后比电容维持80%。尽管性能并不理想，但该材料可应用在柔性可穿戴的微纳米元器件中，对柔性自支撑一体化超级电容器的构筑提供了重要参考。

2）聚吡咯的研究工作主要集中在对单一聚吡咯性能进行改善，期待能制备出电容性能较好的电极材料。科学家们制备了具有延展性的网格聚吡咯，制成全固态柔性电容器在0.5A/g电流密度下元件比电容为170F/g，而当电流密度增加到10A/g时，循环1000圈后比容量仍保持98%，即使承受20%形变量时比容量仍能保持初始的87%。当该电极材料与棉织物复合以H_3PO_4为电解质时，也表现出类似的大电流下的高比容量、循环稳定性及承受较大变形量的能力。

3）聚噻吩用于超级电容器电极材料，主要是通过对噻吩进行一定的修饰，制备噻吩类衍生物用作电极材料。通过简易的恒电流法，在碳纸上制备聚噻吩膜，使用三电极法在1mol/L Na_2SO_4。电解液，0.3A/g电流下测得具有103F/g的比电容，当电流密度达1A/g时，充放电效率可达到91.6%，可作为良好的超级电容器电极材料，并且该聚噻吩膜是在包油型的离子液体的微乳液中沉积出来，拓展了电流沉积法的适用范围，为以后的沉积过程提供了思路。以噻吩衍生物3-甲基噻吩（P3MT）、聚3,4-二甲基噻吩（PDMT）及两者的共聚物制备电极，电化学测试结果表明，共聚物相比P3MT，PDMT具有更高的循环稳定性，优异的电化学性能。按照不同的比例单体进行共聚，其制得的电极材料的比电容范围在190~287F/g之间，然而这些电极材料的实用性还需要进一步的检验。

赝电容超级电容器的优点是能够通过提供较高的比电容，往往能够达到1000F/g以上，同时可以通过制备手段的变化，形成多种形貌、结晶度、相结构的电极材料，从而得到具有不同电化学性能的电极材料。

赝电容电极通过表面（近表面）的可逆反应来实现电化学储能。金属氧化物如RuO_2、Fe_3O_4或MnO_2，以及导电聚合物，在过去的几十年中得到了广泛的研究。其比电容大大超过了用双层电荷存储的碳材料，引起了人们对这些体系的极大兴趣。但由于使用了氧化还原反应，赝电容超级电容器和电池一样在循环过程中往往缺乏稳定性。氧化钌（RuO_2）因其具有导电性，在1.2V电压范围内具有3种不同的氧化状态而被广泛研究。在酸性溶液中，RuO_2的伪电容行为一直是近30年来研究的焦点，已有报道比电容超过了600F/g。然而Ru

基的水系超级电容器的窗口电压很小，只有1V，并且价格昂贵，这对于应用于小型电子元器件来说不是很理想。另外，一些其他的赝电容材料，如聚苯胺、聚吡咯、聚噻吩及其衍生物等导电聚合物在赝电容超级电容器领域都得到了，并在工作电压为3V左右的各种非水系电解质中显示出高的质量和体积准电容。导电聚合物在循环过程中稳定性有限，性能衰减很大。

1.3.3 混合型超级电容器

混合型超级电容器是指由形成双层电容的碳负极与其他碳材料、金属氧化物、金属氢氧化物、导电聚合物或无机化合物等材料作为正极构成的超级电容器。目前水溶液电解质体系中，已有碳—氧化镍混合电容器产品，同时正在发展有机电解质体系的碳—碳、碳—二氧化锰等混合型超级电容器。

混合型超级电容器的一般储能机理和元件结构如图2-1-8所示，由图2-1-8可以看出，混合型超级电容器的两极分别为电池型与电容型，其中电池型电极发生锂离子的嵌入—脱嵌，电容型电极发生锂离子的吸附—脱附过程，两种不同的储能机制为同时提高元件的能量密度和功率密度提供了可能。

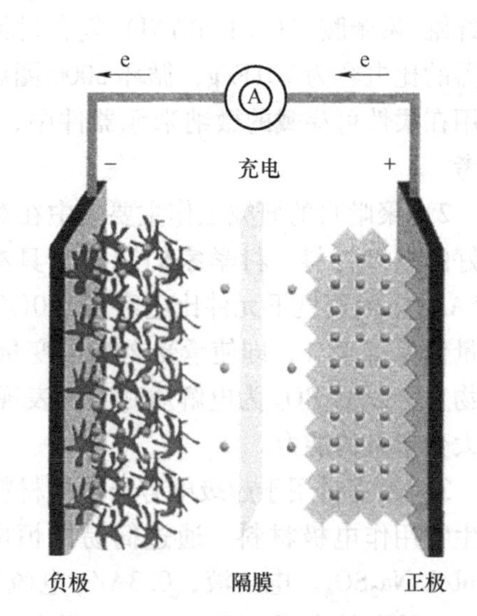

图2-1-8 混合型超级电容器的结构示意图[20]

相比于锂离子电池，混合超级电容器将其中一极换作电容型电极后，可以由电池型电极提供高能量输出的同时由电容型电极来平衡电荷数目，极大地提高了动力学反应速率，使元件的功率密度能达到20kW/kg以上，且完全充电时间短1min。此外，为了使倍率性能和循环寿命接近于双电层电容器，需要对电池型电极材料的电导率低、结构不稳定性、动力学反应缓慢等问题进行改善。

相比于前述超级电容器，混合型超级电容器将其中一极换做电池型电极后，该类电极有着明显的氧化还原峰，其容量远高于电容型电极，是能量输出的主要来源，因而整体元件的容量大幅度提高。虽然容量得到了极大的提升，但能量密度仍较低。能量密度的大小可以根据计算式（2-1-4）来分析，由此可见，能量密度的大小与比电容和工作窗口两者相关。

超级电容器元件的工作窗口不超过单个电极的工作窗口，而对于混合型超级电容器而言，可以选择在不同工作电位下工作的电池型电极，再对两种类型的电极进行合理的匹配，可以极大地拓宽工作窗口。而匹配的过程中要实现电荷守恒，根据式（2-1-7）可以看出，电荷量由电压窗口、比电容、活性物质质量决定，因此需要先对两种电极在三电极体系中进行循环伏安法测试以得到电压窗口大小，再根据式（2-1-8）求得相应的比电容，由此将对电荷量的调控转化成对活性物质质量的调控，极大地减小了电极匹配的难度。

$$q = CUm \tag{2-1-7}$$

$$C = \frac{1}{mv}\int \frac{I}{\Delta U}\mathrm{d}U \tag{2-1-8}$$

式中 q——电荷量；
C——比电容；
U——电压窗口；
m——活性物质质量；
v——扫速；
I——反应电流密度。

此外，还可以通过选择合适的电解液来增大工作窗口。虽然在一般情况下，可以使用有机电解液的电压窗口较大，但存在着易燃、有毒等安全隐患，因此选取合适的电解液也至关重要。

近些年对混合型超级电容器的研究与应用愈加广泛，由于兼具高能量密度和高功率密度的优势，越来越多地被应用于电动汽车和太阳能电池等领域。对混合型超级电容器的分类也呈多样化，可从电极材料种类、电解液体系或电解液类型等方面出发进行划分。以下是根据正极材料的不同来简单划分的几种混合型超级电容器。

（1）碳材料和氧化镍分别作为混合超级电容器的两极，大幅度地增大了电压窗口和能量密度，将 NiOOH 作为正极材料、碳材料作为负极材料，可让能量密度提高至 7.95W·h/kg。俄罗斯的 EMSA 公司在 1997 年就将 NiOOH//C 和 MOOH//C 混合型超级电容器商业化，其比能量可达 12kW/kg 和 3W·h/kg，相对应的比功率为 400W/kg 和 1000W/kg。但这种混合型超级电容器中的电解液在充放电过程中会与正负极发生反应而被消耗，导致元件循环寿命变差。

（2）一些学者将 $Li_4Ti_5O_{12}$ 和活性炭作为混合型超级电容器的电极材料，以有机溶液作为电解液，其能量密度超过 10kW/kg 且循环 4000 圈后容量仍保持有 90%以上。在充放电过程中，随着 Li^+ 的嵌入—脱嵌，尖晶石 $Li_4Ti_5O_{12}$ 并不会产生过大的结构变形，因此这类混合型超级电容器拥有较长的循环寿命。但由于颗粒尺寸过大，活性比表面积较小，不利于大倍率充放电。

（3）由于金属氧化物能在电化学过程中发生氧化还原反应从而产生赝电容，具有较高的比电容与能量密度，因此以金属氧化物为正极材料、碳材料为负极材料的混合型超级电容器也引起了极大的关注。例如，MnO_2 的理论比容量可达到 1232mA·h/g。当将其作为混合型超级电容器的正极材料时，能为元件提供较大的能量输出。将 MnO_2 与石墨烯的复合物作为正极材料，负极采用石墨烯，在 Na_2SO_4 水系电解液中的电化学窗口大小可拓宽为 1.6V，且当混合元件的能量密度为 21.2W·h/kg 时，功率密度能达到 0.82kW/kg，循环 1000 圈容量保持 89.6%。而将 MnO_2 垂直生长在泡沫镍上来合成正极材料，负极也用石墨烯时，在与上述相同的电解液中的电化学窗口可扩大到 2V；当能量密度为 23.2kW/kg 时，功率密度能达到 1.0kW/kg，循环 5000 圈容量保持 83.4%。一些科学家制备的混合型超级电容器的正极仍采用 MnO_2 与石墨烯的复合物，负极为在石墨烯纳米片层上生长 MoS_2 所得到的复合物，当能量密度为 25.2W·h/kg 时功率密度可到 5.0kW/kg，且循环 5000 圈后容量仍保持 90%以上，明显优于上述的混合型超级电容器。由此可见，以 MnO_2 为基的混合型超级电容器不仅有较大的电化学工作窗口，也有较大的能量密度。

（4）夏永姚课题组首次提出了以尖晶石 $LiMn_2O_4$ 为正极材料、活性炭（AC）为负极材料、硫酸锂（Li_2SO_4）水溶液为电解液的混合超级电容器模型，当能量密度为 10kW/kg 时，功率密度可到2.0kW/kg，在10C的倍率下循环20000圈后容量保持有9.5%以上，这相对于以上几种类型的混合型超级电容器元件在循环寿命上得到了极大的提升，主要是因为克服了电解液消耗的问题。通过对正极材料尖晶石 $LiMn_2O_4$ 进行尺寸和形貌的调整来改进其电化学性能，以 α-MnO_2 纳米管为前驱体，用水热法合成由纳米管、纳米棒、纳米粒等组成的 $LiMn_2O_4$ 纳米混合物，在0.5A/g的充放电速率下比电容可达到415F/g，与负极材料活性炭组装得到的电化学窗口为1.8V的混合型超级电容器，且当能量密度为29.8W·h/kg时，功率密度达到90kW/kg。通过对负极材料进行混合掺杂改性实验得到氮掺杂的石墨烯/多孔碳混合物，与尖晶石纳米 $LiMn_2O_4$ 组装的元件，在 Li_2SO_4 溶液中工作窗口也增大到1.8V，能量密度为44.3W·h/kg，对应的功率密度为590W/kg。为进一步提高电化学性能，同时对正极材料和负极材料进行改善，将纳米 $LiMn_2O_4$ 与石墨烯、碳纳米管混合，由于碳材料的高导电性极大地提高了 Li^+ 在正极材料中的传输速率，从而改善了 $LiMn_2O_4$ 的倍率性能，而负极材料活性炭则通过氮、硫掺杂增多活性位点提高比电容，两者组装后的元件能达到62.77W·h/kg的高能量密度和2967.96W/kg的高功率密度，且循环5000圈后容量保持在90.8%。

综上所述，通过结合电池型电极和电容型电极的混合型超级电容器，能从整体上极大地提高元件的能量密度和功率密度，以上各种不同类型的元件有着各自的优势与劣势，而从电池型电极方面考虑，可以发现电池型电极在大倍率充放电速率下容易产生结构变形、反应进行不充分而使高能量无法完全释放等问题，极大地限制了混合型元件的整体性能，因此如何改进电池型电极的倍率性能和结构稳定性成为了研究的热点。

参考文献

[1] 张志成. 电活性生物质基超级电容器的制备及其性能研究 [D]. 长沙：湖南大学，2020.

[2] 范新枭. 基于碳纤维的纤维状柔性超级电容器的制备及性能研究 [D]. 北京：北京化工大学，2020.

[3] 李海生. 超级电容器的分类与优缺点分析 [J]. 通信电源技术，2011，28 (06)：89-90+105.

[4] 刘欣，杜卫民，张子怡，等. 壳聚糖衍生生物质炭的合成及其在对称超级电容器中的应用 [J]. 电子元件与材料，2019，38 (09)：28-35.

[5] 卢东亮. 钛酸镧锂基固态电解质的结构、性能和超级电容器的应用研究 [D]. 广州：广东工业大学，2020.

[6] 邢婷. 超级电容器自支撑电极材料的制备及性能研究 [D]. 湘潭：湘潭大学，2020.

[7] 赵少飞. 基于镍基材料的超级电容器电极赝电容性能研究 [D]. 广州：广东工业大学，2020.

[8] 李红盛. 过渡金属锰/钼基复合电极材料的制备及其超级电容性能研究 [D]. 太原：太原理工大学，2020.

[9] 赁敦敏，胡强. 非对称超级电容器电极材料的研究进展 [J]. 西南民族大学学报（自然科学版），2021，47 (01)：66-82.

[10] 张亚雄. MnO_2 超级电容器电极的反应动力学及其性能调控研究 [D]. 兰州：兰州大学，2020.

[11] 邓鸿坤. 基于生物质活性炭材料的超级电容器性能研究 [D]. 合肥：合肥工业大学，2020.

[12] 蔡鹏飞. 镍钴硫化物/氢氧化物材料在超级电容器中的应用 [D]. 武汉：武汉理工大学，2020.

[13] 祝精燕. N/S掺杂超级电容器电极材料的制备及其电化学性能研究 [D]. 温州：温州大学，2020.

[14] 陈斌，吕彦伯，谌可炜，等. 固态超级电容器电解质的分类与研究进展 [J]. 高电压技术，2019，45 (03)：929-939.

[15] 李作鹏，赵建国，温雅琼，等. 超级电容器电解质研究进展 [J]. 化工进展，2012，31 (08)：1631-1640.

[16]　王青. 改性氧化石墨烯的制备及其超级电容器性能研究 [D]. 天津：天津工业大学，2019.
[17]　刘家华. 碳纳米管纤维基柔性超级电容器的制备与性能研究 [D]. 深圳：深圳大学，2019.
[18]　张文博. N,N-二甲基-N-乙基金刚烷铵四氟硼酸盐的制备及其在超级电容器中的应用 [D]. 锦州：渤海大学，2019.
[19]　刘娜. 基于过渡金属化合物的柔性纤维状超级电容器的制备与表征 [D]. 上海：中国科学院大学（中国科学院上海硅酸盐研究所），2019.
[20]　郑小雯. 锰氧基材料在水系混合超级电容器中的应用 [D]. 济南：山东大学，2020.

第 2 章　超级电容器的建模

2.1　超级电容器模型分析

进行超级电容器快速脉冲特性测试的目的是为了得到其极限电性能，而性能的体现方式就是相关参数。参数是与模型直接相关的，不同的模型对应着不同的参数。为了参数能够真实、准确地反映出超级电容器的脉冲特性，选择并建立一个合适的等效模型就显得至关重要，一个好的模型有助于更好地利用实验数据，有助于对其影响脉冲特性的因素进行分析[1-3]。

目前对于超级电容器的建模方法很多，其模型针对超级电容器的充放电特性、热力学温度特性以及老化研究等应用[4-7]。其主要应用在数秒级以及更久的充放电应用，如电力系统中作为储能装置、电动汽车的储能电源等。主要的建模方法有利用电化学阻抗谱（EIS）频率响应曲线，将 Warburg 阻抗表示为一个等效的时域 *RC* 电路。此方法可以得到较为准确的响应结果，但计算量大、模型复杂。用恒流充放电法进行建模，该方法所用实验设备通常很贵，而且测试费时。并且用以上方法建立的模型难以描述毫秒级的大功率放电特性。

目前对于超级电容器等大功率电源系统的极限电性能方面的测试以及相应的评价体系上存在空缺[8-10]。所以对影响超级电容器的这种大电流放电的影响因素进行分析有利于进一步优化超级电容器结构，以及对使用前各种超级电容器进行脉冲特性的测试与评价，有助于其在大功率脉冲放电等领域的进一步应用。目前已有学者提出了基于模糊逻辑方法和神经网络分析建立的超级电容器模型[11-13]。

2.1.1　超级电容器双电层模型

1. Helmholtz 双电层模型

Helmholtz 双电层模型[14]是第一个超电容物理模型，该理论认为电荷是均匀分布在电极和电解液界面的两端，因此采用计算电容公式为

$$C=\frac{\varepsilon}{d} \tag{2-2-1}$$

式中　ε——溶液介电常数；

　　　d——双电层的厚度。

该模型的优点是直观地反映了电容器的储能原理，缺点是由于电解液的导电性差，在此种假设下模型计算得到的电容值偏大。

2. Gouy 和 Chapman 双电层模型

Gouy 和 Chapman 模型[15]将离子等效为点电荷，并考虑了电荷在电解液一侧的空间分布

情况，提出电容值由式（2-2-2）进行计算：

$$C=z\sqrt{\frac{2qn_0\varepsilon}{u_{\mathrm{T}}}}\operatorname{ch}\left(\frac{z\varphi_0}{2u_{\mathrm{T}}}\right) \tag{2-2-2}$$

式中　ε——溶液介电常数；

q——元电荷；

z——电解液离子化合价；

u_{T}——温度 T 下的热电势；

n_0——热平衡时的离子浓度；

φ_0——表面电位。

该模型优点是考虑了端电压对电容的影响，但由于点电荷可以无限接近电极表面，所以由该式所得 C 值比实际也偏大。所以模型在电解质溶液较稀时，计算的准确度较高。

3. Stern 和 Grahame 双电层模型

Stern 认为电极与电解液双电层可概括为扩散层和紧密层，其后由 Grahame 将紧密层又细分为内 Helmholtz 层和外 Helmholtz 层，提出金属-溶液界面模型，双电层电容由式（2-2-3）计算：

$$\frac{1}{C}=\frac{1}{C_{\mathrm{c}}}+\frac{1}{C_{\mathrm{d}}} \tag{2-2-3}$$

式中　C_{d}——扩散层电容；

C_{c}——紧密层电容。

以上三种模型都是对电容值的计算，不能用于分析电容器的动态仿真过程，以及不能对电容器充放电时电容器内部发生的动态过程进行描述。

2.1.2　传输线模型

超级电容器的双电层模型与传输线模型都是从超级电容器自身的结构、原理出发建立的，不同的是，相对于双电层模型，传输线模型对这种充放电行为描述得更加精确，由于超级电容器的电容主要与电解质活性物质、电极的接触面积和电荷分离距离有关，但这种关系是按空间分布的，所以需精确地考虑到每个孔的孔径与孔隙率。所以，可以用多个并联的电容与串联的电阻来描述每一个孔。由于所有的孔均连接到一个电极上，所以它们具有相同的电位，需采用并联的电容来表示，如图 2-2-1 所示的传输线等效模型[16]，这个模型实际上有两部分的传输线模型，中间通过隔膜部分的电阻连接在一起。缺点是这种模型的模型参数较多，难以通过实验

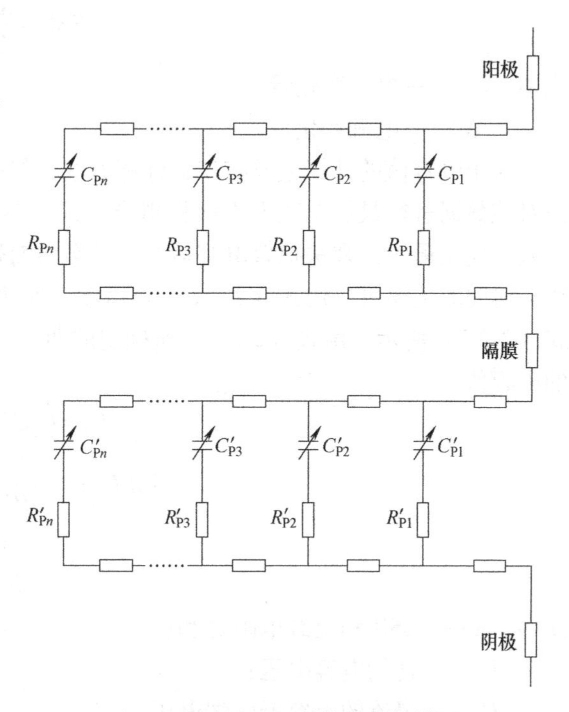

图 2-2-1　多孔电极传输线等效模型

全部确定，所以一般仅用于理论分析，不适合实际场合的应用[17]。

2.1.3 等效电路模型

1. 经典等效电路模型

图 2-2-2 所示为经典等效电路模型，由等效并联电阻 EPR、等效串联电阻 ESR 和体现内部电荷存储的电容 C 组成。EPR 主要表现电容器静置时的泄漏效应，其值一般较大。

该模型在实际中应用较多，尤其用于几秒钟的缓慢放电行为的系统建模。可以很好地模拟超级电容器的充放电行为。以下为模型参数的辨识方法。EPR 通过将电容器充电至初始电压，然后在 3h 后，或更长时间的静置后，通过测量电压来确定的。使用式（2-2-4）计算：

$$\mathrm{EPR}=\frac{-10800}{\ln\left(\frac{U_2}{U_1}\right)C} \tag{2-2-4}$$

式中 U_1——初始电容电压；

U_2——3h 后电容器的端电压；

C——额定电容。

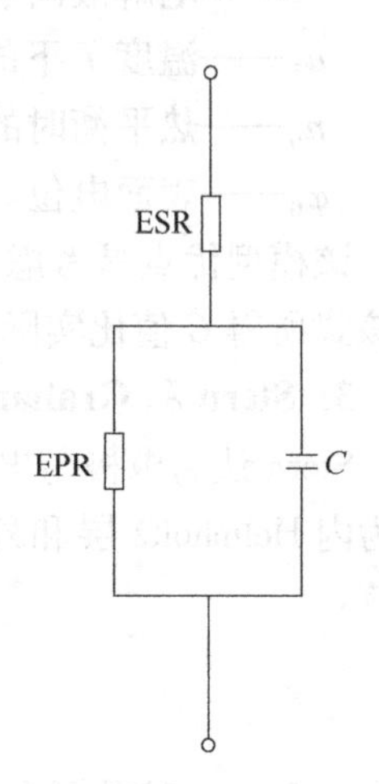

图 2-2-2 经典等效电路模型

由于 EPR 的值很大，一般在上千欧姆，且时间常数很长，所以对于几秒到几分钟的瞬时放电行为可以忽略 EPR 的影响。对于 ESR 的计算，可在开关闭合瞬间产生电压和电流的变化来确定 ESR。具体计算见式（2-2-5）[18]：

$$\mathrm{ESR}=\frac{\Delta U}{\Delta I} \tag{2-2-5}$$

式中 ΔU——电压变化量；

ΔI——电流变化量。

对于电容值的计算主要有三种计算方法，第一种方法：将放电电压的对数与时间作图，并对该数据进行最小二次方方线性拟合。式（2-2-6）可用来表示测得的放电电压与时间的关系，使用最小二乘法拟合电容器电压的自然对数可表示为式（2-2-7）。测得的放电电压曲线与时间的关系可以用式（2-2-6）来描述，使用最小二乘法拟合电容器电压的自然对数如式（2-2-7）所示。由式（2-2-7）所确定的曲线的斜率为 m，最后可由式（2-2-8）确定最后的电容值。

$$U_2=U_1\mathrm{e}^{(-t/RC)} \tag{2-2-6}$$

$$\ln(U_2)=-\frac{t}{RC}+\ln(U_1) \tag{2-2-7}$$

$$C=-\frac{1}{Rm} \tag{2-2-8}$$

式中 R——ESR 和负载电阻之和；

U_1——初始电容电压；

U_2——最终的电容器两端电压。

第二种计算电容的方法是利用充放电过程中电容器中存储电荷量的改变来计算。首先利用示波器捕获电流波形，并在固定时间间隔［t_1，t_2］内积分以获得存储电荷的变化。

计算电容的第三种方法是利用前后储能的改变。使用示波器捕获电压和电流数据，然后相乘得到作为时间函数的瞬时功率。采用复合梯形法则，对瞬时功率进行积分，以获得放电过程中能量的变化量。

以上三种方法都要求在计算之前确定电容器的 ESR。其中第一种方法的缺点是在计算电容之前必须确定负载电阻。后两种方法则很好地利用电压电流曲线来计算得到电容值。相比方法二、第三种方法的计算结果应更为准确。但以上三种电容的计算都忽略了端电压的变化对电容值的影响，所以在分析几秒钟的放电应用时，不能很好地反应放电初期的动态变化即缺少动态响应特性。

2. 动态参数变化的等效电路模型

动态参数变化的等效电路模型是对等效电路模型的进一步改进，其可以用于超级电容器在交通领域作为混合电动汽车等车辆储能设备的一个较为实用的模型，其通常用一个动态参数可变的等效电路模型来进行建模，如图 2-2-3 所示[19]。

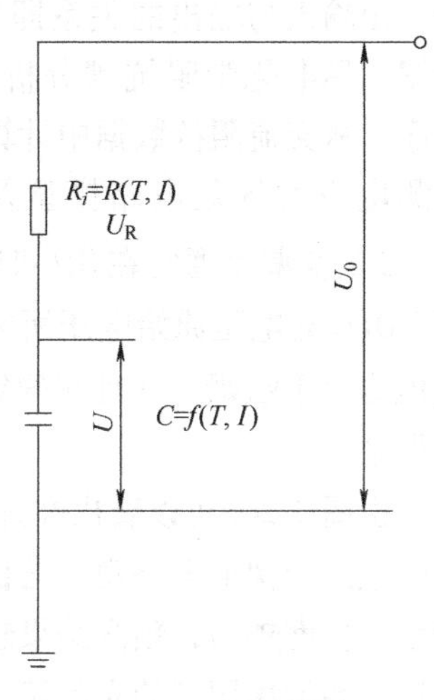

图 2-2-3　动态参数变化的等效电路模型

该模型为一个二阶参数变化的等效电路模型，主要考虑了温度与电流变化对内部等效电容以及等效串联电阻的影响。等效串联电阻参数的辨识采用恒电流充放电实验进行获取，由于采用恒定电流值 I 给超级电容器进行充放电，所以认为充放电开始时的电压降落均由内部等效电阻产生。选取几组特定温度与电流对超级电容器进行充（放）电操作，记录充（放）电时得电压降落量 U，由式（2-2-9）计算每组充（放）电实验得到内部等效电阻值。

$$R=\frac{\Delta U}{I} \tag{2-2-9}$$

由于等效串联电阻 R 同时是温度 T 和电流 I 的函数，在此将多组不同电流与温度下，实验计算得到的 R 值进行插值运算，得到关系表 $R(T, I)$，之后对于特定温度与电流下的等效电阻值便可方便地通过查表得到。等效电容也被认为是电流与温度的二阶函数，在实验室中可采用恒流-恒压充放电的方法对等效电容进行标定，首先选取特定的温度在恒定电流下对超级电容器进行充电，直到到达最大工作电压 U_{max}，之后再保持几秒钟的充电电流。然后以相同的恒定电流进行放电，到电压最小值 U_{min}，其后维持电压不变再放电一段时间。理论上此充放电循环中的充电电荷与放电时的电荷应一致，在此取测量得到的充电期间的电荷与放电电荷量的平均值 Q_{eq}，由下式来计算每组充放电过程得到的电容值：

$$C=\frac{Q_{eq}}{U_{max}}$$

基于多组温度与恒定充放电电流下得到的等效电容值进行插值算法，建立与温度 T、恒定电流 I 有关的二维的插值表来建模。该基于混合电动车的能量源模型，虽综合考虑了电流与温度对于超级电容器等效参数的影响，但恒流-恒压充放电实验要求较高，且要得到准确的结果需要进行多组的测试。

3. 梯形电路模型

双电层电容器（EDLC）是一个非常复杂的设备，所以最好由分布式参数系统来表示。如图 2-2-4 所示为梯形电路 L_n（n 代表所含电容器的数量），其中，由 R_L、C_1、R_1组成梯形电路 L_1，对比经典等效电路，R_1代表 ESR、R_L代表 EPR，但两者参数的获取完全不同。在梯形电路 L_1上加入 R_2、C_2分支便组成了 L_2，梯形电路的分支数越多，模型的精确度便越高，相应计算的复杂性也会变大。

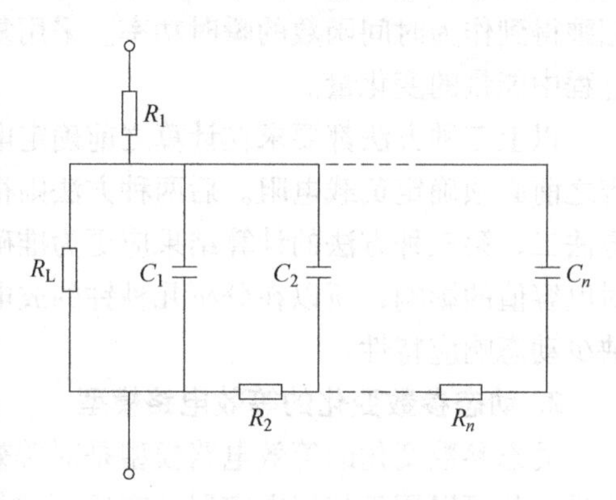

图 2-2-4　梯形电路模型

对于模型参数的获取与计算，采用电化学阻抗谱法进行测试，即输入一个小扰动的正弦波信号，由输入与输出的关系即电极动力学参数相关数据，用电化学阻抗谱分析软件 Equivcrt 计算机程序，从交流阻抗数据中计算相应模型参数的值，推测电极的等效电路模型及内部的结构。由于 EDLC 的泄漏率通常在几小时左右，因此 R_L的值很大。求解时采用 EDLC 充电，然后测量保持 EDLC 充电至原始电压所需的电流量，用实验装置进行泄漏测量。根据测量结果，可得 R_L值为上千欧姆。并且在确定梯形电路的参数时固定在该值。其余的值由交流阻抗测量计算得来。

由图 2-2-4 可以看出在开关首次闭合时，L_1最能反映短暂的放电情况。所以，在短时的放电应用中梯形电路模型的仿真精度与经典等效电路几乎一样。但对于之后的慢放电阶段，模型的梯度越高，预测结果越接近真实放电情况。由于该模型实验参数的获取较为麻烦，且阻抗谱测量法用到的实验仪器较多，要得到精确的模型需测量大量的实验数据。所以在脉冲负载的应用中，使用经典等效电路模型即可。

2.2　超级电容器脉冲放电测试

2.2.1　超级电容器脉冲放电实验

1. 实验装置介绍

超级电容器的内部寄生电阻一般为毫欧级别，实验要获得其短时脉冲极限电性能，所需实验时间很短、但放电电流较大、整个回路电压较低，所以要保证回路电阻很小。根据以上特点设计了以下的实现方案。试验主回路包括超级电容器被试样品、开关、负载电阻（实验接线等外回路电阻）、低阻低电感的连接线和接地系统等组成。开关选用由 120 只金属-氧化物半导体场效应晶体管（MOSFET）并联组成的固态开关。测试系统主要由一个罗氏（Rogowski）线圈电流传感器、放大电路、高速数据采集装置和计算机等组成。采集装置和计算机之间通过光纤连接，以提高系统的可靠性和安全性。高速数据采集装置用来实现对电压和电流脉冲波形的同步采集，计算机上的软件用于控制数据采集装置的工作方式，以及实现精确计算脉冲波形参数和电能源极限电性能。

2. 超级电容器放电回路

超级电容器被测试样品的放电回路如图 2-2-5 所示，整个回路由被试样品、信号采集装置、负载电阻（回路中的连接铜棒等）、并联 MOSFET 构成的固态开关以及固态开关的门极驱动电路、电源等组成。为了得到样品的极限脉冲放电特性，将回路电阻尽可能地减小，主要包括连接线的电阻、开关回路的等效电阻等，保证超级电容器的放电状态几乎接近于短路情况。考虑到回路寄生电感的影响，若回路电阻过小则会使整个电路处于欠阻尼状态，电流信号会发生严重振荡。由于寄生电感大约为 0~9H，所测超级电容器的电容值在几十至上万法拉之间，所以发生谐振时的串联电阻应小于 10^{-3}mΩ。现实电路中的电阻绝对会大于此值，所以超级电容器的整个回路的放电状态应属于过阻尼放电状态。

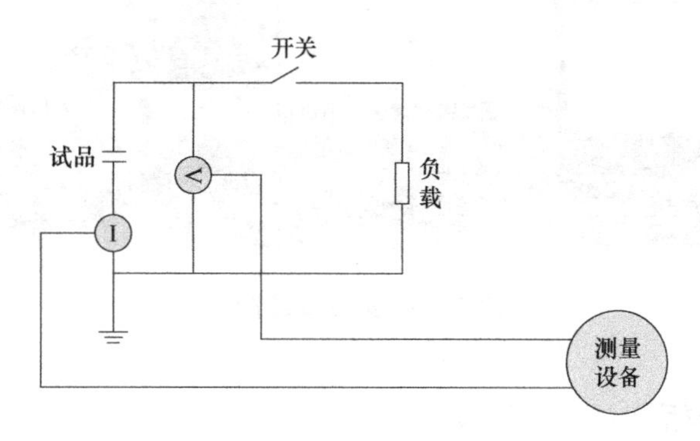

图 2-2-5　测试样品的放电回路简化图

3. 实验条件与方法

1）测试样品：实验所用测试样品有 73 组不同型号的超级电容器，涉及 10 多个生产厂家。容量有 80F、350F、1500F、3000F、28000F、60000F 等，其中最多的为 350F 和 3000F 双电层超级电容器。

2）固态开关：10 层板共计 120 只 SiC MOSTET 并联组成。

3）回路连线：被试品与开关通过铜棒、铜板连接。

4）触发信号：每个 MOSFET 具有单独的栅极驱动电路，每层板都有单独的栅极驱动电路的电信号接口，开关的触发信号由 555 定时芯片搭建的单稳态定时器电路产生，其暂稳态持续时间约 1. 15s。

5）供电：通过两个双路稳压电压电流源分别为电路板提供 0~24V 的电源，为触发电路提供 0~5V 的电平，为超级电容器提供充电电源。

电路连接完成后，首先采用直流稳压电源设定额定电压 2. 7V 给超级电容器充电，待充电电流为零时，充电完成。然后静置一定时间后，给开关一个触发电平使开关导通，开始放电。操作外触发电路的单稳态触发器控制半导体固态开关导通约 1. 15s 完成一次放电。由于超级电容器的参数分布性特点，等待 0. 5min 左右，待超级电容器两端电压回升逐渐稳定，再次操作外触发电路，进行下一次放电。如此反复连续放电至电压下降到一个较低值（1V 以下），再次将超级电容器充电至额定电压附近，进行下一轮的放电实验。如此多轮放电可以得到多组整个放电期间超级电容器两端电压和输出电流的数据。电压电流数据的采集由高速数据采集装置（采样率为 10MS/s）连接计算机，采集并保存开关触发前后 8ms 的电压、电流曲线。电压测量点为超级电容器正负电极两端，电流测量点为超级电容器正极与开关电路的 MOSFET 漏极接线柱间相连的导线。电流测量使用压流转换比例为 10mV/A 的电流测量器。整个实验测试平台如图 2-2-6 所示。

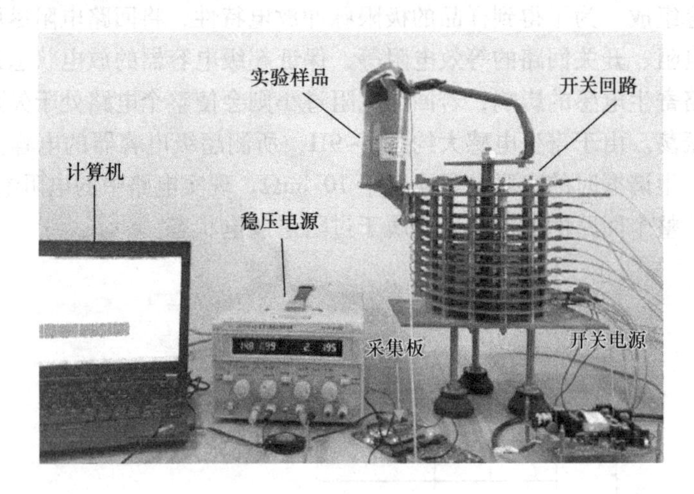

图 2-2-6　实验测试平台

2.2.2　实验结果分析

1. 不同样品脉冲特性分析

在此条件下，对不同厂家不同容量的超级电容器进行脉冲放电测试，得到多组放电数据，并对其进行处理与计算，得到其放电过程的电流峰值、到达峰值的时间和放电期间的功率最大值以及最大功率到达时间。图 2-2-7 为测试的不同容量的超级电容器在充满电后，其电压在 2.7V 左右时，进行放电测试，得到的峰值电流与峰值电流对应的放电时间关系图。

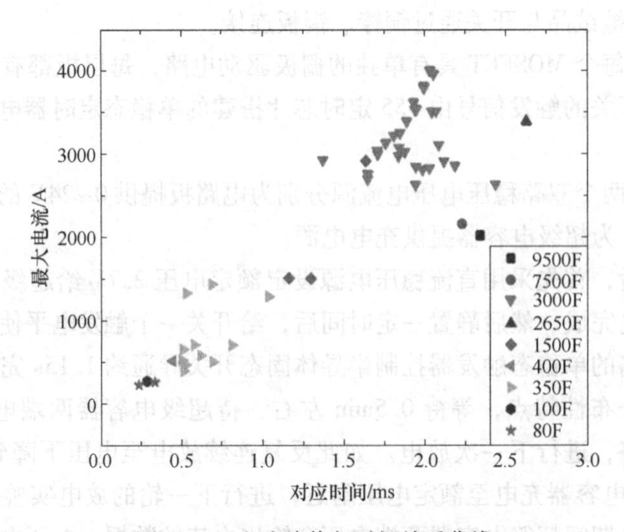

图 2-2-7　电流峰值与时间关系曲线

由图 2-2-7 可以看出，对于不同容量的超级电容器，其脉冲电流均可以在 3ms 内上升到最大峰值。对于同一容量的超级电容器而言，假设在理想情况下放电过程中电容值不变，则电流与电压的变化率呈正相关，在外回路条件基本一致的情况下，此时峰值电流对应的时间主要受等效串联寄生电感的影响，由图 2-2-7 可以看出容量均为 3000F 的超级电容器其脉冲电流对应时间最多相差 1ms 左右。

理想情况下，电容值越大，则峰值电流越大，此外最大电流值还主要受到等效串联电阻的影响，所以对于同一容量的 3000F 的超级电容器而言，由于其内部等效电阻的差异，其电流峰值最大相差有 1000 多 A。

为了进一步表现不同样品的脉冲特性，对不同容量的超级电容器放电得到的最大功率值进行计算，图 2-2-8 为脉冲功率最大值与对应时间关系曲线。

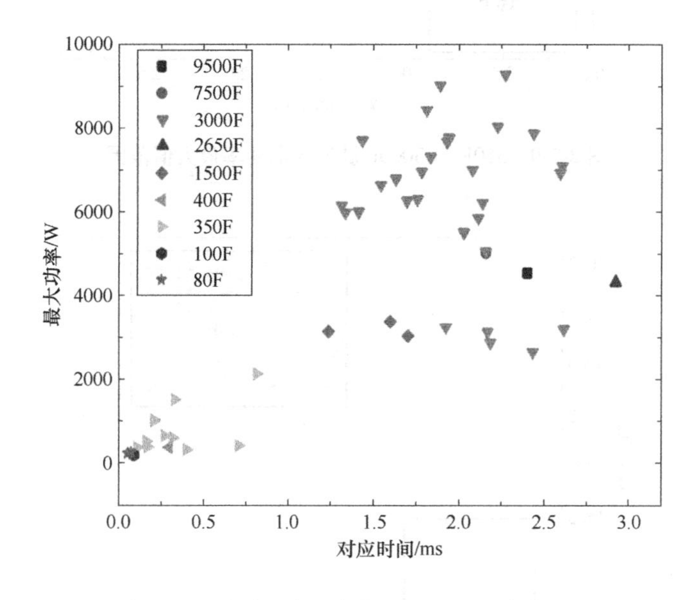

图 2-2-8　脉冲功率最大值与对应时间关系曲线

由图 2-2-8 可以看出，不同容量超级电容器最大功率值与对应时间关系曲线表现的规律与图 2-2-7 近似。功率峰值与电流峰值对应，均表现为容量较小的超级电容器到达峰值功率的时间更短；功率最大值基本上与电容值成正相关。但相比图 2-2-7，同一容量的超级电容器，功率极值受产品内特性的影响更大，因为内特性的不同，同时影响放电时端电压的下降方式与电流曲线的上升速度。图 2-2-9、图 2-2-10 分别为两种常用容量超级电容器脉冲功率特性与脉冲电流特性，可以更直观地表现出同一容量超级电容器脉冲输出能力的范围。

由于超级电容器内部的绕制工艺以及电极、电解液材料的不同，带来的内部等效参数的差别，使得放电能力存在一定差别。在相同电极电解质材料下，其主要原因可能为不同厂家超级电容器单体的制造工艺引起的内部等效参数不同。如绕制工艺不同可能带来的内部等效电感的差异，电极材料与外壳的接触方式不同带来的内部等效电阻的差异，体现在外特性上便表现为脉冲放电能力的差别。

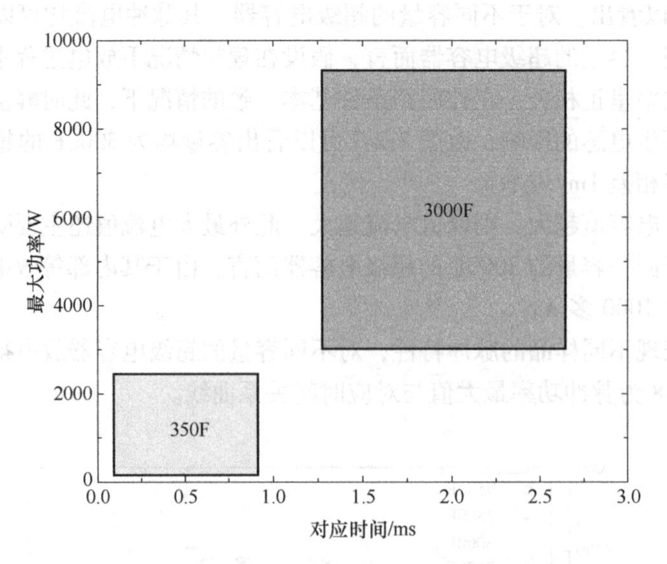

图 2-2-9　350F 与 3000F 脉冲放电功率最大值范围

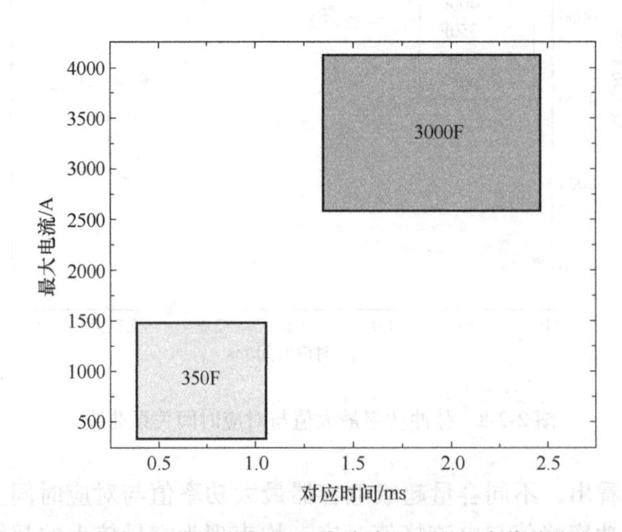

图 2-2-10　350F 与 3000F 脉冲放电电流最大值范围

2. 脉冲特性的影响因素

超级电容器的电容量越大往往脉冲电流峰值越大，可以看出这与其内部等效电阻较小有一定关系。一般而言，超级电容器的性能与等效串联电阻（ESR）有密切的关联，一般 ESR 越低，其充放电时的损耗就越小，对能量的输出与利用率就越高，相应电容器的品质就越高，脉冲特性越好。超级电容器的内部等效参数还包括内部等效串联电感（Equivalent Series Inductance，ESL），对于普通电容量较小的电容器而言，ESL 较大时可能会引起串联谐振。但是对于超级电容器而言，其电容量一般上百法，此时 ESL 的比例很小，一般不会出现此种问题。且由于在超级电容器的使用中一般用于储能等低频工况时，其 ESL 可以直接忽略，还是主要考虑 ESR、耐温值、容量、耐压值等。而 ESR 的大小与超级电容器的容量、温度、频率、额定电压等都有联系。一般而言，频率越高，ESR 越低；同样当容量固定时，额定电压值越大则 ESR 越低；当额定电压固定时，容量越大的超级电容器 ESR 也会越低。其次，高温也会造成 ESR 的升高。

2.2.3　实验影响因素探究

1. 充电后的静置时间对放电结果的影响

考虑超级电容器内部电荷在充电截止时可能还存在电荷的移动，且该反应可能会对后续的放电实验结果造成影响。对超级电容器样品充电到特定电压后，分别静置 1min（可认为此种情况为未静置放电）和 30min，然后进行放电实验。对实验结果进行对比，图 2-2-11、图 2-2-12 分为在四种充电电压下，静置（30min）和未静置（1min）的放电电压曲线，图 2-2-13 为两种放电状态下最大电流值与初始电压的关系曲线。

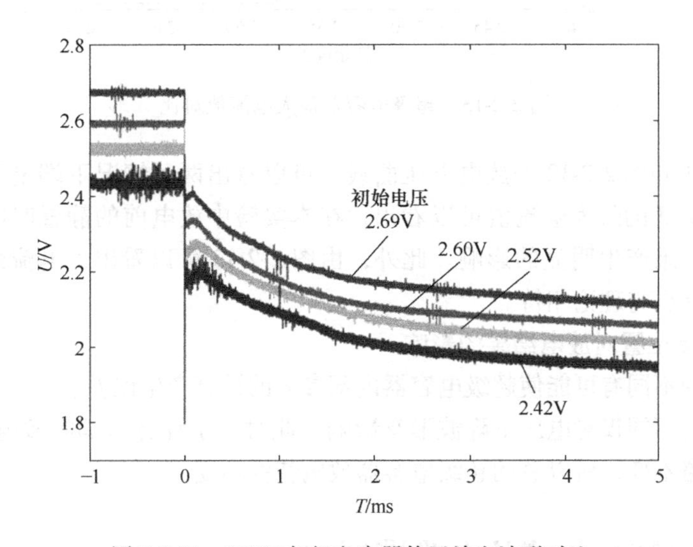

图 2-2-11　3000F 超级电容器静置放电波形对比

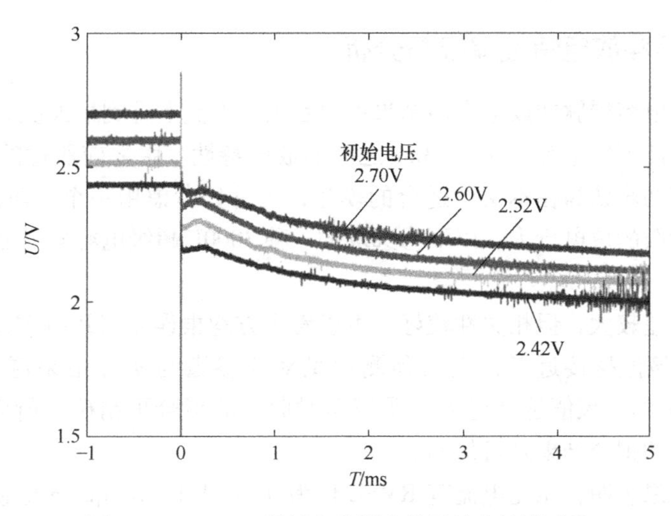

图 2-2-12　3000F 超级电容器未静置放电波形对比

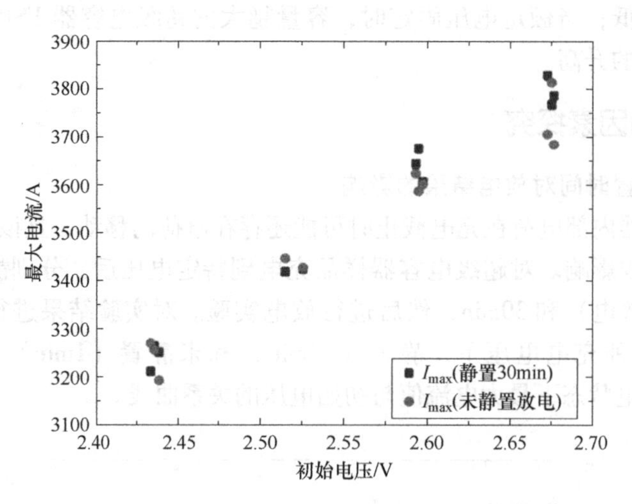

图 2-2-13　超级电容器最大电流值对比

比较图 2-2-11 和图 2-2-12 的放电电压曲线，可以看出两种情况下端电压的下降方式相同；再结合图 2-2-13 的最大电流值可以看出，在本实验中放电前的静置时间长短并不会对脉冲特性的测量结果产生明显的影响。此外，由图 2-2-13 可以看出，电流最大值与初始电压大小成正比，这也与理论相符。

2. 电压采样点位置对放电结果的影响

电压采样点的不同有可能使超级电容器内部参数的计算产生误差。

采样点选取的不同仅对电压下降波形有影响，此时对于计算内部等效电阻会带来影响。由于此时放电回路不变，所以总的超级电容器放电特性不变。

2.3　脉冲放电特性与等效电路模型

2.3.1　毫秒级脉冲放电特性建模与分析

由前面的超级电容器脉冲放电实验结果可以看出，电流上升到最大值的时间基本在毫秒等级，所以首先关注超级电容器在 0~3ms 之间的放电特性。由之前所述的超级电容器的等效电路模型，可以初步认为在本文中适合的模型，可首先考虑用一个二阶的 *RLC* 电路来描述超级电容器毫秒级的放电行为，以下为选取的一种 3000F 超级电容器样品，对其电流、电压曲线进行拟合。

电流的拟合误差较大，但相关性较好。可以看出方均根误差（Root Mean Squared Error，RMSE）为 6.62，该值越接近零，表明预测模型对应参数与实际结果越接近；确定系数（R-square）为 0.9999，该值越接近 1 表明模型对曲线的拟合更精确。所以在一定程度上，可以认为电流曲线的拟合结果是可信的。

电压的拟合结果表明，相比电流其 RMSE 仅为 0.001341，R-square 也接近 1，表明电压模型的相似度较高。但对于开关开通瞬间即 0 时刻之前，电压的瞬间降落不能由该拟合结果体现出来。所以该模型对于其后数据预测认为是有效的。

经过多次实验，并对其数据进行拟合，最终的电流、电压拟合结果都表现出不相关性。这也表明，在此放电期间，超级电容两端电压的变化影响到电容值，即对超级电容器而言，要建立一个精确的模型，则不能只用一个恒定的电容来表示。即考虑不能使用电流曲线的拟合结果来求解回路参数，且 $i_c(t) \neq c * \mathrm{d}u_c(t)/\mathrm{d}t$，但同时又由其拟合公式与二阶电路的电压、电流表达式基本完全一样，所以只考虑是电容值的变化引起的，即对于不同时间，该式 $i_c(t) = c * \mathrm{d}u_c(t)/\mathrm{d}t$ 是成立的，即需要建立一个动态的电路模型来描述超级电容器的脉冲放电特性。

由于超级电容器本身具有非线性特性，其电容值在放电过程中会随端电压发生变化，且放电特性表现出多时间常数特性。所以对于不同的应用背景，运用同一种模型进行描述的精度远远不够。

由上述超级电容器等效电路模型的特点，结合以上超级电容器短时脉冲放电特性的分析，选取动态的等效电路模型来模拟这种毫秒级的脉冲放电行为。为了简化模型，这里做以下三种假设：

1）由于我们考虑的是放电瞬间的脉冲特性，所以在此忽略电流上升带来的热效应对外回路参数的影响，主要是热效应对 MOS 开关电阻的影响。

2）由于超级电容器其内部等效电感值相比外回路电感值很小，所以在低频时为了简化模型，先忽略内电感对放电回路外特性的影响。

3）由于考虑的放电时间在毫秒量级，所以可以忽略表示超级电容器自放电行为的等效并联电阻，且不用考虑多个响应时间常数问题。超级电容器的电容值在放电过程中会随端电压产生变化，所以在建模时运用一个随电压变化的可变电容来表述超级电容器在放电时其内部电荷发生的变化，用一个等效串联电阻表示超级电容器内部的集电体电阻、电解液电阻等。外回路由电阻和外电路寄生电感串联组成，如图 2-2-14 所示。

下面进行具体的毫秒级脉冲放电特性模型分析。

1. 实验外回路参数测量

以下选取一个 420μF 的精密电容器，充电至 2.7V，连接实验外回路进行放电，用示波器记录放电时的电压、电流波形。图 2-2-15 所示为实验外回路参数测量图。

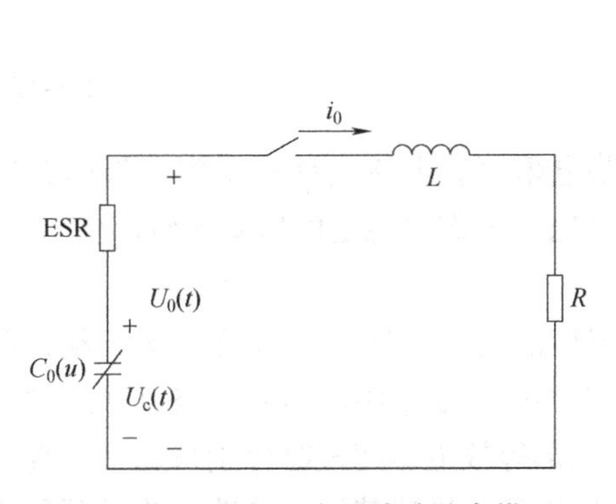

图 2-2-14　超级电容器脉冲功率模型

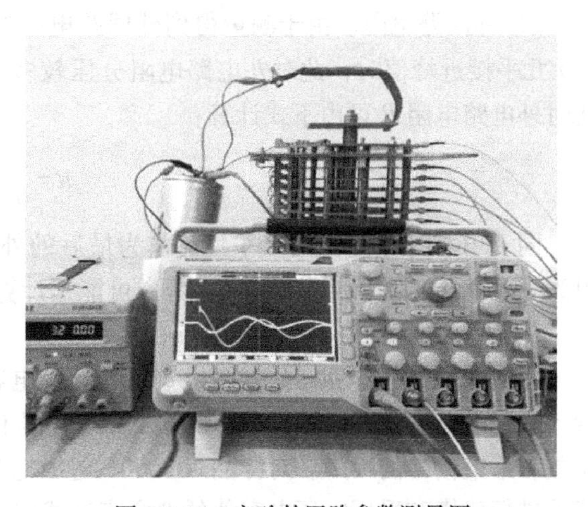
图 2-2-15　实验外回路参数测量图

进行了大量试验后，将所得的电压波形，运用二阶电路欠阻尼振荡波形基本运算公式进行计算，最后取平均值作为最终的计算结果。最后，由计算值减去该电容器自身内部的寄生电阻、电感参数值，得到外回路参数的参考值，额定电容值420μF，内部等效电阻≈7.1mΩ，内部寄生电感1.208×10^{-7}H，外回路电阻0.4806mΩ，外回路寄生电感3.379×10^{-7}H。

2. 模型参数辨识

双电层电容一方面可以根据单体的测量特性将其描述为一个查表函数进行建模，或者利用随电压变化的差分电容来描述内部电容的变化，即将其看成一个固定电容与一个随电压变化的电容之和的形式，此处可用一个差分电容来代替，即

$$C_d = C_{i0} + C_{i1} * U_{ci}$$

又由于差分电容的微分表达式可写为

$$C_d = \frac{dQ}{dU} = \frac{\int_{t_1}^{t_2} i(t)\,dt}{\Delta U}dt \tag{2-2-10}$$

式中　t_1、t_2——放电ΔU的两个时刻；

ΔU——电压变化量。

所以也可由上式所表示的函数关系对超级电容器进行建模。以下分别运用两种建模方式，进行参数提取与仿真。

1）等效串联电阻ESR。超级电容器内部等效电阻的大小是影响脉冲放电功率以及脉冲电流值的主要因素，ESR可由下式计算：

$$\mathrm{ESR} = \frac{U_0(t_1) - U_0(t_2)}{I_0(t_2) - I_0(t_1)} = \frac{\Delta U}{\Delta I} \tag{2-2-11}$$

由于采集板的采样频率为10MHz，对此取放电前0~0.5ms的放电电压电流，每隔10个点（时间间隔为1μs）求取一次电压电流差，作比值求ESR，最后以平均值作为最后的内部等效电阻值。

2）外回路电阻。由于测量得到外回路电感约为3.379×10^{-7}H，所以在放电一定时间电流i几乎接近峰值时，此时外电路电阻分压较多，且电流变化较为平坦时即di_0/dt较小时，此时外电路电阻R可由下式计算：

$$R = \frac{U}{I} \tag{2-2-12}$$

同ESR的求解，最后以平均值作为最后的外电路电阻值。由该式计算得到的外回路电阻为0.5806mΩ，比测量值偏大，考虑可能是计算时忽略了内部电感上的压降所致。

3. 模型仿真

以下选取样品五和样品六两组3000F超级电容器样品（见表2-2-1）进行精确实验，定量计算其电路参数并对其进行仿真验证。其电流仿真误差的主要来源应为外回路电感的测量误差和采集信号的噪声。对样品六3000F超级电容器内部等效电容建模时分别采用一个查表函数进行建模和采用电压电容值的拟合表达式建立线性模型，描述其放电特性，并对两种建模方法的仿真结果进行对比。

表 2-2-1 样品五和样品六参数

标称电容	初始电压/V	外回路电阻/mΩ	内部等效电阻/mΩ
样品五	2.6699	0.46002	0.1156
样品六	2.5971	0.5806	0.1072

由以上两种建模仿真结果的对比可以得出，对于每种单体特性由测量结果建立的查表函数模型可以更加精确地描述超级电容器单体脉冲放电时的动态特性。对于电容值随电压的拟合结果建立的动态电容模型虽然对于电压瞬时放电行为的描述存在较大误差，但其可直观地表现出电容值受电压变化的影响结果，其仿真结果的主要误差应来源于拟合曲线带来的误差。

2.3.2 影响快速脉冲输出能力的因素

1. 内部等效参数的影响

本实验电阻、电感等参数的量级较小，所以很容易受到影响。在此基础上利用扰动分析法调整仿真模型的参数，分析此种放电背景下脉冲特性的主要影响因素，为超级电容参数的进一步优化调整提供依据。以下通过对仿真模型参数进行调整，发现在外回路参数不变的情况下，电流的峰值主要受等效串联电阻的影响，而电流的上升时间则取决于回路寄生电感的大小。此时，电压波形的下降速度也主要受寄生电感的影响。

2. 等效串联电阻的影响

电压降落方式对脉冲性能影响较大，尤其是对功率特性的影响。电流受到的影响较小，因为电流的不同仅受测试回路连接方式的影响，与电压采集点的选取无关。测量带来的误差，对于外回路电感减小，认为是将连接处回路的外电感包括在了内部等效电感中，则此时外回路减小的电感建模为内部等效电感。

在标准的测试模型下，如果超级电容器内电感较大，或因测量点离超级电容器较远等实验因素，使外回路电阻、连接电感等成为内部串联电感、等效串联内阻的一部分，此时便会观察到电压的瞬时跌落，其后再回升。由于电压的瞬间降落功率也会明显下降。通过调整模型参数，发现此种电压回升现象主要原因还是内电感导致，但内电阻的值一定程度上限制了其电压回升的程度。所以如果内部电阻很小，此时电压也可以在下降后上升到 2V 以上。由以上分析可以看出回路串联的寄生电感，对脉冲性能有较大影响，但在上述分析时由于此种频率下外电路的电感远大于超级电容器内部的串联寄生电感，所以在以上分析都将内部电感忽略，在此为了进一步研究内部电感参数对脉冲特性的影响，将时间尺度缩为微秒级，进行实验与建模。

2.3.3 微秒级脉冲放电实验与建模

为进一步探究端电压瞬时降落的影响因素，将实验时间缩短为 10μs，并选取由美国 Maxwell 公司生产的 BCAP0350 系列已知内部等效参数的 350F 的超级电容器进行实验。

用示波器进行采样（采样率 1GHz）获取实验数据。由于不同超级电容器样品的连接引脚不同，有的为正负极的引出极板，有的为两极的引脚，所以对选取的 Maxwell 的采用焊接在电路板上的连接形式，进行放电实验。其测试平台如图 2-2-16 所示。

由于频率变大，所以此时不能忽略超级电容器内部等效串联电感（ESL）对放电特性的影响，所以在前述模型的基础上增加电感（L_c）来表示电容器内部的寄生电感，其更精确的等效电路模型如图 2-2-17 所示。

图 2-2-16　放电实验测试平台

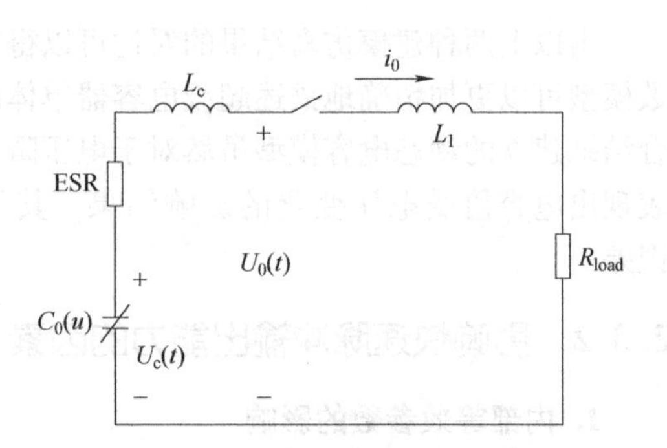

图 2-2-17　微秒级脉冲放电的超级电容器等效电路模型

2.3.4　模型参数辨识

1. 外回路参数测量与计算

由于对于引脚式的超级电容器采用的连接方式不同，其外回路也可能存在差别，在此对外回路利用前述普通电容器进行测试，图 2-2-18 所示为外回路实验测试平台。得到实验外回路电感 L_1 为 1.124×10^{-7}H，外回路电阻 R_{load} 为 2.9mΩ。

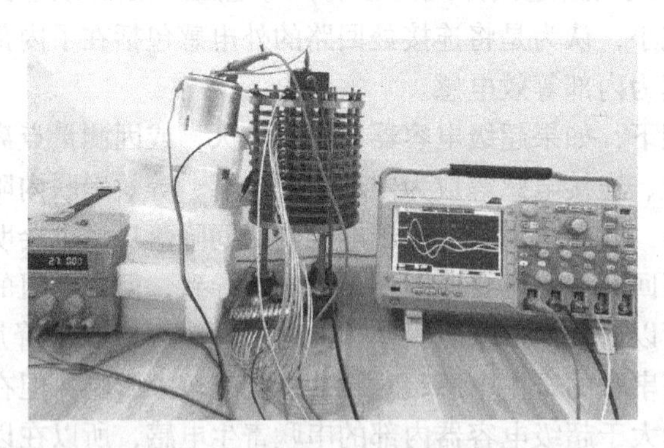

图 2-2-18　外回路实验测试平台

2. 模型参数辨识

在此放电条件下，内部等效电感可以由以下公式进行计算。

首先在此微秒级的放电时间内，可以将电容值等效为一个定值，记回路总电阻为

$$R_{eq}=\mathrm{ESR}+R_{load} \tag{2-2-13}$$

总的电感值为

$$L_{eq}=L_c+L_1 \tag{2-2-14}$$

$$CL_{eq}\frac{\mathrm{d}^2u_c(t)}{\mathrm{d}t^2}+CR_{eq}\frac{\mathrm{d}u_c(t)}{\mathrm{d}t}+u_c(t)=0$$

由上式可得

$$i(t)=\frac{U_0S_1S_2C}{S_1-S_2}(\mathrm{e}^{S_1t}-\mathrm{e}^{S_2t})$$

其中，U_0为初始放电电压；C 为额定电容值。

$$S_{1,2}=-\frac{R_{\mathrm{eq}}}{2L_{\mathrm{eq}}}\pm\sqrt{\frac{R_{\mathrm{eq}}^2}{4L_{\mathrm{eq}}^2}-\frac{1}{L_{\mathrm{eq}}C}} \tag{2-2-15}$$

可得 L_{eq}，将该值减去外回路测量电感值 L_{e}，得到内部等效电感 L_{c}。由以上方法计算出内部等效电感为 0.29466×10^{-7}H，接近标称值。

再由开关闭合瞬间电流很小，可得此时电容器两端电压变化很小，所以已知端电压与电流微分值便可求得内部等效电阻 r，具体可表示为下式：

$$r=\left[\Delta U_0(t)+L\frac{\mathrm{d}i}{\mathrm{d}t}\right]l-\Delta i_0(t) \tag{2-2-16}$$

同样以求得的多组 r 求平均的方法，计算得到最终的内部等效串联电阻，计算结果为 2.155mΩ，与标称值近似。最终得到等效电路参数初始电压 2.3755V，内部电感 L_{c}为 20nH，外回路电感 L_l为 1.124e-07H，等效串联电阻 ESR 为 2.2mΩ，外回路电阻 2.9mΩ。

2.3.5　模型仿真

根据模型参数辨识得到的数据进行仿真。电压、电流仿真结果对比曲线如图 2-2-19 和图 2-2-20 所示。

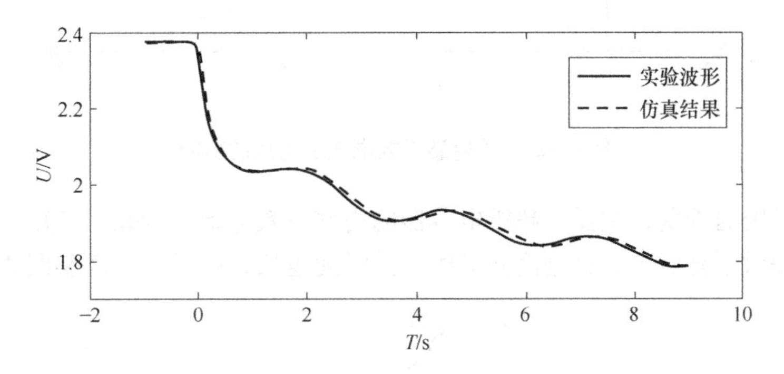

图 2-2-19　电压仿真曲线与实验对比图

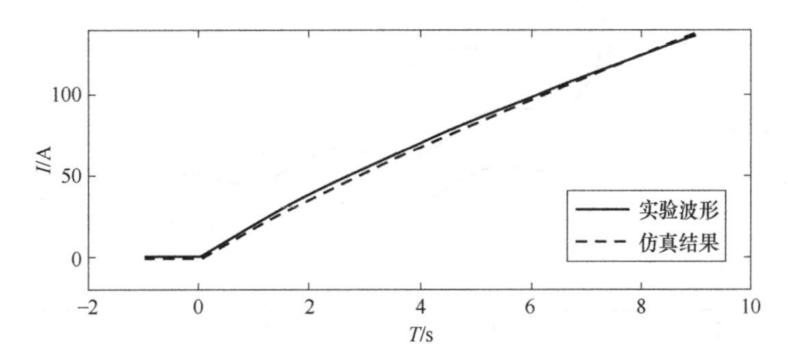

图 2-2-20　电流仿真曲线与实验对比图

由误差计算公式计算得到仿真结果与实验结果误差见表 2-2-2。

表 2-2-2 仿真结果与实验结果误差

电压误差	电流误差
0.2787%	2.0545%

由以上仿真结果可以看出，该模型基本可以描述超级电容器在微秒级的时间尺度下的一个放电特性，由于此时电感等因素对实验干扰较大，所以其仿真误差的主要来源为外回路电感的测量与计算误差。

2.3.6 微秒级脉冲输出特性影响因素

利用模型对超级电容器整个放电系统进行进一步的分析，可以得出以下结论：对于电压波形在 1μs 后的振荡与外回路电感有关，若减小外回路电感则电压降落明显加快。在外回路电感为 0 时，电流可在 1μs 的时间瞬时上升到 700A 左右，如图 2-2-21 所示。

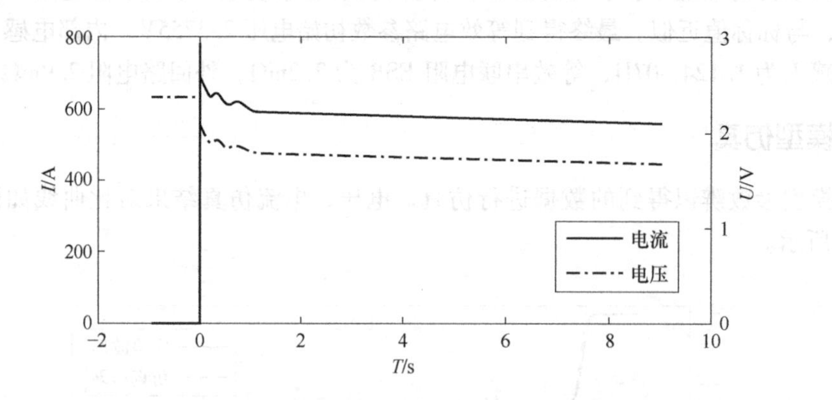

图 2-2-21 外电感对放电电流电压的影响

电压波形的瞬时降落，主要与超级电容器的内部等效电感（ESL）有关。内部等效电感越大，端电压瞬时下降越多，且电流波形的上升时间越长；如图 2-2-22 和图 2-2-23 所示。

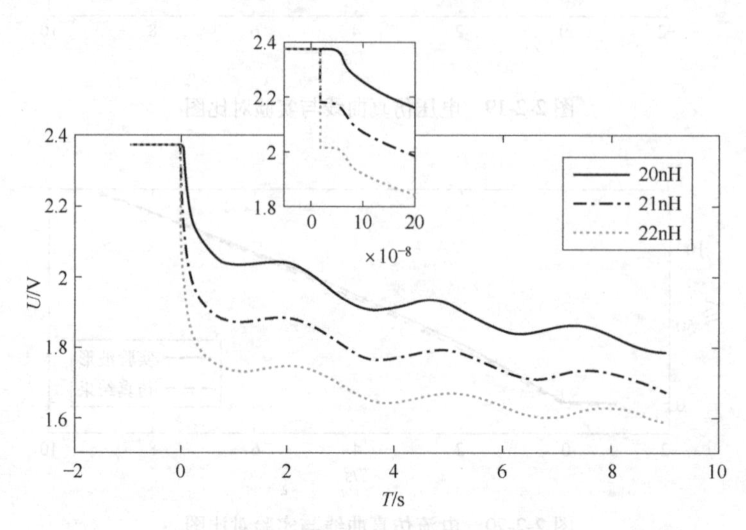

图 2-2-22 内部等效电感对电压的影响

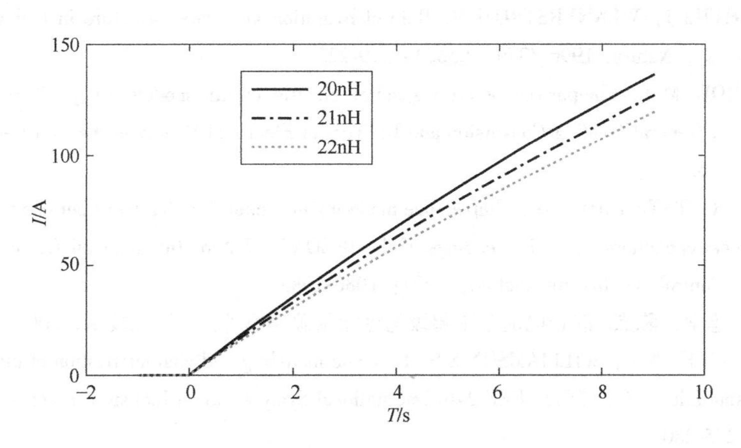

图 2-2-23　内部等效电感对电流的影响

参考文献

[1] 王会勤，李升宪，程翰，等. 碳材料和粘结剂对超级电容器性能的影响 [J]. 电池工业，2007 (04): 251-253.

[2] 武长城，吴宝军，段建，等. 电解质离子尺寸对超级电容器电化学性能的影响 [J]. 天津工业大学学报，2019，38 (01): 39-44.

[3] 赵淑红，吴锋，王子冬，等. 动力电池功率密度性能测试评价方法的比较研究 [J]. 兵工学报，2009，30 (06): 764-768.

[4] 夏峰利，沈谅平，周方媛，等. 超级电容器动态等效模型研究 [J]. 信息通信，2017 (05): 70-72.

[5] 单金生，吴立锋，关永，等. 超级电容建模现状及展望 [J]. 电子元件与材料，2013，32 (08): 5-10.

[6] GUALOUS H, GALLAY R, ALCICEK G, et al. Supercapacitor ageing at constant temperature and constant voltage and thermal shock [J]. Microelectronics Reliability, 2017, 50 (9-11): 1783-1788.

[7] RAFIK F, GUALOUS H, GALLAY R, et al. Frequency, thermal and voltage supercapacitor characterization and modeling [J]. Journal of Power Sources, 2006, 165 (2): 928-934.

[8] 许红，付红波，董伟玲，等. 基于电池输出特性的电动汽车动力性能评价方法研究 [J]. 北京化工大学学报 (自然科学版)，2018，45 (03): 61-66.

[9] 白中浩，曹立波，杨健. 纯电动汽车用动力电池性能评价方法研究 [J]. 湖南大学学报：自然科学版，2006，33 (5)，48-51.

[10] 何洪文，余晓江. 电动车辆动力电池的性能评价 [J]. 吉林大学学报：工学版，2006，36 (5)，659-663.

[11] MARIE FRANCOISE J N, GUALOUS H, BERTHON A. Supercapacitor thermal and electrical behaviour modelling using ANN [J]. IEE Proceedings of the Electric Power Applications, 2006, 153 (2): 255-262.

[12] 闫晓磊，钟志华，李志强，等. HEV 超级电容自适应模糊神经网络建模研究 [J]. 湖南大学学报 (自然科学版)，2008，35 (4): 33-36.

[13] FARSI H, GOBAL F. Artificial neural network simulator for supercapacitor performance prediction [J]. Computational Materials Science, 2007, 39 (3): 678-683.

[14] LÜCK J, LATZ A. About the electric charge on the surface of an electrolyte [J]. J. Phys. Theor. Appl., 1910, 9 (12): 457-468.

[15] ISRAELACHVILI J, WENNERSTROM H. Role of hydration and water structure in biological and colloidal interactions [J]. Nature, 1996, 379 (6562): 219-225.

[16] SHI L, CROW M L. Comparison of ultracapacitor electric circuit models [C]. 2008 IEEE Power and Energy Society General Meeting-Conversion and Delivery of Electrical Energy in the 21st Century, Pittsburgh, PA, 2008: 1-6.

[17] CAHELA D R, TATARCHUK B J. Impedance modeling of nickel fiber/carbon fiber composite electrodes for electrochemical capacitors [J]. Proceedings of the IECON' 97 23rd International Conference on Industrial Electronics, Control and Instrumentation, 1997: 1080-1085.

[18] 强国斌，李忠学，陈杰. 混合电动车用超级电容能量源建模 [J]. 能源技术，2005，26 (2)：58-61.

[19] SINGH A, AZEEZ N A, WILLIAMSON S S. Dynamic modeling and characterization of ultracapacitors for electric transportation [C]. 2015 IEEE 24th International Symposium on Industrial Electronics (ISIE), Buzios, 2015: 275-280.

[20] KAZEMI M, SUGAI T, TOKUCHI, A. Waveform control of pulsed-power generator based on solid-state LTD [J]. IEEE Transactions On Plasma Science, 2017, 45 (2), 247-251.

第3章　超级电容器的应用

3.1　商业应用

在本章中，我们关注的重点是超级电容器产品的商业应用。在商业应用中，超级电容器的工作电压和功率水平会很高。例如，一个商业的不间断电源供应可能由等效额定超级电容器组支撑的900V的电池组组成，这个不间断电源可以支撑负载15s~15min。

3.1.1　微电网

当今社会对能源和电力供应的质量以及安全可靠性的要求越来越高，传统的大电网供电方式由于其本身的缺陷已经不能满足这种要求。能够集成分布式发电的新型电网——微电网应运而生，它能够节省投资、降低能耗、提高系统安全性和灵活性，是未来的发展方向。而作为微电网中必不可少的储能系统，发挥着十分重要的作用。超级电容器作为一种新型的储能元件，因为其无可替代的优越性，成为微电网储能的首选装置之一[1]。

目前，在我国比较偏远的山区，架设输电线路的成本较高，而且即使架设了输电线路，运行成本也较高，因此实现电气化有一定的难度。如果利用风力或太阳能发电构建微电网，将电力转化为超级电容器的电场能储存起来，待需要时再将电场能转换为电能供电是非常经济的，而且不会对环境产生任何破坏。

对于我国大部分农村地区，电网可靠性往往不高，难免出现短时停电，然而提高可靠性需要的成本过高。可以在负荷集中区域建立微电网，在电力正常供应时通过超级电容器储能系统将电力储存起来，而在停电时由超级电容器储能系统供电。

即使在我国较发达的城市地区，超级电容器储能系统也具有重要的作用。超级电容器储能系统在电力充足时将电力储存起来，而在电力供应不足时回馈给电网，保证电网负载始终是均衡的。同时，超级电容器储能系统可以改善电能质量，取代目前使用的UPS，提高重要负载设备如通信设备、计算机和医疗设备等的供电可靠性。

由此可见，既经济可靠又对环境友好的超级电容器储能系统是大有市场前景的，研究超级电容器储能系统在微电网中的应用也符合对环境保护的要求。太阳能、风能和燃料电池等无污染能源储存在超级电容器中，适时提供电能，不需要投资大的发电站，也不需要复杂的输送电网，是一种投资少、又能有效应用可再生能源的节能措施[2]。

1. 提供短时供电

微电网存在两种典型的运行模式：正常情况下，微电网与常规配电网并网运行，称为并网运行模式；当检测到电网故障或电能质量不满足要求时，微电网将及时与电网断开从而独立运行，称为孤网运行模式。微电网往往需要从常规配电网中吸收部分有功功率，因而微电网在从并网模式向孤网模式转换时，会有功率缺额，安装储能设备有助于两种模式的平稳过渡。

2. 用做能量缓冲装置

由于微电网规模较小，系统惯性不大，网络及负荷经常发生波动就显得十分严重，对整个微电网的稳定运行造成影响。我们总是期望微电网中高效发电机（如燃料电池）始终工作在它的额定容量下。但是微电网的负荷量并非整日保持不变，相反，它会随着天气变化等情况发生波动。为了满足峰值负荷供电，必须使用燃油、燃气的调峰电厂进行高峰负荷调整，由于燃料价格很高，这种方式的运行费用太昂贵。

超级电容器储能系统可以有效地解决这个问题，它可以在负荷低落时储存电源的多余电能，而在负荷高峰时回馈给微电网以调整功率需求。储能系统作为微电网必要的能量缓冲环节，其作用越来越重要。它不仅避免了为满足峰值负荷而安装的发电机组，同时充分利用了负荷低谷时机组的发电，避免了浪费。

超级电容器功率密度大、能量密度高的特性使它成为处理尖峰负荷的最佳选择，而且采用超级电容器只需存储与尖峰负荷相当的能量。若采用蓄电池储能，需要存储几倍于尖峰负荷的能量。蓄电池曾经广泛用作储能单元，但是在微电网中需要频繁地进行充、放电控制，这样势必会大大缩短蓄电池的使用寿命。

在含有如电梯、提升机、地铁电站等恶性负荷的微电网中，配置超级电容器储能单元可以减少电力驱动系统对微电网的负面冲击影响。在负载侧有电动机或传动装置等强负载系统中，当大负载突然起动时，一般都需要一个很大的瞬间电流，这时，如果电源能量不足，电源电压将瞬间下降，从而使控制电路产生误操作，如果增大电源容量，对于平常不需大电流的工作场合来说，显然是一种浪费。而在系统中增加大功率超级电容器就可用较小容量的电源驱动较大的负载。

3. 改善电网的电能质量

人们对电能质量问题日益关注。一方面，微电网作为电网要满足负荷对供电质量的要求，保证供电频率以及电压幅值变化、波形畸变率以及年停电次数等在一个很小的范围内；另一方面，大电网对微电网作为整体的并入电网也提出了严格的要求，如负荷功率因数、电流谐波畸变率和最大功率等都有严格限制。

储能系统对微电网电能质量的提高起到了十分重要的作用。通过逆变器控制单元，可以调节超级电容器储能系统向用户及网络提供的无功及有功，从而达到提高电能质量的目的。由于超级电容器可快速吸收、释放大功率电能，非常适宜将其应用到微电网的电能质量调节装置中，用来解决系统中的一些暂态问题，如针对系统故障引发的瞬时停电、电压骤升、电压骤降等问题，此时利用超级电容器提供快速功率缓冲，吸收或补充电能，提供有功功率支撑进行有功或无功补偿，以稳定、平滑电网电压的波动。

对于风力发电、光伏发电等不可控的微电源，发电机输出功率产生的波动会使电能质量下降。该类电源与储能装置的结合是解决诸如电压跌落、涌流和瞬时供电中断等动态电能质量问题的有效手段之一。

4. 优化微电源的运行

绿色能源如太阳能、风能，其能量来源本身的特性，决定了这些发电方式往往具有不均匀性，电能输出容易发生变化。随着风力和太阳光强度的变化，这些能源产生的电能输出也会发生相应的变化。这就需要使用一种缓冲器来存储能量。由于这些能源产生的电能输出可能无法满足微电网峰值电能的需求，因此，可以采用储能装置在短时间内提供所需的峰值电能，直到发电量增大，需求量减少。

适量的储能可以在分布式电源（Distributed Generation，DG）单元不能正常运行的情况下起过渡作用。如利用太阳能发电的夜间，风力发电在无风的情况下，或者其他类型的 DG 单元正处维修期间，这时系统中的储能就能起过渡作用，其储能的多少主要取决于负荷需求。

另外，在能源产生的过程是稳定的而需求是不断变化的情况下，也需要使用储能装置。燃料电池与风能或太阳能不同，只要有燃料，它就能够持续输出稳定的电能。然而，负荷需求随着时间的变化有很大不同。如果没有储能装置，燃料电池就要做得很大以满足峰值能量需求，成本显得过高。通过将过剩的能量存储在储能装置中，就可以在短时间内通过储能装置提供所需的峰值能量。与燃料电池等高能量密度的物质相结合，超级电容器能提供快速的能量释放，满足高功率需求，从而使燃料电池可以仅作为能量源使用。将超级电容器的强大性能和燃料电池结合起来，可以得到尺寸更小、重量更轻、价格更低廉的燃料电池系统。

5. 提高微电网的运行效益

储能系统的应用，对微电网经济效益的提供有重要意义：

1）大幅增加可再生能源的发电比例，缓解投资新的输电、配电线路及新建发电厂的压力，降低系统成本；

2）提供有效的备用容量，改善电力品质（比发电机有更快的起动速度），改善系统的可靠度、稳定度；

3）提供有效的负载管理机制，降低尖峰时的供电成本，进而降低电价，提供经济效益；

4）在电力市场中，储能系统能够大幅避免中断能源交易，以及预测错误带来的损失，进而提供稳定的电价；

5）不可调度的 DG 发电单元，如太阳能、风能等，受天气等自然因素的影响比较大，DG 单元拥有者不能制订一定的发电规划，但是有了能量储存，就可以在特定的时间提供所需的电能，而不必考虑此时 DG 单元能够发出多少电能，只需按照预先制定的发电规划进行发电。在电力市场的环境下，微电网与电网并网运行，有了足够的储存电力，微电网成为可调度的单元，微电网拥有者可以根据不同情况向电力公司卖电，提供调峰和紧急功率支持等服务，获取最大的经济效益。

3.1.2　风力发电系统

随着传统能源的枯竭，以风力发电为代表的新型能源的发展逐渐受到各国的广泛关注。然而，由于风力能源的间歇性，风速变化导致在风力发电系统中风电机组输出功率出现波动，从而影响电网的电能质量。为了解决风力发电电能质量与功率不平衡的问题，在风机与电网间并入储能系统是实现调节电能质量，改善功率不平衡的有效途径之一。储能系统不仅可用于电力调峰，控制风力发电输出的有功功率，使风力发电单元作为调度机组单元运行，而且具备向电力系统提供频率控制、快速功率响应等辅助服务的能力。超级电容器凭借其高功率密度、充放电迅速、使用寿命长、免维护等优点作为储能系统的主要储能元件，在风电领域应用受到广泛的研究[3]。

本节在分析风力发电可靠稳定性运行对储能系统要求的基础上，比较分析了蓄电池与超级电容器各自的优势与不足，将超级电容器储能技术应用于风电并网中，解决了能源系统中功率密度与能量密度之间的矛盾，改善和提升了风力发电系统的可靠性和稳定性等方面，并解决了风电并网中出现的一些电能质量问题。利用超级电容器功率密度高和循环寿命长的优点，通过控制双向 DC/DC 变换器实现对蓄电池充放电过程的优化控制，可以避免蓄电池单独储能时的容量浪费，延长其使用寿命，提高储能的技术经济性[4]。

1. 超级电容器在风力发电储能的原理

超级电容器（Supercapacitor）又叫双电层电容器，是一种优异的电能存储设备，通过在介孔电极/电解液界面形成双电层存储电荷。双电层结构示意图如图 2-3-1 所示，是由紧密（Stern）层和扩散层组成，一层是紧靠质点表面的紧密层，而离子扩散层则包含了电泳时固—液相的滑动面。双电层的总厚度由被吸附离子大小和离子浓度决定。正极板吸引电解液中的负离子，负极板吸引正离子，形成“电极/溶液”双电层，能量储存于双电层和电极内部[5]。

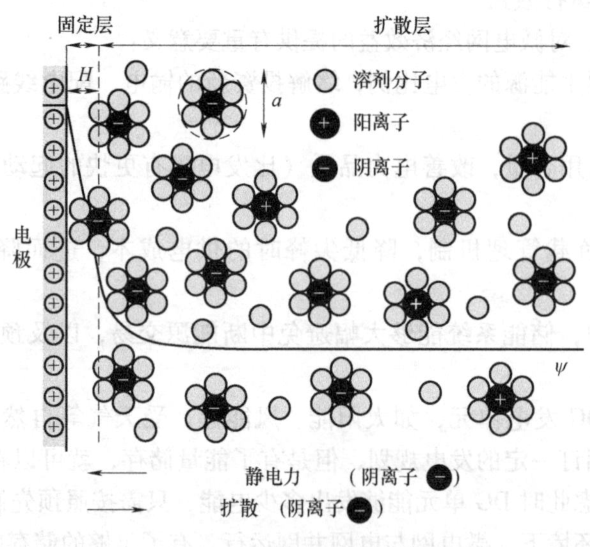

图 2-3-1 双电层结构示意图

风力发电系统中电力供给与需求在时间和空间上存在差异，在风速较低的时候，发出的有功功率不足，在风速较大的时候，又存在过多富余能量，波动较大。采用储能系统则可以补充风力发电机输出的有功功率，存储过多富余的能量，通过电力的控制、调节、分配，可以实现对能源的合理、高效利用。超级电容器是无源新型电力储能元件，与其他储能技术如飞轮储能、超导储能、传统静电电容储能相比，这种新型、高效、实用的能量储存装置是解决风力发电系统中电力储能问题的一个合适的选择，可以大幅度提高系统的经济性能和技术性能。

风力发电变桨用超级电容器储能的基本工作原理为：平时，由风机产生的电能输入充电机，充电机为超级电容器储能电源充电，直至超级电容器储能电源达到额定电压。当需要风力发电机组工作时，控制系统发出指令，超级电容器储能系统放电，驱动系统工作。

超级电容器是一种电化学元件，储能过程并不发生化学反应和电极结构的变化，充放电过程始终是物理过程，且储能过程是可逆的，因此超级电容器具有循环使用寿命长，深度充放电循环使用次数可达 1 万~50 万次。超级电容器还具有功率密度高，为电池的 10~100 倍，适用于短时间高功率输出；充电速度快且模式简单，可以采用大电流充电，充电 10s~10min 可达其额定容量的 95%以上；无须检测是否充满，过充无危险。同时超低温特性好，可工作于-30℃的环境中，容量随温度的衰减非常小。此外，超级电容器还具有控制方便、能量转换效率高、工作温度范围宽、无污染等优点。用超级电容器做电能质量调节装置的储能单元，在电压波动期间可通过功率变流器传递有功功率，吸收或释放电能，改善输出电压，满足用户的要求。

2. 超级电容在风力发电储能系统的应用

风力发电研究表明位于 0. 01~1Hz 的波动功率对电网电能质量的影响最大，平抑该频段的风电波动对电网电能质量的提升有很大效果，而采用较短时间的能量储存系统就可以达到目的。作为储能装置的超级电容器具有快充快放的特性，可以在几十秒到数分钟内完成充电过程，非常适应风力储能的大电流波动，能在风力强劲的条件下吸收能量，在风力较弱时补充功率的不足放电，从而能够“熨平”风电的波动，实现更有效的并网。

Maxwell 科技公司采用超级电容器储能装置，只需 20s 的储能，就能将风力发电的占比提升到 40%，且不会出现切负荷跳闸。不仅可以支持更高的风力发电占比，同时还可保持电力质量。超级电容器储能装置不仅能够降低成本，提高瞬时功率的可靠性，能有效平衡负荷，减小功率波动。我国上海洋山深水港电动起重机引入超容储能模块后（见图 2-3-2），减轻了港口起重机同时工作造成的电网电压波动，降低了建设更大容量输电线路带来的高成本。同时，超容储能模块的技术参数和可靠性也帮助了洋山深水港的持续运作。此外，上海宝钢安大电能质量有限公司也在其电力系统中安装了 126 个 125V 重型运输模块，是亚洲最大的超级电容器安装项目之一。该电力系统负责运行 26 个用于装卸洋山深水港集装箱的起重机，为起重机稳定电压，缓解功率输出波动，从而实现系统不中断运行。有文献采用由超级电容器储能装置和双向 DC/DC 变换器组成的储能系统改善风电质量。超级电容器主要实现能量的存储和释放；双向 DC/DC 变换器主要实现充放电控制、功率调节和控制等功能。在风电系统直流侧母线上并联超级电容储能装置，能实现对风电系统功率的调节，平滑功率轨迹曲线。该控制策略可以有效控制功率的波动，减小其变化率，即使风速变化较大，风力发电系统输出的并网电流波形几乎没有发生波动，改善了电网电能质量。

图 2-3-2　上海洋山深水港采用超级电容机组

3. 超级电容电池混合储能

尽管超级电容器具有很多优点，但其缺点也较明显。其能量密度与可充电蓄电池相比较低，大约是阀控式铅酸蓄电池的20%，还不适合于大容量的电力储能。风力发电储能采用超级电容器作为储能装置，需要配套大容量装备，这样会使系统设备过于庞大笨重。目前超级电容器的价格较高，大容量配置也会提高系统的成本。在电网的储能系统上，从几分钟到几小时的长时间波动需求目前多通过电池来解决。可充电蓄电池是一种应用非常普遍的储能元件，具有能量密度高、成本低廉、原材料丰富、制造技术成熟等特点，能够实现大规模生产。然而对于电池储能来说，其功率密度较低，通信设备一般在工作时的功率需求大多具有脉动性质，即瞬时功率高平均功率较低，为了保证系统的正常运行，需要配备容量较大的蓄电池组，以满足负荷的功率需求，这样会提高系统成本。同时低温特性不好，在寒冷季节容量会衰减，循环寿命短，可靠性不强，充放电时间长，不能够承受大电流。除此之外，蓄电池的维护量较大，而且使用后残留的金属材料会造成较严重的环境污染。为了弥补单一储能技术的不足，由超级电容器和蓄电池组成的超级电容电池混合储能系统越来越多地应用于风电功率平抑。

如果将超级电容器与可充电蓄电池混合使用，将得到一种兼具高能量密度和高功率密度的新型储能元件，其充放电循环时间很短，远小于蓄电池的充放电循环所需的时间；可长期使用，无须维护；更宽的工作温度范围，可在-45~85℃的范围内正常工作。采用超级电容电池混合储能装置，是解决风电系统中电力储能问题的一个合适的选择，可以大幅度提高系统的经济性能和技术性能。超级电容电池的成功突破将解决现行的蓄电池与超级电容器无法单独解决的问题，可望替代现行蓄电池或超级电容器而得到广泛应用。

混合储能系统的基本结构包括双向DC/DC变流器、超级电容器和电池三个部分，如图2-3-3所示。将超级电容器接入双馈风力发电系统，需要经过DC/DC变流器控制对超级电容的充放电。由于超级电容器的能量密度不高，其所储存能量的增减将导致超级电容器端电压的大幅变化，而负载在工作过程中一般要求端电压稳定。因此，为了更好地应用超级电容器，需要在超级电容器两端并联DC/DC功率变换器，以保证负载工作时端电压的稳定。

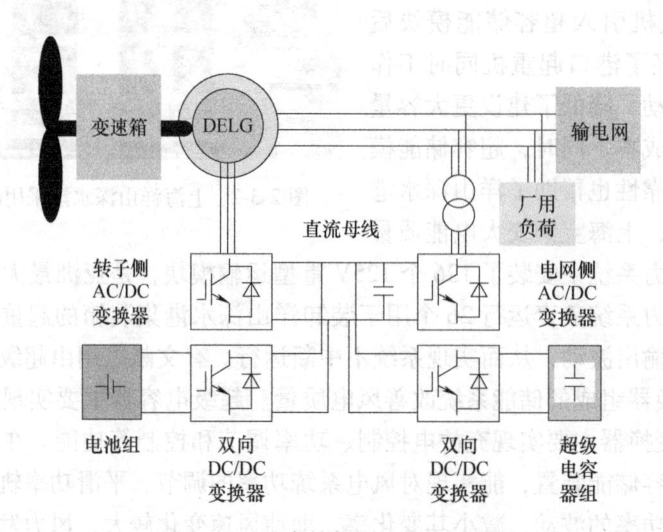

图2-3-3 混合储能系统结构示意图

为保证混合储能系统整体充放电能力，并充分利用超级电容器反快和储能电池容量大的特点。有文献提出了一种基于电池荷电状态（SOC）分级优化的混合储能系统风电功率平抑方法。该方法采用了分层结构，包括优化控制层和协调控制层。该方法在实现风电功率波动平抑的同时，维持了混合储能系统整体较高的充放能力，充分利用超级电容器反应快和储能电池容量大的特点，维持储能元件的 SOC 在合理范围，避免了储能设备的过充过放。电池-超级电容器的混合储能系统，利用两个能量存储介质的技术优势，在特定的功率和能量密度条件下，适应不同倍率下的充放能力。该混合储能系统的设计实现了在一个合理的水平进行风电调度。通过逆变器控制单元，可以调节超级电容器储能系统向用户及网络提供的无功及有功，从而达到提高电能质量的目的。混合式储能技术将在风力发电系统中得到广泛应用。

3.1.3 光伏发电系统

电力储能环节在独立光伏系统中具有很重要的地位。目前，一般以铅酸蓄电池作为独立光伏系统的储能元件，但蓄电池自身并不完善，环境污染、循环寿命短、充电状态（SOC）判断困难、对环境温度要求高、维护量较大以及不适用于脉动负载等缺点，制约了独立光伏系统的大规模发展。[6]

作为新兴电力储能元件，近年来国内外关于超级电容器的研究或产品日趋增多，但主要是利用其功率密度大的特点，在短时间、大功率放电场合部分或全部取代蓄电池。如在电动汽车中与蓄电池配合，为起动和加速提供大电流以及再生制动时的能量回收；在电力系统中，提供短时间大功率输出以对电网或配电网进行动态电压补偿。但在长时间、大容量电力储能方面，由于能量密度与蓄电池相差较大，一直没有得到很好的应用。

随着纳米碳材料和电极制作工艺的进步，超级电容器的性能不断改善，尤其是能量密度有了较大提高，具有实现大容量电力储能，替代蓄电池的发展潜力。目前，国外以超级电容器单独作为电力储能装置的研究已经出现，但国内还很少有系统性的研究和运行特性试验。因此，开展以超级电容器为电力储能系统的研究和特性试验具有重要的意义。本节以超级电容器作为储能装置，分析了独立光伏系统的小信号模型、控制过程和运行特性；并通过实验研究了系统效率、超级电容器模块充放电效率以及对系统稳定性的作用和对负载的平滑能力。

与蓄电池相比，将超级电容器作为电力储能装置应用于独立光伏系统中，具有较明显的优点。但就现有产品而言，超级电容器还存在着能量密度低和成本高的问题。铅酸蓄电池与非对称超级电容器的性能比较见表 2-3-1。

表 2-3-1 铅酸蓄电池与非对称超级电容器的性能比较

性　能	超级电容器	铅酸蓄电池
循环寿命/次	≥500000	1000~2000
充放电效率（%）	>90	70~90
充电时间	秒级	几个小时
温度范围/℃	−25~75	室温
能量密度/(W·h/kg)	5~10	25~45
功率密度/(kW/kg)	2~10	0.1~0.5

在独立光伏系统中，储能装置工作在循环状态或深度循环状态，基本上每天循环一次。目前蓄电池的成本约占独立光伏系统的20%~25%，但5年左右就要更换一次；超级电容器的充放电循环次数高达50万次以上，其寿命与太阳电池组件、控制器等装置相当甚至还长（太阳电池组件寿命为20年以上，控制器及逆变器为10年以上），提高了系统的可靠性间接降低了系统的安装成本和运行费用[7]。

超级电容器属于物理储能元件，其充放电过程实质上就是导电离子在电极上的吸附和脱附过程，电极材料巨大的表面积使得这一过程没有任何障碍，理论上其充放电过程不受限制，因而具有很高的功率密度和充放电效率。对光伏发电等输入功率波动大、效率要求高的可再生能源系统具有很好的适应性；在需要负载平滑化的系统中也具有很高的应用价值。

与蓄电池等化学电源相比，超级电容器具有很好的高低温特性，对环境温度的要求大为减弱，十分适合于光伏系统的工作环境，不需配置蓄电池中的调温设备，节约了成本，降低了功耗。

超级电容器的储能量与端电压之间具有确定的关系，即 $W=\frac{1}{2}CU^2$，只需检测超级电容器组的端电压，就可以准确确定储能量，方便了系统的能量管理。而蓄电池的能量判断要综合考虑温度、充放电率等多种因素的影响。

超级电容器的电极材料主要由碳组成，不含铅、镉等重金属，不会对周围环境造成污染。当然，应用于电力储能，超级电容器也存在着不足之处。它的能量密度明显低于蓄电池，配置相同储能量，其体积比蓄电池大得多。超级电容器的单体电压较低（一般水系电解液为1.5V，有机电解液为3V），需要进行串并联组合以达到所需的电压和容量要求。电容容量分布的不均匀性会导致串联后单体电压的不一致，需要增加电压监视电路进行均压。超级电容器的端压在充放电过程中会不断上升或下降，因而一般不直接与光伏阵列和负载连接，而需要在中间配置电压适配器。另外，超级电容器目前的价格较贵，还不能很好地适用于大容量储能，但从近年来价格变化曲线可以预见，在不远的将来，其价格会降到合理的水平。

由以上分析可知，超级电容器作为电力储能装置应用于独立光伏系统中，能够较好地解决蓄电池的一些问题，但也存在着不足。本节在系统设计时，充分发挥了超级电容器的优点，并通过相应的电力电子变换及控制技术对不足之处进行弥补，以使系统的整体性能达到较高的水平[8]。

3.2 工业应用

随着工业现代化进程不断加快，工业生产的体量越来越大，随之带来的是大量的能量浪费。为了提高经济效益和节约能源，需要对这些能量进行回收再利用。目前回馈电网技术还不成熟，且会对电网产生污染，因此采用超级电容器作为储能装置是比较常用的方法。起重机械在港口、建筑和矿业等领域应用广泛，属于高耗能设备，在下放重物时会释放大量的重力势能，对这部分能量的回收将有较好的节能效果。中船澄西船舶修造有限公司以生产的一台50t桥式起重机为样机进行了能量回收测试，其测试结果表明装载了超级电容节能系统后，起重机的节电率超过了 50%，获得了很好的经济效益。

抽油机属于位能型负载，电机会周期性进入倒发电状态，在变频器基础上引入超级电容储能技术可以有效回收电极发电产生的电能。2008 年上海电驱动有限公司发表了油田抽油机用电机控制系统专利，其控制系统储能元件便是超级电容器。在油田抽油机抽油杆下降时，将抽油杆下降位能转换成电能储存到超级电容器中，在油田抽油机抽油杆提升时，从超级电容器中获取电能产生上升动力，从而大幅增加了整体运行效率。对某款油梁式抽油机进行了超级电容储能技术的改装，在满足了实际生产需要的同时可保证平均效率在 90%以上，单井年节约资金约 1.6 万元，达到了节能减耗、降低生产成本的目的[9]。

网电修井机在下钻过程中，加入超级电容器储能系统可将下钻过程中管（杆）柱势能转化成的电能储存在超级电容器中，在起钻作业时协同变压器驱动大钩上行。胜利油田与山东爱特机电联合研发了采用超级电容储能技术的新型网电修井机，与普通网电修井机相比节能超过 40%。渤海石油和华北油田共同研制开发的 XJ900DBN 电动储能内绷绳修井机集成应用网电、超级电容储能、内绷绳技术于一身。与常规柴油修井机相比节能率达 87.3%，经测算单井作业节约能耗 86.7%，取得了非常好的经济效益[10]。

储能的工业应用是一个非常广泛的应用领域，难以在简短的一章中进行充分的介绍。为了介绍这样一个多样化的应用范围，本章将重点介绍两个具有代表性的工业领域：①矿用电动轮卡车；②起重机。

3.2.1　矿用电动轮卡车

随着石油资源的日益枯竭，油价高涨，以及石化资源导致的大气污染和温室效应的日益严重，寻求高效替代能源成为全世界的重要课题。近年来，产生了诸多解决方案，诸如清洁能源、化学电池等，层出不穷。但对于矿用电动轮卡车这个庞然大物，却似乎没有一个方案可以借鉴。国外虽然有类似无轨电车式的馈线供电式双能源电动轮卡车，但因其机动性受限的缺点，并未被广泛采纳。而目前应用于小型电动汽车的锂离子电池、铁电池等，由于充电时间长、能量密度低、成本高，也不适用于矿用汽车。

幸运的是，目前已经有超级电容器被成功用于城市公交系统。因此设想，不久的将来，超级电容器或许可以替代传统的柴油发动机应用于矿用电动轮卡车上。

传统的矿用电动轮卡车是由内燃柴油发动机作为动力源，带动交流发电机发电，经电控系统，驱动电动轮转动，达到卡车行驶目的。实际上，用合适的电源作为矿用电动轮卡车的动力源，以取代发动机-发电机动力总成，已经有成功的经验。例如国外某些矿山已经运用了架线式供电系统作为卡车的干线动力源，与传统的发动机—发电机动力总成并行使用。而超级电容器的充放电特性，也适用于各种型号的矿用电动轮卡车。

矿用卡车的单程运距一般不超过 5km，属于短程循环运行、线路基本固定的交通工具，从这一点上，类似于城市公交车辆。采用超级电容器作为动力源，在适当地点设置充电站就可以保证其持续行驶。而大型矿用卡车的电传动系统非常成熟，不需要太多的额外开发研究工作，只要用超级电容器取代传统动力单元，就可以比较容易地与卡车原有电气系统进行匹配，开发难度较小，开发成本较低，因此是完全可行的[11]。超级电容卡车与常规柴油动力卡车的技术经济性能对比见表 2-3-2。

表 2-3-2　超级电容卡车与常规柴油动力卡车的技术经济性能对比

对比项目	超级电容卡车	常规内燃柴油机动力卡车
能源供应	电力供应充足，价格低廉	油料供应受外界环境影响较大
额定容量	额定功率不限。续驶里程较短，但发展潜力大	不限
对卡车自重和载重的影响	卡车自重减轻约 7%，或相当于额定载重增加 5%	动力总成本身自重大，造成卡车有效载重量相对较小
整备时间	每个工作循环充电一次，每次充电时间不超过 3min	每班加一次燃油，每次 10~30min，另外需要经常补充冷却液或发动机油
使用寿命	全充放电寿命大于 10 万次（甚至达 50 万次），或 9 万工作小时	新发动机寿命小于 2 万 h，大修理后寿命小于 1.5 万 h。大修理费用约占新发动机的 40%
购置成本	比锂离子电池成本低 40%以上	非常昂贵
能源利用效率	常温下大于 98%，-40℃ 时下降 10%。没有怠速能耗。动态减速（电制动）采用回馈制动方式，可回收 40%~70%的制动能量	内燃机燃料效率不超过 40%，发电机效率不超过 90%。在发动机怠速运转时，消耗燃料。制动能量不能回收；实施动态减速时，电阻栅的散热系统需要发动机高怠速运转，反而增加燃料消耗
能耗成本	为内燃机的 20%以下	燃油消耗成本很高
维护保养及资源配备	维护保养工作量很小，费用极低。基本不需要配备额外的维修力量；零件储备量较小	维护保养工作量大，费用很高。需要配备相当规模的动力维修力量和零件储备量
操作、维护水平对经济寿命的影响	基本没有影响	不同水平的操作技能、操作习惯、尤其是维护保养水平对动力总成的寿命影响极大
对环境影响、污染排放	制造和回收时资源消耗量较小。运行和维护时无污染。动力单元无噪声，卡车行驶时，电动轮噪声为主，各辅助电机及风机噪声为辅	制造和回收时资源消耗量很大。运行时有严重的空气污染，维护保养污染较大。发动机工作噪声极大，是露天矿山的主要噪声源
国产化率	可完全国产化	依赖进口
可靠性	整个动力总成构造简单，非常可靠	动力总成构造非常复杂，故障率较高，而且维修不便，维修占时较长
环境适应性	受气候影响非常小	受气候影响较大，低温起动性能差
安全和职业健康	噪声较小，司机不易疲劳，更能保证安全驾驶；保养维护工作量小，噪声小，维护人员的安全更有保障。电容器工作火险隐患小	噪声极大，司机易疲劳，维修时人员对环境的判断力降低，因此安全隐患较大。发动机本身的火险隐患比较大
辅助启动	用牵引式发电车作为辅助充电电源，机动灵活，易于实施	发动机起动经常需要额外辅助电源。在气温低于 0℃的环境中停放时，需要配备外接预热电源
卡车支持系统配备	需要设置一定数量的充电站，架设简便、费用低、维护量小，但对供电系统容量有一定要求	需要设置一定数量的充电站，架设简便、费用低、维护量小，但对供电系统容量有一定要求

与内燃机动力总成相比，由于超级电容器体积小、重量轻，减轻了卡车自重，载荷分配更加合理，装载效率也随之提高。过去业界一直有一种观念，认为载重小于 120t 的矿用卡车不宜使用电传动系统，原因是从综合成本角度考虑，不划算。但随着超级电容器的应用，对于任何吨位的卡车，采用超级电容和电传动后，综合成本都将大大降低，因此可以说，超级电容器的应用，对整个矿用卡车行业是一场革命。随着我国对超级电容器研究制造水平的不断提高，设计制造拥有完全自主知识产权的超级电容矿用卡车将不再是梦想，而且将引领矿用设备制造水平的世界潮流[12]。

3.2.2　起重机

起重机是工业领域应用最为广泛的机械设备之一，其能源消耗量大。目前，全国起重机械已经超过 200 万台，国内起重机厂家都致力于研发节能环保型产品，大力发展绿色生产加工技术，主要方案有以下几种：港口起重机油改电，废气排放直降 90%、噪声污染降 50%；使用柴油添加剂，减少发动机磨损，从而达到节油的效果，节油率 2.5%~4.5%；使用辅助柴油发电机组来降低柴油发电机在非工作期间的使用时间；将制动能量通过能量回收装置变换成电能，回送给交流电网。部分企业尝试对现有的起重机控制系统进行改造：一是增加直流发电机和蓄电池，在吊重下降过程中，带动直流发电机发电，用蓄电池对电能储存，当载荷上升时，蓄电池作为辅助电源与电网共同拖动起升机构；二是针对变频拖动的起重机，在变频器的直流母线上连接 DC/DC 变频器，然后外接蓄电池，通过 PLC 控制电池的充放电过程，DC/DC 变频器能有效地保证动力系统的供电电压。以上节能改造方案虽有一定成效，但回馈电网的电有可能污染电网，不能有效使用；若采用蓄电池则受到充放电时间的制约，且普通蓄电池寿命有限[13]。

随着科技进步，超级电容开始出现，其储能量大、充放电速度快，可以很好地解决再生电能的问题。超级电容在起重机制动或运载重物下降时存储电机产生的电能，在起重机起动或运载重物上升时，将电能反馈给电机使用，不仅能提高电能的利用效率，还可减少对电网的冲击。

超级电容充放电速度快、储能量大，在起重机主电路安装超级电容控制系统，可以回收、存储和释放制动能量，节约能源，改善起升结构的起动性能。超级电容控制系统主要由 DC-DC 变换电路、主控制器、超级电容、上位机控制系统等构成。电网的三相交流电经过交流变频器的整流装置转化成直流电，然后通过交流变频器的逆变装置，将直流电转换成电压和频率可控的交流电，用于驱动起重机的大车、小车和起升等运行机构。超级电容电池组通过 DC-DC 并联在变频器的直流母线侧。起重设备工作在发电状态时所产生的能量经过直流母线进行快速高效地回收。主控制器使用微型计算机控制，可实时检测母线的电压及超级电容阵列的输入输出电流，与系统的各个单元模块保持实时通信，读取数据信息以了解各个单元的工作状态，确保电容阵列以最安全高效的工作状态完成能量回收和存储。

当重物下降时，对定子线圈励磁，使励磁磁场的旋转速度小于电机转子的旋转速度，电机处在异步发电状态，将电能回收到超级电容内。大、小车的运行电机和回转机构的运行电机在制动时处于回馈制动状态，将这部分电能也回收到超级电容。当提升重物时，电机处于电动状态，超级电容将存储的电能回馈到母线上，可增大起动电流，改善电机的起动性能[14]。

在超级电容充放电过程中，超级电容控制系统会实时采集储能模块中的所有电容信息，包括充放电电流、端电压、电容包总电压以及温度。这样不仅能够防止电容在充放电过程中过充电或过放电，也能够及时反馈电容状况，准确找出并更换有问题的电容，保持整个储能模块运行的可靠性和高效性。通过建立所有电容的历史记录档案，可为以后开发新型充电器、电动机等提供宝贵资料，为离线分析系统问题提供可靠依据。

控制系统的主控制器不仅可以保证电容阵列以最安全高效的工作状态完成能量回收和存储，还能快速响应现场的按键输入动作，并将关键信息显示在现场的液晶显示器上，同时可以以无线通信和网络通信的形式告知无线终端、上位机控制检测系统，以及直流母线上的其他设备。

超级电容节能智能控制系统是一个开放的系统，系统可以通过直流母线扩展多个机械设备，及多个相同的控制系统，实现多套起重机械的节能控制，可在降低能耗的同时大幅提高整个系统的信息化和自动化的程度，实现设备的远程控制、无线控制、互联网控制及监控[15]。

3.3 交通工具中的应用

本章节继续进行对交通工具中的超级电容器应用案例的研究。尤其是公共运输系统和车辆，逐渐成为监管机构提高能源效率的关注焦点。如今能源效率包括能源安全、弥补石油进口、通过减少排放物缓和气候变化等含义。所有的这些原因都与发展混合动力运输相关。考虑到目前的公共运输车辆，如城市公交以及柴油混合发动机的车辆。促进这些混合动力公共车辆的市场驱动因素如下：

1）能源效率：减少石油进口；认识燃料供应和价格的波动。

2）环境问题：温室气体（Green House Gas，GHG）和全球变暖；减少排放的必要性。

3）财政责任：低硫等燃料需求；生命周期成本，持续维护的成本。

4）社会影响：公共卫生和柴油机排气（多环芳香烃）；噪声水平和噪声控制引起的社会关注。

混合动力公交车提供了这些方面以及更多层面的利益。如今，混合动力的公共运输享有补贴，可以弥补制造商的部分成本。从长远来看，通过加工效率、产品共有化和批量生产来回收一部分成本对制造商来说是必需的。混合动力的优点可以概括如下：

1）引进先进的驱动系统，包括发动机和电动驱动器。

2）加速和再生制动系统可实现完全的电动控制。

3）零排放车辆（无污染车辆）可在市中心和禁止排放区域运行。

4）具有大容量储能的混合动力公交车和电池电动车零排放运行。

5）降低整体运营成本。

3.3.1 纯电动汽车

随着电动汽车、空间电源、通信设备后备电源、新能源发电（风能、太阳能等）、新型电磁武器的发展，对于能量存储技术的关注越来越多。对能量存储的追求包括经济性、多种能源的利用，无污染和高效率等。超级电容器与传统的电容器和二次电池相比，超级电容器的比功率是电池的 10 倍以上，储存电荷的能力比普通电容器高，并具有充放电速度快、循环寿命长、使用温限范围宽、无污染等特点，适用于大功率脉冲电源、电动汽车驱动电源、电网负荷质量调节等领域，是一种非常有前途的新型绿色能源。车载储能设备是电动汽车的动力源，也是制约其发展的关键因素之一。数万法拉级牵引型超级电容器无论是作为电动汽车主能源还是辅助能源都具有良好的应用前景。为了更好地指导选用和管理需要深入了解其特性，尤其是实际工作条件下的外特性。一般来说，建立研究对象的模型是常用的方法，但目前在理论上尚不能完全解释超级电容器的储能机理，因此难以导出准确的特性解析表达式；而且大容量电容器工作电压一般在额定电压 $U_{rated} \sim U_{rated}/2$ 之间，并且为了获得更大的能量密度而牺牲了部分功率密度特性，从而充放电电流有限，利用传统的建模方法难以准确地获得模型参数。寻找一种方便而快捷的方法，掌握其外特性并建立基于物理特性的描述模型是牵引型超级电容器应用研究的关键问题之一。超级电容器受到自身特性的限制，每个单元的端电压比较低，难以同时满足设备电压和电流的双重需要，多个单元的串并联或者与蓄电池组成混合电池是解决该问题的主要手段。相关技术的研究是车载能源领域的热点问题。在多个单元串联使用中，由于各个单元的容量、温度特性等参数的不一致，将出现小容量单元过充过放而其余单元容量不能完全加以利用的情况。充放电动态均衡技术可以充分利用串联超级电容器组储能，同时保证单元的安全运行，在超级电容器的串联使用中具有非常重要的保护和优化作用，其中良好的控制方法和均衡结构是需要深入研究的要点。此外，超级电容器作为新型储能设备，以功率密度高和循环寿命长的特点，在电动汽车车载能源的研究中具有独特的地位，对超级电容器的应用研究具有前瞻性和开创性，可以为今后电动汽车的发展奠定良好的基础[16]。

1. 牵引型超级电容器在电动汽车中的应用

目前，推广电动车尤其是纯电动车的主要障碍是一次充电的续驶里程和初始价格，而电动车的能源系统是引起这些问题的主要原因，可以说，能源系统是电动汽车实现市场化的关键。一般来讲，电动汽车对能源系统的要求如下：高的比能量和能量密度；高的比功率和功率密度；快充和深放电能力；寿命长；自放电率小；充电效率高；安全性好且成本低廉；免维修；对环境无危害，可回收性好。

目前几种主要的电动汽车用储能电池类型为蓄电池、燃料电池、超级电容器等，蓄电池又包括铅酸电池、镍基电池、金属空气电池、纳 β 电池和常温锂电池等，其中，密封式阀控铅酸（VRLA）、镍-金属氢化物（Ni-MH）电池已经得到很大发展，锂离子电池作为中期发展目标也有具有很大潜力。

2. 电动汽车车载辅助能源

近年来的使用情况统计结果表明，尽管铅酸蓄电池和镍基电池仍在发展，但是锂离子电池、燃料电池和超级电容器等储能设备的研究越来越受到关注。总的看来，它们任何一个都不能同时满足电动车运行过程中对高比能量和高比功率的双重要求。为了促进电动车的进一步发展，一方面需要加大力度开发新型能源，或者对现有能源进行技术创新，争取有重大突破。另一方面，在现阶段，混合能源具有很大的发展空间。所谓混合能源，即采用两种或者更多种能源混合，以满足电动车运行过程中对峰值功率和能量的要求，同时又不过分增加电动车能源的体积和功率密度。一般来说，考虑到控制和成本因素，大多采用两种能源，一种具有比较大的比能量，称为主能源，另一种具有比较大的比功率，称为从能源或者辅助能源，二者构成了主从式有限能量系统。该系统使得电动车对电池的比能量和比功率要求分离开来。主能源的设计可以集中于对比能量和循环寿命要求的考虑，辅助能源的负载平衡作用使得电池的放电电流得到减少从而可使电池的可利用能量、使用寿命得到显著提高。由于辅助能源的载荷均衡和能量回收作用，车辆的续驶里程得到极大的提高。

超级电容器的高比功率特性非常适合于在电动汽车中作为传统电池、发动机或燃料电池的辅助能源。主从式有限能量源的研究涉及主要问题包括：主从能源的结构、主从能源混合比与能量流的控制等，这些问题关系到主从能源的经济性，进而影响电动汽车的成本和动力性能[17]。

3. 电动汽车车载主能源

超级电容器作为一种储能设备，同样可以作为电动汽车的主能源满足专用车辆需要，尤其是城市公交车辆。随着社会发展，我国城市人口也越来越多，城市交通状况越来越紧张。目前，城市的交通运输主要依靠各种客车来解决，而城市中高层建筑林立，多层立交公路将成为城市的主要交通道路。内燃机汽车在上坡时的废气排放将大量增加，而在下坡时能量不能回收，全部消耗转换为热量散发到大气中，这对城市大气造成更加严重的污染。另外，内燃机汽车在上坡时会发出强烈的噪声，无轨电车的架空线路十分复杂且会妨碍交通。而电动客车没有这些缺点，并能在下坡时回收能量，它将逐步取代其他客车，成为城市的主要交通工具。而且，我国发展城市公交电动客车具有很多有利条件。城市公交车辆的特点在于起停频繁，大多数公交车在起点和终点往返运行，超级电容器可以在车辆起动时提供大的瞬时功率，同时制动和减速时回收能量，提高能量利用率。同时，超级电容器的充电站可以在起点和终点各设一个，因为一般公交车都会休息 10~15min，这足以完成超级电容器的充电提供下一次运行使用，或者在每一站都设计充电站，利用到站乘客上下车的时间完成充电。目前，超级电容器电动客车在莫斯科、上海、烟台已经投入运行，虽然一次投入成本高于传统客车，但超级电容器循环寿命长，长期来看，综合成本仍具有较强的竞争力，是电动公交车发展的一个新方向，具有良好的发展前途[18]。

3.3.2 混合动力电动汽车

随着电池制作工艺和储能技术的不断发展，高性能锂离子电池被广泛应用于新能源汽车。纯电动汽车（Electric Vehicle，EV）降低了对化石能源依赖的同时，大幅减少了污染物和温室气体的排放。然而，纯电续航里程问题和高成本的车载电源是制约其发展的最大瓶颈。插电式混合动力汽车（Plug-in Hybrid Electric Vehicle，PHEV）在一定程度上实现了零排放，同时内燃机气动系统驱动系统保证了总驾驶里程。但目前锂离子电池储能技术条件下，EV 和 PHEV 都面临着诸多亟待解决的问题，如用户充电耗时成本、完善便捷的充电基础设施、大量报废的二次电池污染等。基于氢氧电化学反应发电的燃料电池有效解决了纯电动汽车的诸多问题，但由于配套基础设施匮乏和成本高昂等因素，燃料电池汽车无法得到推广，市场占有率极低。燃料电池较低的功率密度、高昂的制造成本、加氢基础设施的匮乏、氢燃料的制备和安全储存等问题致使燃料电池汽车技术还有待进一步研究与发展。

与纯电动汽车和燃料电池汽车相比，混合动力汽车不仅显著降低了油耗和污染物排放，同时不需要配备额外的基础设施，不改变驾驶者原有的用车习惯与日常生活，是目前新能源汽车技术中最为成熟与切实可行的技术方案。利用车载电源作为混合动力系统的能量存储与转化载体，对随机变化的整车需求功率进行削峰填谷，使发动机工作于较理想范围，有效提高了燃油利用率和汽车尾气排放水平。截至 2017 年 1 月，混合动力汽车全球销量已突破 1000 万辆。诸多学者通过建立预测模型，推断混合动力汽车将是未来数十年应用最广泛的新能源汽车之一。基于 Norton-Bass 扩散模型，预期到 2030 年，美国市场混合动力汽车销量将突破 500 万辆[19]。

目前，镍氢电池和锂离子电池是混合动力汽车比较常见的电能存储与转化载体。然而，当混合动力汽车运行于加速、爬坡和制动能量回收工况时，高脉冲峰值电流可能会对这些电化学电池造成不可逆的损坏和循环使用寿命的降低。尤其低温下频繁启停和加速工况会严重降低锂离子电池的健康状态，并且可能引起电池过热、起火、爆炸等热失控现象，以及因此而触发的热失控扩展现象。另一方面，电化学电池作为车载电源时，由于较低的功率密度，往往需要配备比目标工况能量需求更大的储能设备，以满足整车在复杂行驶工况下的峰值功率需求。在实车应用中，电化学电池单体均衡性较差、工作温度适应能力欠佳，因此需要严格有效的均衡管理系统与温度控制系统以确保电池组的安全运行。这些既增加了整车的制造成本和重量，同时提高了电池管理系统硬件和软件上的双重需求。综上分析，混合动力汽车的车载电源选取是典型的“木桶效应”，需要综合考虑储能设备的诸多性能表征参数。

近些年来，超级电容被广泛学者和机构所关注，并进行了深入的研究与开发。与目前混合动力汽车广泛采用的锂离子电池和镍氢电池相比，超级电容具有优异的功率密度（2000~12000W/kg），较高的充放电效率（95%~98%），超长的循环使用寿命（10^4~10^6 次），以及良好的高低温特性（−40~70℃）等优点。诸多性能使其应用于混合动力汽车与发动机匹配协调工作，对燃油经济性的提高具有巨大优势与潜能。虽然超级电容能量密度较低，但混合动力系统运行状态为电量维持（Charge-Sustaining，CS）模式，车载电源只需提供整车起动、加速、爬坡和制动工况所需的峰值功率，并不长时间运行于电量消耗模式。因此，作为混合动力系统的车载电源，储能设备的功率能力、温度特定和循环寿命是保证整车安全运行以及降低燃油消耗的关键[20]。

近年来，我国在超级电容新能源汽车领域取得了显著的发展与研究成果。2003 年，北京理工大学以“863 计划”的“电动汽车重大专项纯电动大客车项目”为依托，与北方华德尼奥普兰公司合作开发了纯电动大客车 BFC6110-EV，如图 2-3-4 所示。通过多能源管理控制系统，采用锂离子电池和超级电容组成车载复合电源储能系统。整车经济性和控制驱动性能等均达到了优异的表现。

图 2-3-4　锂离子电池-超级电容复合电源纯电动客车 BFC6110-EV

2004 年，上海奥威科技开发公司联合上海交通大学等单位合作研发了我国首部“电容蓄能变频驱动式无轨电车”，并在上海张江投入试运行。基于超级电容高比功率特性和公交大巴行驶工况特征，利用电车停靠站间隙，在 30s 内对车载超级电容进行高功率充电，时速可达 44km/h。随后，2010 年上海世博会期间，奥威科技有限公司开发的超级电容客车投入运营。并于2014年，在保加利亚首都试行，首次成功登录海外并投入运营。该超级电容公交车寿命可达17年，整车质量比普通柴油公交车轻10%。与电池公交车相比，能耗降低10%。单次充电5min可续航20km。60km加速仅需8~9s，故障率几乎为零。

历时4年，哈尔滨工业大学和巨容集团，于2006年合作完成了黑龙江省“十五”科技攻关重大项目——“电容电动车”。基于公交车行驶工况特征，采用宽电压供电速度平衡控制策略，在保证乘坐舒适性前提下，进一步提高了制动能量回收效率。对超级电容组进行充放电均衡管理，有效保护了电容组的循环使用寿命。该客车充电15min即可续航25km，最高时速可达52km/h。

2016年末，宁波中车新能源公司研制的具有国内自主知识产权的1500V超级电容列车在广州地铁六号线正式运行。传统地铁列车停靠站制动时，数十千瓦时动能将以热能形式消耗。相比之下，超级电容地铁列车可实现高效率的制动能量回收。与传统电力供电地铁相比，单日可节约能量1500kW·h，CO_2气体可减排645kg。

国内科研机构对超级电容电动车应用的研究主要集中于各大高校中。

西安交通大学曹秉刚教授研究团队基于双向DC/DC变换器和三相全桥逆变器，设计了一种新型锂离子电池-超级电容复合电源控制系统[21]。试验结果显示，基于μ综合鲁棒控制算法的能量管理策略，超级电容有效提高了纯电续航里程，改善了电动车起动、加速和爬坡能力，提高了制动系统的可靠性；Zou等从提高能源效率和增加电动车续驶里程出发，基于对再生制动系统的研究和分析，设计了一款超级电容卡车用于码头短途运输。试验证明制动能量回收效率高达88%[22]。

西安交通大学陈维荣教授课题组主要从事智能优化算法、信息处理、燃料电池等新能源技术的研究和应用[23]。李奇教授提出了无须接入电网的基于质子交换膜、锂离子电池和超级电容的混合动力系统，用于轻轨电车的电力驱动[24]。设计了基于模糊逻辑控制和Haar小波变换的能量管理分配策略。实车轨道试验表明，能量管理系统可以有效分配燃料电池提供低频需求功率，锂离子电池协助工作，超级电容提供高频需求功率。

吉林大学混合动力和电动车课题组是国内较早将超级电容作为车载辅助电源的研究单位。2002年，王庆年教授通过对锂离子电池/超级电容复合电源优化设计、参数匹配和能量管理策略的理论研究与实践探索，提出了主动控制式复合电源系统，并搭建了整车性能仿真平台[25]。基于以上研究工作，于远彬博士等搭建了实物样机，并证明主动控制式结构可有效降低复合电源体积和重量[26]。超级电容的匹配工作可实现总能耗降低22%。曲晓东博士基于行驶状态PE函数优化设计，提高了超级电容的利用效率。建立了基于模糊隶属度函数的分层模块化控制策略。

参考文献

[1] 王鑫，郭佳欢，谢清华，等. 超级电容器在微电网中的应用 [J]. 电网与清洁能源，2009，25（06）：18-22.

[2] 鲁鸿毅，何奔腾. 超级电容器在微型电网中的应用 [J]. 电力系统自动化，2009，33（02）：87-91.

[3] 张步涵，曾杰，毛承雄，等. 串并联型超级电容器储能系统在风力发电中的应用 [J]. 电力自动化设备，2008（04）：1-4.

[4] 王超，苏伟，钟国彬，等. 超级电容器及其在新能源领域的应用 [J]. 广东电力，2015，28（12）：

46-52.
[5] 钟彬，雷珽，刘舒，等. 超级电容器在风力发电储能中的应用 [J]. 华东电力，2014，42 (08)：1515-1519.
[6] 蒋玮，陈武，胡仁杰，等. 光伏发电系统中超级电容器充电策略 [J]. 电力自动化设备，2014，34 (12)：31-37.
[7] 苏人奇. 蓄电池和超级电容器在光伏发电混合储能系统的应用 [D]. 锦州：辽宁工业大学，2016.
[8] 苏二勇. 基于超级电容储能的光伏微网电压控制研究 [D]. 大连：大连理工大学，2013.
[9] 王钊，赵智博，关士友. 超级电容器的应用现状及发展趋势 [J]. 江苏科技信息，2016 (27)：69-71.
[10] 黄晓斌，张熊，韦统振，等. 超级电容器的发展及应用现状 [J]. 电工电能新技术，2017，36 (11)：63-70.
[11] 王鹏飞. 超级电容器在电动轮自卸车启动中的应用 [J]. 露天采矿技术，2016，31 (10)：43-46.
[12] 薛二江. 试论超级电容器在矿用电动轮卡车上的应用 [J]. 露天采矿技术，2011 (03)：52-54+58.
[13] 徐立，高孝洪，张新塘，等. 超级电容在港口起重机混合动力系统中应用的关键技术分析 [J]. 船海工程，2008 (04)：52-54.
[14] 周明慧. 应用超级电容的集装箱门式起重机电驱动系统研究 [D]. 哈尔滨：哈尔滨工业大学，2011.
[15] 沈克宇，周超，李志俊，等. 基于超级电容的混合动力起重机能量控制系统的研究 [J]. 起重运输机械，2010 (11)：65-68.
[16] 余稀，但涛. 超级电容器在电动汽车中的应用 [J]. 电子元件与材料，2014，33 (01)：81-82.
[17] 糜鹏. 基于超级电容的纯电动汽车制动能量回收技术研究 [D]. 镇江：江苏科技大学，2014.
[18] 王嘉善，王海杰. 超级电容器电动车——城市公共交通现代化新模式 [J]. 城市车辆，2002 (01)：58-60.
[19] 熊奇，唐冬汉. 超级电容器在混合电动车上的研究进展 [J]. 中山大学学报（自然科学版），2003 (S1)：130-133.
[20] 祝珂. 超级电容器在电动车和混合动力车上的应用 [J]. 汽车工程师，2012 (12)：54-56.
[21] 曹秉刚，曹建波，李军伟，等. 超级电容在电动车中的应用研究 [J]. 西安交通大学学报，2008 (11)：1317-1322.
[22] ZOU Z Y, CAO J Y, CAO B G. et al. Evaluation strategy of regenerative braking energy for supercapacitor vehicle [J]. ISA Transactions, 2015, 55: 234-240.
[23] LI Q, CHEN W R, LI Y K, et al. Energy management strategy for fuel cell/battery/ultracapacitor hybrid vehicle based on fuzzy logic [J]. International Journal of Electrical Power and Energy Systems, 2012, 43 (1): 514-525.
[24] LI Q, CHEN W R, LIU Z X, et al. Development of energy management system based on a power sharing strategy for a fuel cell-battery-supercapacitor hybrid tramway [J]. Journal of Power Sources, 2015, 279 (1): 267-280.
[25] 于远彬. 车载复合电源设计理论与控制策略研究 [D]. 长春：吉林大学，2008.
[26] 曲晓冬. 混合动力车用复合电源匹配与控制理论研究 [D]. 长春：吉林大学，2014.

第 3 部分

钠/钾/铝/锌/钙离子电池

第 1 章　钠离子电池

1.1　引言

化石燃料是世界上使用最广泛的能源。但化石燃料生产相关的资源枯竭、环境污染导致风能、太阳能和波浪能等各种间歇性可再生和清洁能源迅速出现。为了将这些可再生能源整合到电网中，大规模储能系统（ESS）对调峰运行至关重要[1-3]。在各种储能技术中，使用电化学二次电池是一种有前景的大规模储能方法，具有灵活、能量转换效率高、维护简单等优点[4-8]。自 20 世纪 90 年代初索尼公司首次商业化以来，锂离子电池已成为便携式电子市场中的常见电源，是大规模储能系统的主要候选者。将锂离子电池作为混合动力电动汽车（HEV）、插电式混合动力汽车（PHEV）和电动汽车（EV）的首选电池引入汽车市场，可以减少对化石燃料的依赖[9-12]。锂是锂离子电池的主要成分，但锂金属在地壳内分布并不均匀。但这些新的大规模应用使得对锂金属的需求不断增长，所以并不丰富的储量和环境问题使得锂金属的价格持续飙升。据测算，2019 年全球锂消费总量近 55770t，开采量平均每年增长 5%，目前的可开采资源最多可以维持约 50 年，这使得上述应用的全面实施变得困难且成本高昂[16]。

钠是地球上第四丰富的元素，其分布非常广泛。含钠化合物的供应量很大，仅在美国就有 230 亿 t 纯碱。与碳酸锂（2021 年每吨约 1.8 万美元）相比，生产碳酸钠的天然碱资源丰富且成本低得多（每吨约 135~165 美元），为开发钠离子电池，被用作锂离子电池的替代品提供了充分的理由。由于需要锂的替代品来实现大规模应用，钠离子电池近年来引起了相当多的研究和关注。钠离子电池最初是在 20 世纪 70 年代与锂离子电池同步开始研究的，但由于锂离子电池的发展和商业应用的快速进展，钠离子电池基本上被放弃了。此外，在那些年里，材料、电解质和手套箱的整体质量不足以处理钠金属，因此很难观察电极性能。在 20 世纪 80 年代，在锂离子电池商业化之前，一些美国和日本公司开发了钠离子全电池，分别使用钠铅合金复合材料和 P2 型 Na_xCoO_2 作为负极和正极[17-19]。尽管具有超过 300 次充放电的循环性能，但平均放电电压低于 3.0V，相比起平均放电电压为 3.7V 的碳/$LiCoO_2$ 电池，钠离子电池并没有引起太多关注。除了离子载体不同，钠离子电池和锂离子电池的电池组件和蓄电机制基本相同[20-23]。在正极材料方面，钠的嵌入化学与锂的嵌入化学非常相似，这使得两种系统都可以使用相似的化合物。但是，这些系统之间存在一些明显的差异。钠离子的离子半径（1.02Å）大于锂离子（0.76Å），这会影响电极的相对稳定性、传输特性和界面的形成[24,25]。钠的质量（23g/mol）也比锂（6.9g/mol）重很多，并且具有更高的标准电极电位（钠离子为-2.71V，锂离子为-3.02V），因此，钠离子电池在能量密度方面稍显不足。然而，可循环锂或钠的重量仅占组件质量的一小部分，容量主要取决于用作电极的主体结构的特性。因此，原则上，从锂离子电池到钠离子电池的转变不应该对能量密度产生较大影响。此外，铝金属与锂在低于 Li/Li^+ 0.1V 时会发生合金反应，而铝金属并不会与钠发生反应，因此，铝金属可以作为钠离子电池的负极集流体，是铜的经济高效的替代品[26-28]。

学术界已经报道了各种用于钠离子电池的正极材料：如层状和隧道型过渡金属氧化物、过渡金属硫化物和氟化物、含氧阴离子化合物、普鲁士蓝类似物和聚合物等。然而，寻找具有适当钠电压存储、大可逆容量和高结构稳定性的负极仍然是钠离子电池发展的障碍[29-31]。石墨是锂离子电池中常见的负极材料，具有中等的锂存储容量（约 350mA·h/g）。而最近的研究表明，石墨不能有效嵌入钠离子[32-35]。非石墨负极主要由各种碳质材料（如炭黑和沥青基碳纤维）组成，可以供钠离子嵌入。硬碳是在高温下由碳基前体合成的，已在钠电池中进行了全面表征和测试。这些非石墨碳质材料被认为是钠离子电池系统首选的“第一代”负极。由于在室温下大多数有机电解质中的枝晶形成、高反应性和不稳定的钝化层等问题，金属钠与有机电解质溶剂的高反应性和金属钠沉积过程中枝晶的形成比锂电池负极更成问题。钠在 97.7℃的低熔点也对在环境温度下使用金属钠电极的设备构成安全隐患[36-38]。因此，要实现真正的钠离子系统，需要一种用于钠离子电池的新型电解质，因为使用有机液体电解质会带来实用性和安全性问题。钠离子电池最常见的电解质配方是 $NaCl_4$ 或 $NaPF_6$ 溶解在碳酸酯溶剂中。在这些有机电解质的存在下，金属钠负极会不断被腐蚀，而不是形成稳定的固体电解质界面（SEI）。根据 Komaba[39] 等人进行的 XPS 和 TOF-SIMS 分析，当 $NaPF_6$ 用作电解质盐时，硬碳上的 SEI 膜主要是一种无机盐，其表面含有 NaF 等沉淀物。Palacin 及其同事发现 EC：PC 溶剂混合物中的 $NaClO_4$ 和 $NaPF_6$ 电解液对于硬碳负极表现最好。开发水系电解质而不是有机电解质对于钠离子电池的成功至关重要。最近分别以 $Na_2NiFe(CN)_6$ 和 $NaTi_2(PO_4)$ 作为正极和负极的水系可充电电池表现出良好的倍率和循环寿命，理论能量密度为 42.5W·h/kg。因此，可以通过选择合适的电极材料来实现更高的能量密度。然而，水系电解质体系比有机体系更复杂，因为①需要从电解质中消除残留的 O_2；②维持水系电解质中电极的稳定性；③抑制 H_3O^+ 的共嵌入；④在封闭的水系电池系统中过度充电、过度放电或操作不当时，正极和负极侧会产生 O_2 和 H_2 的内部消耗，效率降低。所有这些问题对于水系电池系统的实际应用都很重要[40,41]。

钠离子电池包含了几种具有代表性的候选材料，例如本章要讨论的正极、负极材料和电解质[42-45]。大多数钠离子电池研究探索了在半电池中的新电极和材料的电化学性能，以及正极材料、负极材料、电解质、黏结剂研究进展[46-49]，因为该领域仍处于早期阶段，因此难以制造全电池。

1.2　钠离子电池发展简介

1.2.1　负极材料

由于传统锂离子电池负极材料（如石墨和硅）储存钠的能力有限，寻找合适的钠离子电池负极一直是一个难以解决的问题。甚至金属钠本身也不适合作为钠离子电池系统的负极，因为它倾向于形成枝晶并且其低熔点（97.7℃）会导致安全问题[50-52]。已被提议作为钠离子系统可能负极的材料范围很广，涵盖通过插层、转化和合金化机制储存钠的化合物。

这些可能的负极材料包括：有机化合物，如羰基化合物、席夫碱或醌衍生物；无机氧化物，如 TiO_2、$Na_2Ti_3O_7$（插层）、Fe_2O_3、Co_3O_4 或 CuO（转化）；与钠合金化的第Ⅳ和Ⅴ族元素（Sn、P、Sb、Bi 和 Ge）以及无序的碳材料。这些材料的性能可以通过具有商业层状氧化物作为正极匹配的全电池的理论比能量并将其与负极材料的比容量（C_{sp}）作图来比较（见图 3-1-1）。对这些参数的分析表明，这些负极材料可分为两类。第一类为达到约 250W · h/kg（负极+正极）能量密度值的材料，第二类是超过 300W · h/kg（负极+正极）能量密度阈值的材料。有机电极和氧化物材料分在第一类，而合金材料和碳基负极可提供接近于商业石墨/$LiCoO_2$ 电池的比能量。

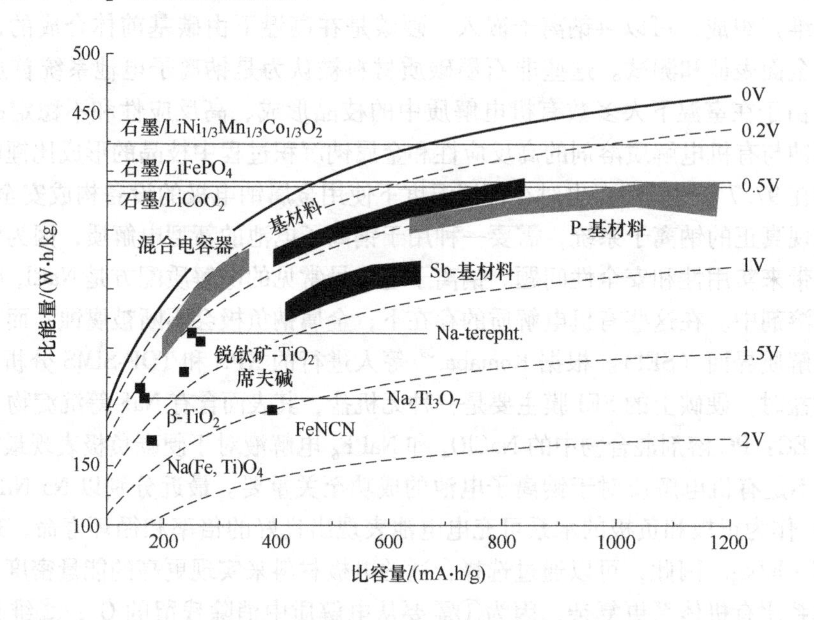

图 3-1-1　钠电池负极材料性能比较[53-55]

1.2.1.1　金属氧化物

仔细观察图 3-1-1 中第一组材料表明，基于氧化物的材料，例如 Na(Fe, Ti)O_4 或 $Na_2Ti_3O_7$，由于其相对较高的摩尔质量而具有有限的比容量，但它们的无机支架赋予了这些材料优异的稳定性，使材料具有良好的循环性能[56,57]。各种形式的二氧化钛，如锐钛矿、金红石或 β-TiO_2 也已被作为负极进行了探索[58,59]。通过在电化学反应过程中经历不同的结构变化，每一种晶型都显示出不同程度的可逆钠嵌入，但它们所呈现出的比容量相对较低，不适用于商用钠离子电池。

1.2.1.2　有机材料

就有机负极而言，这些材料具有不可否认的优势，例如成本低、资源丰富、比容量高和结构通用性强，但也存在首循环库仑效率低、循环过程中粉化、低电导率和有机分子在电解质中的溶解等问题[60-63]。使用石墨烯等添加剂可以通过增强复合电极的导电性同时锚定有机分子来消除这些缺点。除了使用添加剂之外，也可以使用封装、聚合、表面改性、选择有机化合物不易溶解的电解质进行克服。有机钠离子电池的发展仍处于初始状态，并取得了可喜的成果。

1.2.1.3 转化和合金基材料

转化和合金基材料可以提供高比容量，但电化学过程中较大的体积变化会导致活性材料的粉化和电极与电解质接触的减少，从而导致容量快速衰减。多种可能的合金和转换负极涵盖了多种元素，例如Sn、Sb或P过渡金属氧化物和硫属化物（M_xO_y或M_xS_y，其中，M=Fe、Co、Cu、Mn、Ni、Mo），以及过渡金属氮化物和磷化物（Cu_3N、Fe_2N、Mo_2N等）[64-69]。减轻所有这些负极材料所显示的局限性的一种可能方法是使用添加剂，例如石墨烯改性。石墨烯作为添加剂可以由其高表面积显著增加低库仑效率。Shen等人最近发表的具有增强电化学性能的双金属硫化物（如Ni@$NiCo_2S_4$复合材料）开辟了一条获得性能改进的转换负极的新途径[70,71]。

1.2.1.4 碳基材料

目前人们正在研究使用碳基材料，例如无定形碳或石墨烯，以减轻循环过程中的容量衰减。在种类繁多的碳基材料中，石墨并不起主要作用，因为当使用传统电解质时，它的钠吸收量可以忽略不计；只有基于甘醇二甲醚的电解质时，钠离子才可以可逆地共嵌入石墨材料中。虽然石墨在第一次循环中表现出稳定的性能和较低的不可逆性，但它的比容量较低，体积变化较大[72-74]。由于这些原因，将无定形区域与结晶区域相结合的无序碳，例如硬碳和软碳（分别为HC和SC）是正在研究的主要材料。硬碳和软碳的电化学行为与前驱体以及合成条件密切相关。除了这些材料之外，还原氧化石墨烯（rGO）、3D多孔碳框架、硬碳和软碳及还原氧化石墨烯的N、B或P掺杂对应物也具有作为碳基负极的前景[75-77]。理论计算表明，通过将钠离子插入和吸收结合到硬碳中，可以从此类材料中获得高于530mA·h/g的比容量。最近，Komaba的团队报道了使用MgO模板制备的硬碳具有480mA·h/g的比容量值[78-80]。无论如何，对于硬碳和软碳，提高库伦效率仍然是一个挑战。另一方面，以高比电荷碳为代表的碳材料在短期内面临的主要挑战是降低库仑效率和降低工作电压以获得更高比能量的负极材料。

在任何情况下，可以说前驱体（生物质或合成聚合物）和合成条件（是否使用预处理）都决定了获得具有独特微观结构、微孔率、表面积属性的最终碳的性质，这将决定材料的电化学性能。所有这些方面的优化将在可持续性和经济性方面为全球市场作为电网储能带来巨大利益。

1.2.2 正极

可用作钠离子系统的正极材料化学性质丰富，涵盖了广泛的化学家族。如此广泛的材料源自钠离子和过渡金属离子之间的尺寸差异，后者可以稳定多种功能结构，允许钠离子的可逆提取/插入。对于钠离子正极材料的研究主要包括层状过渡金属氧化物、聚阴离子化合物（磷酸盐、氟磷酸盐、混合磷酸盐等）、普鲁士蓝衍生物、转换材料（过渡金属氟化物或氟氧化物、硫化物、硒化物等）和有机化合物（共轭羰基或氧化还原活性聚合物）[81-85]。在提到的正极材料中，层状过渡金属氧化物和聚阴离子化合物是最有应用前途的选择。每种类型的材料都具有不同的特性和局限性，可适用于不同的应用。

1.2.2.1 钠基层状氧化物

这种类型的正极在钠离子电池中很受欢迎，原因有很多，例如它们优异的电化学性能、丰富的前体分布、价格低廉以及具有可扩展的合成特性。在Na_xMO_2化合物的不同可能结构中，从电化学的角度来看，最有趣的是 P2 型和 O3 型，它们的区别在于钠离子和过渡金属层的不同堆叠顺序[86]。

P2 型显示出比 O3 型更高的倍率性能和容量保持率，尽管它们仅在钠含量≤0.67 时才稳定，这意味着材料较低的容量。在 O3 型中，材料可以实现完全钠化相，提供更高的容量，但由于 O3-P3 型相变改变了钠离子的扩散机制，钠离子必须克服较大的能量势垒，因此这种结构的可逆性较差[87]。事实上，钠基层状氧化物的主要内在缺点之一是由于这些相变导致材料的体积变化较大（≈23%）并导致较差的容量保持率和循环性能。这种结构不稳定性在 Mn 基含钠层状氧化物中尤为重要，其中 Mn^{3+} 离子的存在会导致结构扭曲，这是由于 Jahn-Teller 效应导致循环退化。通过掺杂/取代不同的元素，可以稳定结构，限制 Mn^{3+} 离子的数量[88]。按照这种策略，将 Ni 引入结构中，获得了更高的 P2 型稳定性和更好的循环性，因为 Mn 作为非氧化还原活性的结构元素，而 Ni^{2+}/Ni^{4+} 对参与氧化还原反应。结构中较高的 Na 含量（>2/3）可以降低 Ni 的平均氧化态，在较低的充电电压下促进 Ni^{2+} 氧化为 Ni^{4+}，从而导致 P2 形的结构稳定性更高。使用 Ni 作为活性氧化还原元素还会产生更高的工作平均电压，但必须限制充电电压以避免有害的相变（≈3.5V）。此外，Ni 的存在降低了对空气的敏感性，从而难以在过渡金属层中插入有害物质，如 CO_3^{2-}。掺杂/替代元素的合理选择导致显著的性能改进[89-92]。因此，将具有相似离子半径的其他非活性元素（如 Li、Mg、Cu 或 Zn）引入结构中可以使结构稳定，而不会损害电化学性能。此外，正确的成分优化可以进一步增加 P2 型材料中的 Na 含量（0.67~0.85），提供卓越的性能（提高可逆容量和增强循环稳定性），如 $Na_{7/9}Cu_{2/9}Fe_{1/9}Mn_{2/3}O_2$ 和 $Na_{0.85}Li_{0.12}Ni_{0.22}Mn_{0.66}O_2$。二元 Mn/Fe 层状氧化物是另一个很有前途的材料系列，它结合了高工作电压（由于 Fe^{3+}/Fe^{4+} 电极对）和出色的比容量。P2-$Na_{2/3}Mn_{1-y}Fe_yO_2$ 相中 Mn 含量的增加会导致容量保持率增加，但也会导致电化学容量变差，具体而言，已确定 80%的 Mn 含量可提供最佳效果，达到比能量和循环稳定性之间的平衡[93,94]。用 Ti（P2-$Na_{2/3}Mn_{0.8}Fe_{0.1}Ti_{0.1}O_2$）掺杂该相，可以获得表现出非凡的容量保持率（50 次循环后容量>95%）并达到更高可逆容量。对于 C/10 和 1C 的倍率性能测试，比容量分别为 130mA · h/g 和 80mA · h/g。最近，已经探索了在 P2 型中添加牺牲盐（例如 NaN_3、Na_3P 或 $Na_2C_4O_4$）作为钠的额外来源，降低了第一次循环的不可逆容量并显著提高了容量和容量保持率。由于较高的钠含量，O3 型提供了更高的容量，例如 O3-$NaNi_{0.5}Mn_{0.5}O_2$ 相可以分别在 2.2~3.8V 的电压范围内在 2.4mA/g 和 4.8mA/g 的电流密度下提供约 125mA · h/g 和105mA · h/g 的比容量[95-98]。除了优异的能量密度外，适当数量的其他共掺杂元素，如 Fe、Co 或 Ti 的存在可以提高长循环性能。引入共掺杂剂的积极协同效应的一个明确证据是 Faradion Limited 公司在其商业钠离子电池原型中选择 $Na_aNi_{(1-x-y-z)}Mn_xMg_yTi_zO_2$ 材料作为正极。少量掺杂会影响材料在循环过程中的结构演变，从而改善电化学性能。表面涂层（碳、TiO_2、Al_2O_3、聚合物涂层等）可以减轻容量衰减并延长循环寿命，防止正极和电解质之间发生有害的副反应，此外在使用固体电解质的情况下可以促进电极材料与电解质更好的接触。该方法已成功应用于 Al_2O_3 改性的 P2-$Na_{2/3}Ni_{1/3}Mn_{2/3}O_2$ 体系，形成更灵活的正极电解质中间界面（CEI），避免电极材料脱落，从而提高库仑效率和循环性能。形貌和粒径也是设计具有优化电化学性能的正极的关键因素，因此控制合成方法至关重要。通过合成 P2/O3 复合材料将每个相的单独特性结合起来，从而产生具有高比容量、优异的倍率性能和结构稳定性的材料（O3 充当 Na 储库并避免循环时主相滑移，P2 提供更低的扩散势垒）。

还值得强调的是在一些富碱过渡金属氧化物（TM）中观察到的异常额外容量。最广泛接受的解释是可逆的O^{2-}/O^-氧化还原假说，但这与材料化学的观点截然不同[99]。然而，关于这种解释存在一些争议。A. Van der Ven 的小组分析了一些富锂锰基正极材料，驳斥了这一假说，并将异常容量的起源归因于 Mn 氧化过程（从Mn^{4+}到Mn^{7+}）以及这些阳离子从八面体到四面体位点的迁移。这一假说可以解释在一些钠层状氧化物中观察到的活化步骤、电压滞后和电压衰减现象。对于此类钠电池层状氧化物正极材料，在文献研究中通常集中在获得 500~550W·h/kg 能量密度的半电池上，但是当将材料组装商业化全电池后，能量密度急剧下降到约 300W·h/kg[100-102]。

1.2.2.2 聚阴离子材料

由于聚阴离子基团的诱导效应，这些材料具有比层状氧化物更高的氧化还原电位(4V)，稳定坚固的结构框架也延长了循环寿命，并具有高热稳定性和安全性。聚阴离子材料的局限性在于它们的低离子和电子电导率以及这些化合物由于其高摩尔质量而导致的较低比容量。研究者们已使用不同的策略来减轻这些限制的影响，例如控制粒径、使用碳涂层以及引入掺杂元素以增强Na^+扩散并增加材料的内在和外在电导率[103]。

NASICON 型材料聚集了含有聚阴离子单元的化学物质，如$(SO_4)^{2-}$、$(PO_4)^{3-}$，$(BO_3)^{3-}$，$(SiO_4)^{4-}$，$(P_2O_7)^{2-}$与F^-的组合或者它们之间的组合（混合磷酸盐），$Na_3V_2(PO_4)_3$和$Na_3V_2O_{2x}(PO_4)_2F_{3-2x}$两大类材料在聚阴离子化合物中脱颖而出。NASICON 系列化合物可以接受大量过渡金属形成$Na_3M_2(XO_4)_3$（其中，M=V、Fe、Ni、Mn、Ti、Cr、Zr 等，X=P、S、Si、Se、Mo 等），并在支架中呈现开放的三维钠离子传输通道，在电化学反应过程中，赋予钠离子更高的扩散速率。这也得益于其坚固的材料结构[104]。NASICON 结构的$Na_3V_2(PO_4)_3$是研究最广泛的正极材料之一，可以根据 V 的氧化还原对显示不同工作电位（3.4V 和 1.5V），每个反应电压的理论比容量为 117mA·h/g，可以通过使用相同的化合物作为负极和正极构建对称全电池。粒径的控制和不同碳涂层的使用促进了该化合物优异的倍率性能，在 C/10 低倍率下为 115mA·h/g，并在 200C 时达到 44mA·h/g。此外，$Na_3V_2(PO_4)_3$/C@rGO 复合材料在 100C 下实现了 10000 次循环的超长循环寿命。这两个参数展示了出色的倍率性能和长循环性能，使这种材料成为用于高功率系统（例如混合超级电容器）的绝佳候选材料[105,106]。

氟磷酸钒钠家族，$Na_3V_2O_{2x}(PO_4)_2F_{3-2x}$（其中，$0<x<1$），是一组混合价化合物，显示出在 3.6V 和 4.1V 的两个高电压平台[107]。与$Na_3V_2(PO_4)_3$的情况一样，这一系列材料在过去几年中得到了深入研究，提供了理论比容量为 130mA·h/g 和出色的循环性能，1200 次循环后比容量保持率可以达到 90%。

这两组化合物都基于 V 过渡金属，与环境友好的 Mn 基层状氧化物相比，由于其毒性和成本较高，这被认为是一个缺点。还有两种铁基聚阴离子化合物也值得一提。第一个是$Na_2FeP_2O_7$，它具有出色的功率容量、安全性和循环稳定性，但工作电压低（3.0V），这限制了其能量密度[108]。第二种是铝矾土结构$Na_2Fe_2(SO_4)_3$，工作电压高，由环保元素制成，但这种材料的实际使用受到其强吸湿性的阻碍[109]。

1.2.2.3 普鲁士蓝

在钠离子电池中用作正极的第三种选择是普鲁士蓝及其类似物（PBA），其化学分子式为$Na_2M[Fe(CN)_6]$（其中，M=Fe、Co、Mn、Ni、Cu 等）[110-112]。这些六氰基铁酸盐呈现开放式框架结构，具有丰富的氧化还原活性位点和很强的结构稳定性。普鲁士蓝在 3.1V 时可达到约 160mA·h/g 的高容量，然而双 Mn 类似物在 3.5V 时可达到 209mA·h/g。这种结构具有广泛的应用潜力。此外，这些材料具有高可逆容量、高能量密度（约 500~600W·h/kg），并且可以通过低温方法合成的优点。缺点是它们需要大量的导电炭黑，导致体积容量降低，库仑效率仍然需要优化；如果游离氰化物离子被释放，它们会呈现潜在的毒性，因此需要在电池中添加添加剂来预防[113]。此外，由于这些化合物的合成过程通常是在水系介质中（水热或沉淀），这些材料中含有一定量的配位水或间隙水。相反，将 PBA 与水系电解质一起使用是一个优势，可以在不存在安全问题的情况下实现出色的循环性能[114]。

1.2.2.4 基于转化的正极材料

还有通过转化反应与钠反应的正极材料，例如过渡金属氟化物 MF_x（其中，M=Fe、Ti、V、Co、Ni 和 Cu，x = 2 或 3）、氟氧化物、硫化物（Fe_xS_y，Co_xS_y）、硒化物或 CuCl 和 $CuCl_2$[115-118]。这些材料理论上比基于嵌入反应的材料具有更高的比容量和能量密度，因此它们将可以配置高性能钠离子电池。例如，FeF_3 和 FeS_2 的理论比容量分别为 731mA·h/g 和 892mA·h/g，远高于为插入化合物计算的比容量值[119]。然而，迄今为止，它们在电化学反应过程中的较大体积变化和过电位以及缓慢的钠离子扩散都存在很大的局限性。研究者们正在研究克服这些缺点的几种策略，但基于转化的正极或钠离子电池的进展仍处于第一阶段，因此要优化这些材料以供实际使用还有很长的路要走。

1.2.2.5 有机材料

由于过渡金属不具备成本和摩尔质量低、资源丰富、结构通用性强、高安全性和机械灵活性的优点，有机材料正极被认为是有前途的正极材料替代物。有机材料正极的钠离子电池可以带来灵活、可弯曲、轻便和便携的优点[120]。更具体地说，对有机钠离子电池的研究主要集中在可再生和对环境负责的有机电池的开发上。为此，正在研究广泛的材料包括导电聚合物、有机硫化合物、有机自由基化合物、羰基化合物（PTCDA）等[121-123]。羰基化合物是近年来研究最多的有机电极家族，但它们仍然存在必须解决的问题。这些电极的主要缺点是正极在电解质中溶解导致容量快速衰减，其低电子电导率导致较差的倍率性能，以及电极工作电位和振实密度的增加会导致难以实现高能量密度的正极。因此如果上述限制得到控制和优化，具有低价、可弯曲性的“绿色”电池，可以使有机电极在电池材料中占据突出地位。

图 3-1-2 显示了来自这些系列中的具有代表性的正极材料的组成与在半电池系统中获得的理论和实验容量之间的关系。从图 3-1-2 中可以看出，层状氧化物在三个正极系列中具有最高的理论比容量。事实上，基于 TM^{3+}（Mn^{3+}或 Co^{3+}）过渡金属的正极通常能够在 4.0V 以下提供高容量（>100mA·h/g），而基于 TM^{2+}（Ni^{2+}或 Cu^{2+}）的正极往往表现出高电压平台，甚至大于 3.2V[133]。然而，为了更接近理论值，层状氧化物仍有改进的空间。聚阴离子材料由于其较大的质量而显示出较低的理论比容量，但它们的实验比容量非常接近其理论值。在 PBA 材料中，理论和实验比容量值显示出很大的可变性，具体取决于所涉及的过渡金属。一些 PBA 显示出比最初计算的理论容量更高的比容量，因为这些材料可以插入比预期更多的钠离子。分析的三个系列（层状氧化物、聚阴离子材料和 PBA）显示了 100~200mA·h/g 范围内的实验比容量值，这足以将它们实际用作商业钠离子电池中的正极。

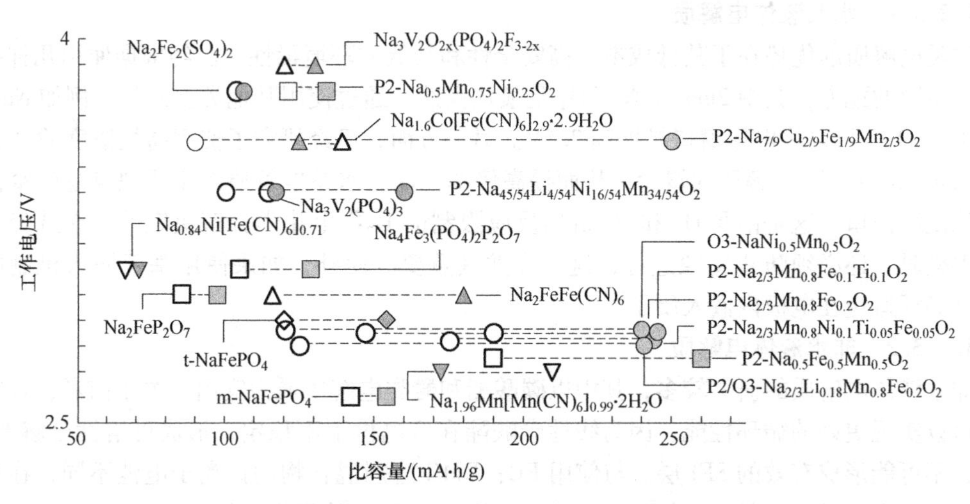

图 3-1-2　钠离子电池系统中最具代表性的正极材料概述[116-132]

1.2.3　电解质

通常，钠离子电池的电解质开发与常见的锂离子电池电解液类似。然而，钠盐具有更高的内聚能，因此具有更高的热稳定性和安全性。根据所选溶剂的类型，电解质可分为水系、有机（或非水系）和固态电解质。图 3-1-3 概述了钠离子电池系统中最具代表性的电解质的离子电导率。

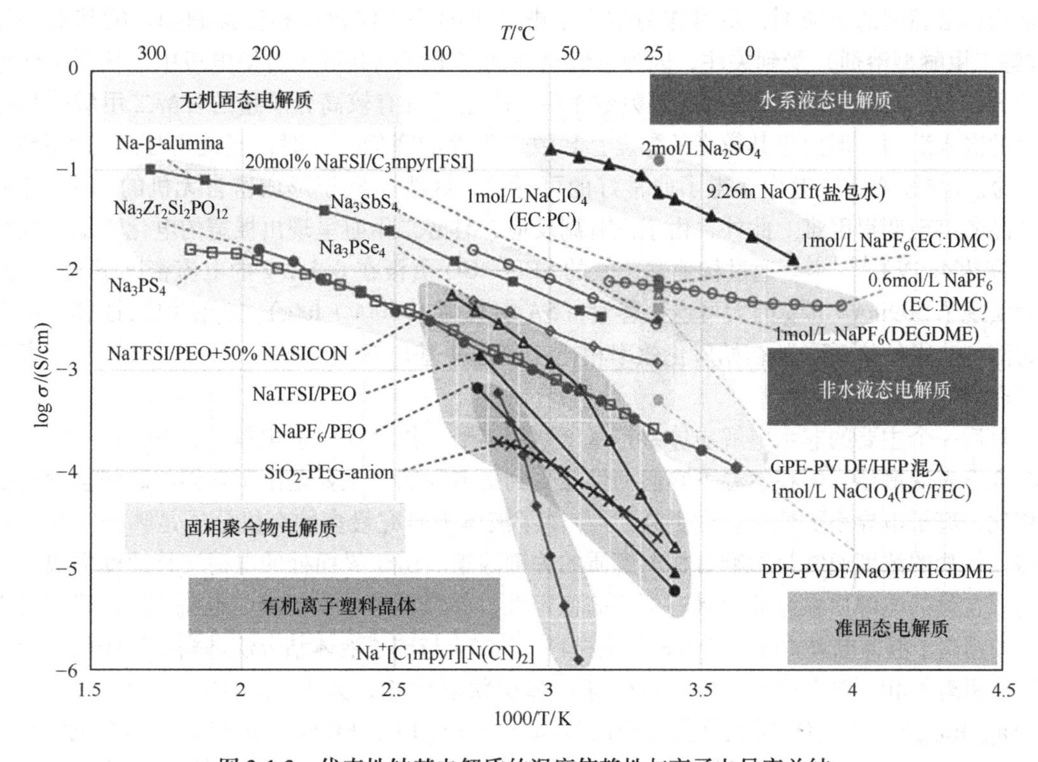

图 3-1-3　代表性钠基电解质的温度依赖性与离子电导率总结

1.2.3.1　水系液体电解质

这类电解质的优势在于其低成本、高安全性和较低的环境毒性。已经根据使用几种钠盐研究了不同的配方，其中2mol/L Na_2SO_4 是最佳候选。通过使用其他类型的盐，例如NaTFSI或 $NaCF_3SO_3$，可以将电压窗口扩展到2.5V。另一方面，已经研究了使用高盐浓度的"盐包水（water in salt）"电解质的概念，从而提高倍率性能。水系电解质的主要缺点是较窄的电化学稳定性窗口，这是由受 O_2 和 H_2 析出反应限制的 H_2O 电化学分解决定的。在选择最合适的电极时，还必须防止腐蚀过程，这一点尤其重要。此外，如果使用基于嵌入机制的电极，则必须避免在电极内嵌入质子[137]。

1.2.3.2　非水液体电解质

非水液体电解质的研究较多，其中以碳酸酯和醚类电解质最为突出。关于前者，环状碳酸酯可以实现更好的循环性能，因为线性碳酸酯在低电位下不稳定，形成可溶性分解产物，因此，不可能形成有效的SEI层。与使用EC：DMC溶剂混合物的锂离子电池不同，在钠离子电池中，最常见的溶剂混合物是EC：PC和EC：DEC。除了少数使用PC外，单一溶剂配方非常罕见。对于钠盐，最常用的盐是 $NaClO_4$，电化学性能好，价格低，但有爆炸危险。有机碳酸酯溶剂（EC：PC）和基于TFSI的离子液体（IL）溶剂中的 PF_6^- 阴离子是钠离子电池中最好的电解质选择。另一方面，钠离子电池电解质与电极发生反应，导致钝化层（SEI）的形成[138]。钠基体系中SEI特性的研究尚处于早期阶段。为了在碱金属负极上形成保护性SEI，SEI材料的等效体积必须大于金属负极的等效体积。在碳衍生物负极中，与电解质的性质相比，碳基质对SEI的组成和厚度的影响更为显著。使用添加剂，如氟代碳酸亚乙酯（FEC），有利于形成保护负极的非常薄的薄膜。三亚磷酸酯（三甲基甲硅烷基）是一种常用作阻燃剂的添加剂，也可作为钠离子电池中的SEI构建和相变抑制剂。酯基电解质（甘醇二甲醚型溶剂）受到关注，因为它们允许钠离子溶剂共嵌入石墨电极中，从而构建稳定的SEI。在嵌入机制中，溶剂起着关键作用，决定了具有较高分子量的甘醇二甲酸酯具有更大的嵌入潜力，但由于其较高的黏度，导致倍率性能降低。同时，当使用甘醇二甲醚时，在钠金属电镀/剥离工艺中获得了非常好的可逆性，因为有利于形成富含无机的SEI，这使得枝晶的出现变得困难。此外，由于没有副反应，甘醇二甲醚呈现出极宽的电化学稳定性窗口（高达4.5V）[139,140]。通过构建基于醚的SEI，rGO负极在0.1A/g的电流密度下循环100次后实现了509mA·h/g的大可逆比容量（5A/g时为196mA·h/g）。与使用二甘醇二甲醚作为溶剂获得的约75%的初始库伦效率相比，碳酸盐基电解质（EC：DEC）中的初始库仑效率非常低（40%）。

最后一个主要的非水电解质体系是基于使用离子液体（IL）的电解质，它们在60~80℃的温度下表现最佳，但在室温下它们的性能受到更多限制，主要是由于它们与碳酸盐型电解质相比，离子电导率更低，黏度更高[141]。离子液体中研究最多的有机分子是咪唑鎓和吡咯烷鎓。钠盐的浓度通常是影响有机电解质的关键因素。由于界面处的电荷转移速度更快，高钠离子含量的电解质在循环中具有更高的稳定性，并且能够承受更高的电流密度。研究者们已经使用离子液体电解质测试了多种电极材料。NaFSI与离子液体结合烷基鏻阳离子的溶液已用于聚阴离子相（$NaFePO_4$、$NaVOPO_4$ 等）和层状氧化物，如P2和O3-$Na_{2/3}Mn_{1/3}Fe_{2/3}O_2$。P2-$Na_{2/3}Mn_{0.8}Fe_{0.1}Ti_{0.1}O_2$ 层状氧化物相在1mol/L $NaPF_6$ EC：PC+2 wt% FEC作为有机电解质和1：9mol%（0.35M）NaFSI在Pyr14FSI中作为离子液体相比，离子液体电解质在低倍率和高倍率下显示出更高的容量保持率和高倍率下更高的比容量。离子液体电解质可以假定为下一代钠基电解质。然而，尽管此类系统的发展取得了进展，但它们具有其他的缺点，例如成本和室温下离子电导率低，这是提高未来钠离子电池中离子液体性能的关键参数[142]。

1.2.3.3 固态电解质

下一代钠离子电池开发全固态电池，避免或减少挥发性和易燃溶剂相关的安全问题至关重要。固态电解质（SSE）的主要优点是高热稳定性、更宽的电化学稳定性窗口和优异的机械性能。然而，一个重要的缺点是与液体相比，室温下的离子电导率低[143]。用于钠电池的固态电解质可分为三大类：固体聚合物电解质（SPE）、复合固体聚合物电解质（CSPE）和无机固体电解质（ISE）。

1. 固体聚合物电解质

固体聚合物电解质含有钠盐和柔性聚合物基质，具有良好的通用性、柔韧性和热力学稳定性，但在室温下的离子电导率非常差。通过调节电解质盐（$NaPF_6$、NaTFSI、NaFSI 等）和聚合物基质，可以提高这些系统中的离子电导率。聚环氧乙烷（PEO）是最常见的聚合物，能够溶解多种钠盐[144]。通过这种方式，不同的钠盐都获得了良好的导电性和热、电化学和界面稳定性。

2. 复合固体聚合物电解质

复合固体聚合物电解质由固体聚合物电解质（聚合物交联、共混等）上的无机填料（SiO_2、Al_2O_3、TiO_2 等）组成，由于结晶度和玻璃化转变温度（T_g）的降低以及无机填料的表面基团与聚合物链和盐的可能相互作用。有研究者使用 NASICON 材料作为活性无机填料，获得了 2.4×10^{-3}S/cm 的优异离子电导率[145]。还值得注意的是新型无机-有机杂化物，当颗粒分散在增塑的（PEO）中时会产生新的固体电解质。这种无机-有机杂化材料在室温下表现出高于 10^{-5}S/cm 的电导率，满足电化学装置的要求。纳米颗粒和聚合物的适当优化可以产生一类在室温下具有高离子电导率和良好机械性能的新型复合固体聚合物电解质。

3. 无机固体电解质

无机固体电解质涉及陶瓷系统，因此是硬且不灵活的材料，例如氧化物、磷酸盐、亚硫酸盐或氢化物。在这些化合物家族中，β''-Al_2O_3（β 氧化铝）和 NASICON（$Na_3Zr_2Si_2PO_{12}$）是迄今为止最常用的钠离子导电固体陶瓷电解质，特别是在高温或中温电化学储能系统中，如 Na-S 电池。

β 氧化铝呈现两种不同的晶体结构，分别命名为 β-Al_2O_3 和 β''-Al_2O_3，其中 β''形式的离子电导率值最高。Li^+和 Mg^{2+}等掺杂剂用于稳定 β''-Al_2O_3 相，提高电导率，而添加 ZrO_2 可降低材料脆性但降低离子电导率[146]。

NASICON 化合物（已在正极部分描述）具有高 Na^+电导率，因此它们可用作具有 $Na_{1+x}Zr_2Si_xP_{3-x}O_{12}(0\leqslant x\leqslant3)$ 组成的钠离子电池中的固体电解质。这些化合物的电导率在 200℃时约为 0.15~0.2S/cm，在室温下通过使用 Na 过量的材料 $Na_{3.1}Zr_{1.95}Mg_{0.05}Si_2PO_{12}$可以达到 3.5×10^{-3}S/cm。尽管这些材料通常用作高温电池中的电解质，但 $Na_3Zr_2Si_2PO_{12}$ 也已与 $Na_3V_2(PO_4)_3$ 电极材料一起作为室温钠离子电池中的陶瓷固体电解质进行了探索[147]。这些全固态系统所表现出的挑战在于电池组件的界面接触。关于这一点，已经证明 NASICON 电解质与少量离子液体的组合表现出优异的循环性能，比容量为 90mA · h/g，10C 下 10000 次循环的容量保持率为95%。这可以归因于离子液体增强了离子传输并提供了“软”缓冲空间以补偿循环过程中的正极体积膨胀。此外，NASICON 化合物还通过使用不同的添加剂（如 Na_3BO_3）并将加热温度从1200℃（烧结过程）降低到700~900℃温度，以玻璃的形式制备。这种策略也成功地生产了室温导电陶瓷固体电解质。

玻璃材料的使用是无机固体电解质领域的重要方法。玻璃可以提供不同的成分，减少与晶界相关的问题，并且它们可以提供与电极的良好接触，因为它们易于成型或形成薄膜。在这方面，基于硫化物的化合物是最有前途的材料之一。锂离子电池玻璃硫化物的积累经验激发了人们对 $Na_{10}GeP_2S_{12}$、$Na_{10}SnP_2S_{12}$或 Na_3PS_4 等导电钠硫化物的兴趣。后者是作为钠导电固体电解质研究最广泛的材料之一。立方 β-Na_3PS_4 在室温下呈现 2×10^{-4}S/cm 的电导率，其电化学窗口高达 5V。除了这种硫化物之外，其他相关化合物（如 Na_3PSe_4 或 Na_3SbS_4）已被探索在室温下具有良好的电导率，在两种情况下均约为 10^{-3}S/cm。此外，已经有研究将这些材料组合成二元或三元系统，例如 $Na_3PS_{4\cdot6}Na_4SiS_4$ 或 P 上的替代物，例如 $Na_3P_{1-x}As_xS_4$[148-150]。

4. 其他固体电解质

有机离子塑料晶体（OIPC）是一种新型电解质，可显著提高钠离子电池的安全性和性能。它们由与离子液体一样的有机阳离子-阴离子对组成，但它们在固态时具有规则的晶体结构。关于钠离子电池的研究很少，但用有机离子塑料晶体与钠盐混合获得的结果显示出高离子电导率，并且具有良好的经济价值，它们可能是中温技术的良好候选者。

1.2.3.4 准固态电解质

固体聚合物电解质在室温下有限的离子电导率可以通过使用液体组分作为增塑聚合物电解质（PPE）和凝胶聚合物电解质（GPE）来解决，其中液体增塑剂的含量分别低于和超过 50wt%。醚和碳酸酯溶剂，以及挥发性较低且不可燃的离子液体已被用作钠离子电池的增塑剂。其他被广泛研究的系统是基于深共晶溶剂（SeSE_DES）的半固体电解质。已经对使用不同锂盐的锂离子电池进行了广泛的研究，该研究可以扩展到具有相同阴离子的钠盐，用于钠电池的制造[151]。

总之，水系和非水系体系均表现出较高的离子电导率，前者显示出较低的电化学稳定性窗口，而后者则存在与 SEI 稳定性和可燃性相关的问题。这些缺点可以通过功能性固态电解质的设计来克服。

最后，对于所有类型的电解质，值得一提的是在高性能钠离子电池电解质的开发中使用先进的理论模拟工具，建立庞大的数据库来确定溶剂化的重要性和电极/电解质界面的去溶剂化动力学、钠盐中阳离子-阴离子相互作用的强度或添加剂的影响。仿真和建模研究不仅限于阐明传导机制，还提供有关不同钠离子传导材料产生稳定 SEI 能力的基本信息。实验研究与理论计算的结合对于开发下一代高性能电池系统、缩短上市时间至关重要。

1.3 钠离子全电池

随着锂离子电池的发展，钠离子电池技术得到迅速发展。钠离子电池作为可在室温下运行的全电池，最先进的具有石墨和层状氧化物的钠离子电池的质量能量密度具有竞争力。然而，目前的研究主要集中在钠离子半电池（使用金属钠）。因此，开发实用的钠离子全电池

(不含金属钠) 仍然是关键的挑战。为了实现实用价值的钠离子电池，许多研究小组专注于开发合理的全电池设计。此外，Aquion Energy (美国)、FARADION (英国) 和住友电工 (日本) 等电池公司不断努力设计开发全电池，从而使实用的钠离子电池得到显著改进。

从历史上看，钠离子全电池的研究早于锂离子电池的商业化。1988 年，提出了基于钠铅合金复合负极和 P2 型 Na_xCoO_2 正极的钠离子全电池，其表现出优异的循环性能 (超过 300 次循环)。后来，还提出了在 100℃ 的高操作温度下，具有 P2 型 $Na_{0.6}CoO_2$ 正极和石油焦负极的全电池，以及固体聚合物电解质 $P(EO)_8NaCF_3SO_3$。然而，由于平均放电电位低于 3V，这些全电池系统与锂离子电池相比并没有引起太多关注[152]。另一方面，自从引入硬碳负极以来，钠离子全电池的性能得到了显著提高。硬碳负极通常表现出 300mA · h/g 的高容量和低工作电位，这有利于提高平均放电电位和全电池的能量密度。在正极材料的研究中，各种类型的磷酸盐和焦磷酸盐基聚阴离子材料具有高工作电位，用于高能量密度钠离子全电池。2003 年，科研人员报道了基于硬碳/$NaVPO_4F$ 的钠离子全电池的初步性能数据。该电池的平均放电电压约为 3.7V，与基于 $LiCoO_2$ 或 $LiMn_2O_4$ 正极材料的市售锂离子电池相当。然而，这种由硬碳/$NaVPO_4F$ 组成的全电池表现出相对较低的放电容量，仅为 82mA · h/g。因此，为了提高工作电位和放电容量，已经研究了各种全电池配置。应用 $Na_3V_2(PO_4)_2F_3$ 正极和硬碳负极制备钠离子全电池，该全电池具有 110mA · h/g 的高容量和 3.65V 的工作电压，以及优异的循环容量保持率在 EC : PC : DMC (45 : 45 : 10, v/v) 电解液中具有极佳的库仑效率 (>98.5%) 和非常好的倍率性能。后来，有研究者以 $Na_4Co_3(PO_4)_2P_2O_7$ 为正极，硬碳为负极，组装出新型钠离子全电池；该电池表现出 4.0V 高工作电压和长循环性能。分层结构的正极，如 P2 型和 O3 型材料也被考虑用于具有硬碳负极的钠离子全电池。科研人员之前的工作表明，P2 型正极材料 (Na_xMO_2; $x \leq 0.7$, M=过渡金属) 具有高可充电容量。然而，P2 型层状正极晶体结构中较低的初始钠含量导致在第一次循环中库仑效率高于 100% 以上。因此，固有特性阻碍了实际的全电池制造[153]。同时，O3 型 (Na_xMO_2, $x \approx 1.0$, M=过渡金属) 正极的实际好处是它们能够制造类似于商业锂离子电池的钠离子全电池。研究者制造了与硬碳负极和 O3-$Na[Ni_{1/2}Mn_{1/2}]O_2$ 正极相结合的全电池，在大约 3V 的工作电压下获得了可接受的电池性能。后来，科研人员提出了 O3 型层状 $Na[Ni_{1/3}Fe_{1/3}Mn_{1/3}]O_2$ 正极材料，并用硬碳做负极制造了高容量全电池，该电池具有 100mA · h/g 的高放电容量和 150 次循环后稳定的循环保持率以及高于 3V 的高工作电位。另一方面，一些工作中使用的钠离子全电池使用了经过预处理的硬碳负极，以减少第一次循环期间的不可逆容量。科研人员制造的钠离子全电池具有组成渐变的 O3 型 $Na[Ni_{0.60}Co_{0.05}Mn_{0.35}]O_2$ 正极和预处理硬碳负极 ($Na_{0.68}C_6$)，其可逆放电容量为 257mA · h/g。这种全电池在 1.5A/g 下表现出 132.6mA · h/g 的优异倍率性能，并在各种温度 (-20℃、0℃、30℃和 55℃) 下保持稳定的循环[154,155]。特别是它在广泛的循环条件下表现出约 80%的优异循环保持率，超过 300 次循环，在 30℃放电时的平均工作电压为 2.84V。最近还有研究者提出基于预处理硬碳负极和 P2/P3/O2-$Na_{0.76}[Mn_{0.5}Ni_{0.3}Fe_{0.1}Mg_{0.1}]O_2$ 混合层状氧化物正极的钠离子全电池。硬碳的预钠化进行到 135mA · h/g 以防止全电池中含有过量的钠。开发的钠离子全电池表现出高比能量 (每千克正极和负极活性材料 200~240W · h)、高平均放电电压 (3.3V)、高能效和长期循环稳定性，700 次循环后的容量保持率为 80%。

然而，这种基于硬碳负极的全电池倍率能力较差，与大多数容量相关的电压平台过于接近钠电钠化电压，导致安全问题。为此，人们设计了基于纳米结构的 $Na_2Ti_3O_7$ 和 $VOPO_4$ 材料作为负极和正极的钠离子全电池。为了降低电极材料在第一次放电过程中的极化和不可逆效应（包括正负极），预先制备了预脱钠的 $Na_2Ti_3O_7$ 和预钠化的 $VOPO_4$[156]。这种全电池在 −20~55℃的宽温度范围内显示出出色的倍率性能和循环稳定性。最近，研究者提出了使用与正极和负极相同的材料的钠离子全电池，即对称全电池。使用相同材料用于正极和负极的最大优势是它们显著降低了材料的加工成本。使用 P_2-$Na_{0.6}[Cr_{0.6}Ti_{0.4}]O_2$ 电极的对称全电池表现出约 2.53V 的平均工作电压平台，以及在 12C 倍率下保持 75%的非凡倍率性能和优异的循环性能。$Na_3V_2(PO_4)_3$ 材料还表现出双正极和负极电位（V^{4+}/V^{3+} 氧化还原反应为 3.4V，V^{3+}/V^{2+} 氧化还原反应为 1.6V），因此可以通过使用 $Na_3V_2(PO_4)_3$ 作为双极电极材料[157]。

目前基于几种正极和非金属负极平台的钠离子全电池的这些结果在实际问题上取得了很大进展。尽管如此，为了获得具有高安全性、出色倍率性能和循环稳定性的实用钠离子电池，仍需要进一步研究合理设计，包括正极和负极之间的容量平衡、电压范围和稳定的电解质。进一步研究功能性添加剂和黏合剂以有效控制正极和负极的固体电解质界面形成是高安全性钠离子电池的重要参数指标。此外，还应考虑电极活性材料的总生产成本和电池组件的成本。总之，需要一种实现实用钠离子电池的电池设计策略，以在提高电池性能和高安全性与降低电池总成本之间找到良好的平衡[158]。

1.4 总结

尽管钠离子电池与锂离子电池的研究大约在同一时间进行，但钠离子电池也一度被放弃，特别是在 20 世纪 90 年代初索尼将锂离子电池商业化之后。然而，技术的发展和对 ESS 等大规模应用的紧迫性为钠离子电池再次被利用打开了大门。锂在地壳上的分布并不均匀，随着需求的不断增加，其储量（特别是锂资源匮乏的地区）将会枯竭。这将导致锂的价格不断上涨，因此在 ESS 应用中使用锂离子电池将不具有成本效益。

具有开放框架的电极在钠系统中更受欢迎，因为可以将较大尺寸的 Na^+（与 Li^+ 相比）引入框架中。然而，考虑到在引入 Na^+ 时发生的巨大结构变化是不可避免的，在试图保持其原始状态的同时，结构的耐久性必然会发生破坏[159]。此外，钠化过渡金属材料特别吸湿，即使短暂暴露在空气中。因此，钠化正极材料和电池的制备需要细致的处理和无水分的条件。由于形成本征绝缘的氢氧化钠，材料的水合作用会降低电极的电化学性能。最近一项关于钠离子电池正极材料的研究集中在这一吸湿问题上。具体来说，住友化学株式会社的研究小组已经成功合成了 O3 型 Ca 掺杂的 $NaFe_{0.4}Ni_{0.3}Mn_{0.3}O_2$，并且他们设法通过 Ca 掺杂抑制了其吸湿倾向。尽管怀疑 Na^+ 离子扩散的动力学可能是合理的，因为相对于 Li^+ 的离子尺寸更大，据 Ceder 等人报道，由于 Na^+ 的低路易斯酸度，与锂系统相比，含钠材料中 Na^+ 的嵌入/脱出实验和计算上都更快[160]。相比之下，与 Li^+ 插入相比，将 Na^+ 插入到瓶颈尺寸较小的不含 Na 的化合物中可能会更慢。此外，β-Al_2O_3；快的 Na^+ 离子导体，大约在 50 年前被发现，甚至比 Li^+ 还要早。

对正极材料的研究相当广泛，包括氧化物、聚阴离子、NASICON（Na 超离子导体）类型和有机化合物。通过对O3型含钠层状过渡金属氧化物$Na_{1-x}FeO_2$的研究，发现该材料具有基于Fe^{3+}/Fe^{4+}氧化还原对的电化学活性，这与含有相同层状过渡的O3型锂系统中的金属氧化物相同[161]。此外，铁离子在$Na_{1-x}FeO_2$中迁移所产生的不可逆容量可以通过Co或Mn占据过渡金属位点作为Fe的替代物来抑制。然而，循环性能差的问题和稳定性问题还有待解决。在聚阴离子化合物中，由于晶体结构中存在P-O共价键，与氧化物相比，它们表现出更好的热稳定性。它们的工作电压可与锂系统相媲美。此外，与前面提到的关于Na^+离子动力学扩散的信息相反，一些关于$NaFePO_4$的研究报告称Na^+离子的迁移能比Li^+高0.05eV，这实际上比报道的动力学扩散慢。Hong等人和Goodenough等人最初提出将Nasicon型化合物用于Na^+离子固体电解质，因为其三维开放框架具有高Na^+离子电导率。然而，这些化合物可以用作电极材料，并在其结构中加入过渡金属。例如，$Na_3V_2(PO_4)_3$在用糖衍生的碳对其表面进行改性后，在较高和较低电压区域均显示出较高的容量。当在完全对称的电池中作为正极进行测试时，他们早期的工作显示出令人不满意的结果。普鲁士蓝及其类似物也因其高能量、功率密度和电化学特性而受到关注。然而，与聚阴离子不同的是，它们较差的热稳定性仍然是一个障碍[162]。

鉴于锂离子电池中常用的负极材料石墨中钠离子的电化学插层尚未被认为适用于钠离子电池，由于二元钠的热力学不稳定，需要一种用于大规模储能的替代系统插入石墨层间化合物（GIC）。因此，为了成功开发钠离子电池，必须寻找具有适当Na电压存储、大可逆容量和高结构稳定性的合适负极。由于金属钠的高反应性和枝晶形成，不建议将其用于负极。许多非石墨材料（如炭黑、沥青基碳纤维）已被证明可以插入Na^+。硬碳（即非石墨但含有石墨烯的碳质材料），被认为是钠离子电池的“第一代”负极选择。硬碳的低BET㊀表面积似乎是实现钠离子电池良好可逆循环的关键因素。然而，碳质负极的低运行潜力给实际应用带来了严重的安全问题。因此，已经广泛研究了过渡金属氧化物化合物，尤其是钛基氧化物。最常见的氧化钛化合物形式［二氧化钛（TiO_2）］已通过将尺寸缩小到纳米级在Na系统中进行了测试，发现赝电容机制主导电荷存储。对典型插层电极的赝电容效应被认为是克服钠插入负极容量限制的潜在解决方案。金属氧化物的转化反应也可用于钠离子电池中的负极。这些转化反应取决于过渡金属，偶尔会与插入-脱嵌或合金-脱合金反应相结合[163]。反应概念首先由尖晶石$NiCo_2O_4$引入，它在约600mA·h/g的初始放电后提供约200mA·h/g的可逆容量。先前的研究表明，形成氧化钠的转化反应是主要反应，因为尖晶石（$NiCo_2O_4$）无法容纳大尺寸的Na^+进入其空位。各种金属硫化物，如硫化钴（CoS、CoS_2）、硫化钼（Mo_2S、MoS_2）、硫化铁（FeS、FeS_2）和硫化锡（SnS、SnS_2），已被广泛研究作为钠离子电池的高容量负极材料。与金属氧化物中相应的M-O键相比，金属硫化物中较弱的M-S键在动力学上有利于与Na^+的转化反应。因此，在钠化过程中，与Na_2O相比，Na_2S的体积变化更小，可逆性更好。脱钠过程分别导致更好的机械稳定性和更高的初始库仑效率。

除了电极材料，合适的电解质、添加剂和黏合剂对于钠离子电池的开发同样重要。通过合适的电解质配方，可以最大限度地减少界面反应，并可以加强电池性能和安全性。正如

㊀ BET为Brunauer、Emmett和Teller名字的缩写。BET测试理论是根据这三位科学家提出的多分子层吸附模型，并推导出单层吸附量V_m与多层吸附量V间的关系方程，即著名的BET方程。BET比表面积测试可用于测颗粒的比表面积、孔容、孔径分布以及氮气吸附脱附曲线。对于研究颗粒的性质有重要作用。——编者注

Bhide 等人报道的那样，EC：DMC 中的 $NaPF_6$ 有利于形成稳定的表面膜，以及 $Na_{0.7}CoO_2$ 正极的可逆性[164]。$NaPF_6$ 基电解质溶液表现出更高的离子电导率，而在 Komaba 等人的报告中，带有硬碳电极的 $NaPF_6$ 基电解质表现出比带有 $NaClO_4$ 的硬碳电极更稳定的循环性能。根据 Palacin 小组研究的报告，他们发现 EC：PC：DMC 溶剂混合物中的 $NaPF_6$ 是硬碳负极的最佳电解质。另一方面，Ponrouch 等人报道，EC：PC 中的 $NaPF_6$ 表现出低热量和高热稳定性，这可归因于循环后在 HC 上形成的更热稳定的 SEI 层。因为有机液体电解质不如其他电解质安全，使用水系电解质是防止安全隐患的好方法，而且它们的成本相对较低。由于钠资源（NaCl、Na_2SO_4、$NaNO_3$ 等）的丰富性，开发水系钠离子电池具有重要意义和实际意义。由于其良好的化学和电化学稳定性，使用聚偏二氟乙烯（PVDF）作为黏合剂非常普遍。然而，使用 PVDF 制浆时，由于使用挥发性和有毒的有机溶剂（N-甲基吡咯烷酮）和较高的生产成本，水溶性黏合剂，如羧甲基纤维素钠（Na-CMC）、聚丙烯酸（PAA）和海藻酸钠已被引入。Na-CMC 是一种环保且廉价的材料，可以在改善固体电解质界面钝化层方面发挥重要作用，从而降低不可逆容量，并以某种方式具有更好的循环寿命。海藻酸钠比 CMC 更不易极化，可以确保聚合物黏合剂和颗粒之间更好的界面相互作用，并在电极层和 Cu 基板之间产生更强的附着力。PAA 黏合剂的使用允许在弹性黏合剂涂覆的电极表面上形成稳定的 SEI 层，其中聚合物基体的弹性可以防止体积变化时 SEI 开裂[165]。

钠离子的电化学系统是锂离子系统的替代品。电极材料、碳添加剂、黏合剂、电解质盐、溶剂和集流体的研究很重要，以使钠离子电池在大规模应用（如 ESS）中的实用性成为可能。另外，提高对材料的理解和发现，可以加速与商业级锂离子电池兼容的钠离子电池的开发。

参考文献

[1] AGRAWAL A, JANAKIRAMAN S, BISWAS K, et al. Understanding the improved electrochemical performance of nitrogen-doped hard carbons as an anode for sodium ion battery [J]. Electrochimica Acta, 2019, 317: 164-172.

[2] ALVARADO J, MA C, WANG S, et al. Improvement of the cathode electrolyte interphase on P-2-$Na_{2/3}Ni_{1/3}Mn_{2/3}O_2$ by atomic layer deposition [J]. Acs Applied Materials & Interfaces, 2017, 9 (31): 26518-26530.

[3] AMATUCCI G G, BADWAY F, DU PASQUIER A, et al. An asymmetric hybrid nonaqueous energy storage cell [J]. Journal of the Electrochemical Society, 2001, 148 (8): A930-A939.

[4] ANGEL MUNOZ-MARQUEZ M, SAUREL D, LUIS GOMEZ-CAMER J, et al. Na-ion batteries for large scale applications: a review on anode materials and solid electrolyte interphase formation [J]. Advanced Energy Materials, 2017, 7 (20): 1700463.

[5] ARAVINDAN V, ULAGANATHAN M, MADHAVI S. Research progress in Na-ion capacitors [J]. Journal of Materials Chemistry A, 2016, 4 (20): 7538-7548.

[6] ARNAIZ M, GOMEZ-CAMER J L, GONZALO E, et al. Exploring Na-ion technological advances: Pathways from energy to power [J]. Materials Today-Proceedings, 2021, 39: 1118-1131.

[7] AVALL G, MINDEMARK J, BRANDELL D, et al. Sodium-ion battery electrolytes: modeling and simulations [J]. Advanced Energy Materials, 2018, 8 (17): 1703036.

[8] BAO W, SHUCK C E, ZHANG W, et al. Boosting performance of Na-S batteries using sulfur-doped $Ti_3C_2T_x$ MXene nanosheets with a strong affinity to sodium polysulfides [J]. Acs Nano, 2019, 13 (10):

11500-11509.

[9] BARPANDA P, LANDER L, NISHIMURA S I, et al. Polyanionic insertion materials for sodium-ion batteries [J]. Advanced Energy Materials, 2018, 8 (17): 1703055.

[10] BASILE A, HILDER M, MAKHLOOGHIAZAD F, et al. Ionic liquids and organic ionic plastic crystals: advanced electrolytes for safer high performance sodium energy storage technologies [J]. Advanced Energy Materials, 2018, 8 (17): 1703491.

[11] BAUER A, SONG J, VAIL S, et al. The scale-up and commercialization of nonaqueous Na-ion battery technologies [J]. Advanced Energy Materials, 2018, 8 (17): 1702869.

[12] BIANCHINI M, GONZALO E, DREWETT N E, et al. Layered P2-O3 sodium-ion cathodes derived from earth abundant elements [J]. Journal of Materials Chemistry A, 2018, 6 (8): 3552-3559.

[13] BIN D, WANG F, TAMIRAT A G, et al. Progress in aqueous rechargeable sodium-ion batteries [J]. Advanced Energy Materials, 2018, 8 (17): 1703008.

[14] BREHM W, SANTHOSHA A L, ZHANG Z, et al. Copper thiophosphate (Cu_3PS_4) as electrode for sodium-ion batteries with ether electrolyte [J]. Advanced Functional Materials, 2020, 30 (19): 1910583.

[15] CAO W J, LUO J F, YAN J, et al. High performance Li-ion capacitor laminate cells based on hard carbon/lithium stripes negative electrodes [J]. Journal of the Electrochemical Society, 2017, 164 (2): A93-A98.

[16] CAO W J, ZHENG J P. Li-ion capacitors with carbon cathode and hard carbon/stabilized lithium metal powder anode electrodes [J]. Journal of Power Sources, 2012, 213: 180-185.

[17] CHEN M, LIU Q, WANG S W, et al. High-abundance and low-cost metal-based cathode materials for sodium-ion batteries: problems, progress, and key technologies [J]. Advanced Energy Materials, 2019, 9 (14): 1803609.

[18] CHEN Y, ZHANG W, ZHOU D, et al. Co-Fe mixed metal phosphide nanocubes with highly interconnected-pore architecture as an efficient polysulfide mediator for lithium-sulfur batteries [J]. Acs Nano, 2019, 13 (4): 4731-4741.

[19] CHOI J W, AURBACH D. Promise and reality of post-lithium-ion batteries with high energy densities [J]. Nature Reviews Materials, 2016, 1 (4): 16013.

[20] CUI J, YAO S, KIM J K. Recent progress in rational design of anode materials for high-performance Na-ion batteries [J]. Energy Storage Materials, 2017, 7: 64-114.

[21] DE ILARDUYA J M, OTAEGUI L, LOPEZ DEL AMO J M, et al. NaN_3 addition, a strategy to overcome the problem of sodium deficiency in P2-$Na_{-0.67}Fe_{0.5}Mn_{0.5}O_{-2}$ cathode for sodium-ion battery [J]. Journal of Power Sources, 2017, 337: 197-203.

[22] DING J, HU W, PAEK E, et al. Review of hybrid ion capacitors: from aqueous to lithium to sodium [J]. Chemical Reviews, 2018, 118 (14): 6457-6498.

[23] DING J, WANG H, LI Z, et al. Peanut shell hybrid sodium ion capacitor with extreme energy-power rivals lithium ion capacitors [J]. Energy & Environmental Science, 2015, 8 (3): 941-955.

[24] DOSE W M, SHARMA N, PRAMUDITA J C, et al. Rate and composition dependence on the structural electrochemical relationships in P-2 $Na_{2/3}Fe_{1-y}Mn_yO_2$ Positive Electrodes for Sodium-Ion Batteries [J]. Chemistry of Materials, 2018, 30 (21): 7503-7510.

[25] DUFFORT V, TALAIE E, BLACK R, et al. Uptake of CO_2 in layered P2-$Na_{0.67}Mn_{0.5}Fe_{0.5}O_2$: insertion of carbonate anions [J]. Chemistry of Materials, 2015, 27 (7): 2515-2524.

[26] ESHETU G G, ELIA G A, ARMAND M, et al. Electrolytes and interphases in sodium-based rechargeable batteries: recent advances and perspectives [J]. Advanced Energy Materials, 2020, 10 (20).

[27] ESHETU G G, GRUGEON S, KIM H, et al. Comprehensive insights into the reactivity of electrolytes based

on sodium ions [J]. Chemsuschem, 2016, 9 (5): 462-471.

[28] FORSYTH M, YOON H, CHEN F, et al. Novel Na+ion diffusion mechanism in mixed organic-inorganic ionic liquid electrolyte leading to high Na^+ transference number and stable, high rate electrochemical cycling of sodium cells [J]. Journal of Physical Chemistry C, 2016, 120 (8): 4276-4286.

[29] FRANCO A A, RUCCI A, BRANDELL D, et al. Boosting rechargeable batteries R&D by multiscale modeling: myth or reality? [J]. Chemical Reviews, 2019, 119 (7): 4569-4627.

[30] FRITH J T, LANDA-MEDRANO I, RUIZ DE LARRAMENDI I, et al. Improving Na-O-2 batteries with redox mediators [J]. Chemical Communications, 2017, 53 (88): 12008-12011.

[31] GAO R M, ZHENG Z J, WANG P F, et al. Recent advances and prospects of layered transition metal oxide cathodes for sodium-ion batteries [J]. Energy Storage Materials, 2020, 30: 9-26.

[32] GOKTAS M, AKDUMAN B, HUANG P, et al. Temperature-induced activation of graphite co-intercalation reactions for glymes and crown ethers in sodium-ion batteries [J]. Journal of Physical Chemistry C, 2018, 122 (47): 26816-26824.

[33] GOKTAS M, BOLLI C, BUCHHEIM J, et al. Stable and unstable diglyme-based electrolytes for batteries with sodium or graphite as electrode [J]. Acs Applied Materials & Interfaces, 2019, 11 (36): 32844-32855.

[34] GONI A, ITURRONDOBEITIA A, GIL DE MURO I, et al. $Na_{2.5}Fe_{1.75}(SO_4)_{(3)}$/Ketjen/rGO: An advanced cathode composite for sodium ion batteries [J]. Journal of Power Sources, 2017, 369: 95-102.

[35] GRECO G, MAZZIO K A, DOU X, et al. Structural study of carbon-coated TiO_2 anatase nanoparticles as high-performance anode materials for Na-ion batteries [J]. Acs Applied Energy Materials, 2019, 2 (10): 7142-7151.

[36] HAN J, ZHANG H, VARZI A, et al. Fluorine-free water-in-salt electrolyte for green and low-cost aqueous sodium-ion batteries [J]. Chemsuschem, 2018, 11 (21): 3704-3707.

[37] HAN M H, GONZALO E, SINGH G, et al. A comprehensive review of sodium layered oxides: powerful cathodes for Na-ion batteries [J]. Energy & Environmental Science, 2015, 8 (1): 81-102.

[38] HE Q, YU B, LI Z, et al. Density functional theory for battery materials [J]. Energy & Environmental Materials, 2019, 2 (4): 264-279.

[39] HILDER M, HOWLETT P C, SAUREL D, et al. Small quaternary alkyl phosphonium bis (fluorosulfonyl) imide ionic liquid electrolytes for sodium-ion batteries with P2-and O3-$Na_{-2/3}Fe_{2/3}Mn_{1/3}O_{-2}$ cathode material [J]. Journal of Power Sources, 2017, 349: 45-51.

[40] HILDER M, HOWLETT P C, SAUREL D, et al. The effect of cation chemistry on physicochemical behaviour of superconcentrated NaFSI based ionic liquid electrolytes and the implications for Na battery performance [J]. Electrochimica Acta, 2018, 268: 94-100.

[41] HONG Z, HONG J, XIE C, et al. Hierarchical rutile TiO_2 with mesocrystalline structure for Li-ion and Na-ion storage [J]. Electrochimica Acta, 2016, 202: 203-208.

[42] HOU H, BANKS C E, JING M, et al. Carbon quantum dots and their derivative 3D porous carbon frameworks for sodium-ion batteries with ultralong cycle life [J]. Advanced Materials, 2015, 27 (47): 7861-7866.

[43] HOUSE R A, MAITRA U, JIN L, et al. What triggers oxygen loss in oxygen redox cathode materials? [J]. Chemistry of Materials, 2019, 31 (9): 3293-3300.

[44] HOUSE R A, MAITRA U, PEREZ-OSORIO M A, et al. Superstructure control of first-cycle voltage hysteresis in oxygen-redox cathodes [J]. Nature, 2020, 577 (7791): 502-508.

[45] HUANG Y, ZHAO L, LI L, et al. Electrolytes and electrolyte/electrode interfaces in sodium-ion batteries:

from scientific research to practical application [J]. Advanced Materials, 2019, 31 (21): 1808393.

[46] HUANG Y, ZHENG Y, LI X, et al. Electrode materials of sodium-ion batteries toward practical application [J]. Acs Energy Letters, 2018, 3 (7): 1604-1612.

[47] HUESO K B, ARMAND M, ROJO T. High temperature sodium batteries: status, challenges and future trends [J]. Energy & Environmental Science, 2013, 6 (3): 734-749.

[48] HUESO K B, PALOMARES V, ARMAND M, et al. Challenges and perspectives on high and intermediate-temperature sodium batteries [J]. Nano Research, 2017, 10 (12): 4082-4114.

[49] HUON HAN M, GONZALO E, SHARMA N, et al. High-performance P2-phase $Na_{2/3}Mn_{0.8}Fe_{0.1}Ti_{0.1}O_2$ cathode material for ambient-temperature sodium-ion batteries [J]. Chemistry of Materials, 2016, 28 (1): 106-116.

[50] JACHE B, ADELHELM P. Use of graphite as a highly reversible electrode with superior cycle life for sodium-ion batteries by making use of co-intercalation phenomena [J]. Angewandte Chemie-International E-dition, 2014, 53 (38): 10169-10173.

[51] JACHE B, BINDER J O, ABE T, et al. A comparative study on the impact of different glymes and their de-rivatives as electrolyte solvents for graphite co-intercalation electrodes in lithium-ion and sodium-ion batteries [J]. Physical Chemistry Chemical Physics, 2016, 18 (21): 14299-14316.

[52] JEZOWSKI P, CROSNIER O, DEUNF E, et al. Safe and recyclable lithium-ion capacitors using sacrificial organic lithium salt [J]. Nature Materials, 2018, 17 (2): 167-173.

[53] JIN T, LI H, ZHU K, et al. Polyanion-type cathode materials for sodium-ion batteries [J]. Chemical Socie-ty Reviews, 2020, 49 (8): 2342-2377.

[54] JIN T, WANG P-F, WANG Q-C, et al. Realizing complete solid-solution reaction in high sodium content P2-type cathode for high-performance sodium-ion batteries [J]. Angewandte Chemie-International Edition, 2020, 59 (34): 14511-14516.

[55] JO J H, CHOI J U, PARK Y J, et al. A new pre-sodiation additive for sodium-ion batteries [J]. Energy Storage Materials, 2020, 32: 281-289.

[56] JUNG S C, KANG Y J, HAN Y K. Origin of excellent rate and cycle performance of Na^+-solvent cointerca-lated graphite vs. poor performance of Li+-solvent case [J]. Nano Energy, 2017, 34: 456-462.

[57] KATCHO N A, CARRASCO J, SAUREL D, et al. Origins of bistability and Na ion mobility difference in P2-and O3-$Na_{2/3}Fe_{2/3}Mn_{1/3}O_2$ cathode polymorphs [J]. Advanced Energy Materials, 2017, 7 (1): 1601477.

[58] KIM H, HONG J, PARK Y U, et al. Sodium storage behavior in natural graphite using ether-based electro-lyte systems [J]. Advanced Functional Materials, 2015, 25 (4): 534-541.

[59] KIM J H, YUN J H, KIM D K. A robust approach for efficient sodium storage of GeS_2 hybrid anode by elec-trochemically driven amorphization [J]. Advanced Energy Materials, 2018, 8 (18).

[60] KIM Y, HA K H, OH S M, et al. High-capacity anode materials for sodium-ion batteries [J]. Chemistry-a European Journal, 2014, 20 (38): 11980-11992.

[61] KOMABA S, ISHIKAWA T, YABUUCHI N, et al. Fluorinated ethylene carbonate as electrolyte additive for rechargeable na batteries [J]. Acs Applied Materials & Interfaces, 2011, 3 (11): 4165-4168.

[62] KOMABA S, YABUUCHI N, NAKAYAMA T, et al. Study on the reversible electrode reaction of $Na_{1-x}Ni_{0.5}Mn_{0.5}O_2$ for a rechargeable sodium-ion battery [J]. Inorganic Chemistry, 2012, 51 (11): 6211-6220.

[63] KUBOTA K, KUMAKURA S, YODA Y, et al. Electrochemistry and solid-state chemistry of $NaMeO_2$ (Me = 3d Transition Metals) [J]. Advanced Energy Materials, 2018, 8 (17): 1703415.

[64] KUBOTA K, SHIMADZU S, YABUUCHI N, et al. Structural analysis of sucrose-derived hard carbon and correlation with the electrochemical properties for lithium, sodium, and potassium insertion [J]. Chemistry

of Materials, 2020, 32 (7): 2961-2977.

[65] KURATANI K, YAO M, SENOH H, et al. Na-ion capacitor using sodium pre-doped hard carbon and activated carbon [J]. Electrochimica Acta, 2012, 76: 320-325.

[66] LANDA-MEDRANO I, DE LARRAMENDI I R, ROJO T. Modifying the ORR route by the addition of lithium and potassium salts in Na-O-2 batteries [J]. Electrochimica Acta, 2018, 263: 102-109.

[67] LANDA-MEDRANO I, FRITH J T, RUIZ DE LARRAMENDI I, et al. Understanding the charge/discharge mechanisms and passivation reactions in Na-O-2 batteries [J]. Journal of Power Sources, 2017, 345: 237-246.

[68] LANDA-MEDRANO I, LI C, ORTIZ-VITORIANO N, et al. Sodium-oxygen battery: steps toward reality [J]. Journal of Physical Chemistry Letters, 2016, 7 (7): 1161-1166.

[69] LANDA-MEDRANO I, PINEDO R, BI X, et al. New insights into the instability of discharge products in Na-O-2 batteries [J]. Acs Applied Materials & Interfaces, 2016, 8 (31): 20120-20127.

[70] LANDA-MEDRANO I, SORRENTINO A, STIEVANO L, et al. Architecture of Na-O-2 battery deposits revealed by transmission X-ray microscopy [J]. Nano Energy, 2017, 37: 224-231.

[71] LEE J, LEE J K, CHUNG K Y, et al. Electrochemical investigations on TiO_2-B nanowires as a promising high capacity anode for sodium-ion batteries [J]. Electrochimica Acta, 2016, 200: 21-28.

[72] LEE M, HONG J, LOPEZ J, et al. High-performance sodium-organic battery by realizing four-sodium storage in disodium rhodizonate [J]. Nature Energy, 2017, 2 (11).

[73] LI A, FENG Z, SUN Y, et al. Porous organic polymer/RGO composite as high performance cathode for half and full sodium ion batteries [J]. Journal of Power Sources, 2017, 343: 424-430.

[74] LI D, TANG W, YONG C Y, et al. Long-lifespan polyanionic organic cathodes for highly efficient organic sodium-ion batteries [J]. Chemsuschem, 2020, 13 (8): 1991-1996.

[75] LI T, XU J, WANG C, et al. The latest advances in the critical factors (positive electrode, electrolytes, separators) for sodium-sulfur battery [J]. Journal of Alloys and Compounds, 2019, 792: 797-817.

[76] LI Y, YANG Z, XU S, et al. Air-stable copper-based P2-$Na_{7/9}Cu_{2/9}Fe_{1/9}Mn_{2/3}O_2$ as a new positive electrode material for sodium-ion batteries [J]. Advanced Science, 2015, 2 (6): 1500031.

[77] LIN Z, GOIKOLEA E, BALDUCCI A, et al. Materials for supercapacitors: when Li-ion battery power is not enough [J]. Materials Today, 2018, 21 (4): 419-436.

[78] LIU H, GUO Y. Novel design and preparation of N-doped graphene decorated $Na_3V_2(PO_4)_{(3)}$/C composite for sodium-ion batteries [J]. Solid State Ionics, 2017, 307: 65-72.

[79] LIU J, XU C, CHEN Z, et al. Progress in aqueous rechargeable batteries [J]. Green Energy & Environment, 2018, 3 (1): 20-41.

[80] LIU Q, HU Z, CHEN M, et al. Recent progress of layered transition metal oxide cathodes for sodium-ion batteries [J]. Small, 2019, 15 (32): 1805381.

[81] LIU Q, HU Z, CHEN M, et al. The cathode choice for commercialization of sodium-ion batteries: layered transition metal oxides versus prussian blue analogs [J]. Advanced Functional Materials, 2020, 30 (14): 1909530.

[82] LIU Z, XU X, JI S, et al. Recent progress of P2-type layered transition-metal oxide cathodes for sodium-ion batteries [J]. Chemistry-a European Journal, 2020, 26 (35): 7747-7766.

[83] LIU Z, ZHANG W, ZHOU Z, et al. Hierarchical porous anatase TiO_2 microspheres with high-rate and long-term cycling stability for sodium storage in ether-based electrolyte [J]. Acs Applied Energy Materials, 2020, 3 (4): 3619-3627.

[84] LOPEZ-HERRAIZ M, CASTILLO-MARTINEZ E, CARRETERO-GONZALEZ J, et al. Oligomeric-schiff ba-

ses as negative electrodes for sodium ion batteries: unveiling the nature of their active redox centers [J]. Energy & Environmental Science, 2015, 8 (11): 3233-3241.

[85] LOZANO I, CORDOBA D, RODRIGUEZ H B, et al. Singlet oxygen formation in NaO_2 battery cathodes catalyzed by ammonium bronsted acid [J]. Journal of Electroanalytical Chemistry, 2020, 872: 114265.

[86] LU Y, LU Y, NIU Z, et al. Graphene-based nanomaterials for sodium-ion batteries [J]. Advanced Energy Materials, 2018, 8 (17).

[87] MA C, ALVARADO J, XU J, et al. Exploring oxygen activity in the high energy P2-type $Na_{0.78}Ni_{0.23}Mn_{0.69}O_2$ cathode material for Na-ion batteries [J]. Journal of the American Chemical Society, 2017, 139 (13): 4835-4845.

[88] MA J L, YIN Y B, LIU T, et al. Suppressing sodium dendrites by multifunctional polyvinylidene fluoride (PVDF) interlayers with nonthrough pores and high flux/affinity of sodium ions toward long cycle life sodium oxygen-batteries [J]. Advanced Functional Materials, 2018, 28 (13).

[89] MANTHIRAM A, YU X. Ambient temperature sodium-sulfur batteries [J]. Small, 2015, 11 (18): 2108-2114.

[90] MARTINEZ DE ILARDUYA J, OTAEGUI L, GALCERAN M, et al. Towards high energy density, low cost and safe Na-ion full-cell using P2-Na-0. 67 $Fe_{0.5}Mn_{0.5}O_2$ and $Na_2C_4O_4$ sacrificial salt [J]. Electrochimica Acta, 2019, 19, 4346.

[91] MASQUELIER C, CROGUENNEC L. Polyanionic (phosphates, silicates, sulfates) frameworks as electrode materials for rechargeable Li (or Na) batteries [J]. Chemical Reviews, 2013, 113 (8): 6552-6591.

[92] NAKAMOTO K, KANO Y, KITAJOU A, et al. Electrolyte dependence of the performance of a $Na_2FeP_2O_7$// $NaTi_2(PO_4)_{(3)}$ rechargeable aqueous sodium-ion battery [J]. Journal of Power Sources, 2016, 327: 327-332.

[93] NAVARRO-SUAREZ A M, JOHANSSON P. Perspective-semi-solid electrolytes based on deep eutectic solvents: opportunities and future directions [J]. Journal of the Electrochemical Society, 2020, 167 (7). 070511.

[94] NI J, FU S, WU C, et al. Superior sodium storage in $Na_2Ti_3O_7$ nanotube arrays through surface engineering [J]. Advanced Energy Materials, 2016, 6 (11). 1502568.

[95] NOI K, SUZUKI K, TANIBATA N, et al. Liquid-phase sintering of highly Na^+ ion conducting $Na_3Zr_2Si_2PO_{12}$ ceramics using Na_3BO_3 additive [J]. Journal of the American Ceramic Society, 2018, 101 (3): 1255-1265.

[96] ORTIZ VITORIANO N, RUIZ DE LARRAMENDI I, SACCI R L, et al. Goldilocks and the three glymes: how Na^+ solvation controls Na-O-2 battery cycling [J]. Energy Storage Materials, 2020, 29: 235-245.

[97] PAMPEL J, DOERFLER S, ALTHUES H, et al. Designing room temperature sodium sulfur batteries with long cycle-life at pouch cell level [J]. Energy Storage Materials, 2019, 21: 41-49.

[98] PARK Y U, SEO D H, KIM B, et al. Tailoring a fluorophosphate as a novel 4V cathode for lithium-ion batteries [J]. Scientific Reports, 2012, 2: 704.

[99] PELED E, MENKIN S. Review-SEI: past, present and future [J]. Journal of the Electrochemical Society, 2017, 164 (7): A1703-A1719.

[100] PETERS J F, CRUZ A P, WEIL M. Exploring the economic potential of sodium-ion batteries [J]. Batteries-Basel, 2019, 5 (1): 10.

[101] QI Y, MU L, ZHAO J, et al. Superior Na-storage performance of low-temperature-synthesized Na_{-3} $(VO_{1-x}PO_4)_{(2)}F_{1+2x}$ (0<=x<=1) nanoparticles for Na-ion batteries [J]. Angewandte Chemie-International Edition, 2015, 54 (34): 9911-9916.

[102] QIAN J, WU C, CAO Y, et al. Prussian blue cathode materials for sodium-ion batteries and other ion bat-

teries [J]. Advanced Energy Materials, 2018, 8 (17).

[103] QIAO L, JUDEZ X, ROJO T, et al. Polymer electrolytes for sodium batteries [J]. Journal of the Electrochemical Society, 2020, 167 (7). 070534.

[104] QIN D, LIU Z, ZHAO Y, et al. A sustainable route from corn stalks to N, P-dual doping carbon sheets toward high performance sodium-ion batteries anode [J]. Carbon, 2018, 130: 664-671.

[105] RADIN M D, VINCKEVICIUTE J, SESHADRI R, et al. Manganese oxidation as the origin of the anomalous capacity of Mn-containing Li-excess cathode materials [J]. Nature Energy, 2019, 4 (8): 639-646.

[106] REN W, CHEN X, ZHAO C. Ultrafast aqueous potassium-ion batteries cathode for stable Intermittent Grid-Scale Energy Storage [J]. Advanced Energy Materials, 2018, 8 (24).

[107] ROJO T, HU Y-S, FORSYTH M, et al. Sodium-ion batteries [J]. Advanced Energy Materials, 2018, 8 (17): 1800880.

[108] RONG X, HU E, LU Y, et al. Anionic redox reaction-induced high-capacity and low-strain cathode with suppressed phase transition [J]. Joule, 2019, 3 (2): 503-517.

[109] RONG X, LU Y, QI X, et al. Na-ion batteries: from fundamental research to engineering exploration [J]. Energy Storage Science and Technology, 2020, 9 (2): 515-522.

[110] RUI X, SUN W, WU C, et al. An advanced sodium-ion battery composed of carbon coated $Na_3V_2(PO_4)_{(3)}$ in a porous graphene network [J]. Advanced Materials, 2015, 27 (42): 6670-6676.

[111] RUIZ DE LARRAMENDI I, ORTIZ-VITORIANO N. Unraveling the effect of singlet oxygen on metal-O (2) batteries: strategies toward deactivation [J]. Frontiers in Chemistry, 2020, 8: 605.

[112] SAUREL D, ORAYECH B, XIAO B, et al. From charge storage mechanism to performance: a roadmap toward high specific energy sodium-ion batteries through carbon anode optimization [J]. Advanced Energy Materials, 2018, 8 (17): 1703268.

[113] SAUREL D, SEGALINI J, JAUREGUI M, et al. A SAXS outlook on disordered carbonaceous materials for electrochemical energy storage [J]. Energy Storage Materials, 2019, 21: 162-173.

[114] SCHAFZAHL L, MAHNE N, SCHAFZAHL B, et al. Singlet oxygen during cycling of the aprotic sodium-O-2 battery [J]. Angewandte Chemie-International Edition, 2017, 56 (49): 15728-15732.

[115] SCHNEIDER S F, BAUER C, NOVAK P, et al. A modeling framework to assess specific energy, costs and environmental impacts of Li-ion and Na-ion batteries [J]. Sustainable Energy & Fuels, 2019, 3 (11): 3061-3070.

[116] SEO D-H, LEE J, URBAN A, et al. The structural and chemical origin of the oxygen redox activity in layered and cation-disordered Li-excess cathode materials [J]. Nature Chemistry, 2016, 8 (7): 692-697.

[117] SERRAS P, PALOMARES V, GONI A, et al. High voltage cathode materials for Na-ion batteries of general formula $Na_3V_2O_{2x}(PO_4)_{(2)}F_{3-2x}$ [J]. Journal of Materials Chemistry, 2012, 22 (41): 22301-22308.

[118] SUN B, KRETSCHMER K, XIE X, et al. Hierarchical porous carbon spheres for high-performance Na-O-2 batteries [J]. Advanced Materials, 2017, 29 (48).

[119] SUN B, POMPE C, DONGMO S, et al. Challenges for developing rechargeable room-temperature sodium oxygen batteries [J]. Advanced Materials Technologies, 2018, 3 (9): 1800110.

[120] SUN Q, LIU J, LI X, et al. Atomic layer deposited non-noble metal oxide catalyst for sodium-air batteries: tuning the morphologies and compositions of discharge product [J]. Advanced Functional Materials, 2017, 27 (16): 1606662.

[121] SUO L, BORODIN O, WANG Y, et al. "Water-in-salt" electrolyte makes aqueous sodium-ion battery safe, green, and long-lasting [J]. Advanced Energy Materials, 2017, 7 (21): 1701189.

[122] SUZUKI K, NOI K, HAYASHI A, et al. Low temperature sintering of $Na_{1+x}Zr_2Si_xP_{3-x}O_{12}$ by the addition of

Na_3BO_3 [J]. Scripta Materialia, 2018, 145: 67-70.

[123] URBANO J L G, ENTERRIA M, MONTERRUBIO I, et al. An overview of engineered graphene-based cathodes: boosting oxygen reduction and evolution reactions in lithium-and sodium-Oxygen batteries [J]. Chemsuschem, 2020, 13 (6): 1203-1225.

[124] USUI H, YOSHIOKA S, WASADA K, et al. Nb-doped rutile TiO_2: a potential anode material for Na-ion battery [J]. Acs Applied Materials & Interfaces, 2015, 7 (12): 6567-6573.

[125] VAALMA C, BUCHHOLZ D, WEIL M, et al. A cost and resource analysis of sodium-ion batteries [J]. Nature Reviews Materials, 2018, 3 (4): 18013.

[126] VILLALUENGA I, BOGLE X, GREENBAUM S, et al. Cation only conduction in new polymer-SiO_2nanohybrids: Na^+ electrolytes [J]. Journal of Materials Chemistry A, 2013, 1 (29): 8348-8352.

[127] WANG H, ZHU C, CHAO D, et al. Nonaqueous hybrid lithium-ion and sodium-ion capacitors [J]. Advanced Materials, 2017, 29 (46): 1702093.

[128] WANG J, LIU H, YANG Q, et al. Cu-doped P2-$Na_{0.7}Mn_{0.9}Cu_{0.1}O_2$ sodium-ion battery cathode with enhanced electrochemical performance: insight from water sensitivity and surface Mn (Ⅱ) formation studies [J]. Acs Applied Materials & Interfaces, 2020, 12 (31): 34848-34857.

[129] WANG L, SONG J, QIAO R, et al. Rhombohedral prussian white as cathode for rechargeable sodium-ion batteries [J]. Journal of the American Chemical Society, 2015, 137 (7): 2548-2554.

[130] WANG N, WANG Y, BAI Z, et al. High-performance room-temperature sodium-sulfur battery enabled by electrocatalytic sodium polysulfides full conversion [J]. Energy & Environmental Science, 2020, 13 (2): 562-570.

[131] WANG P F, YOU Y, YIN Y X, et al. Layered oxide cathodes for sodium-ion batteries: phase transition, air stability, and performance [J]. Advanced Energy Materials, 2018, 8 (8): 1701912.

[132] WEN Z, HU Y, WU X, et al. Main challenges for high performance NAS battery: materials and interfaces [J]. Advanced Functional Materials, 2013, 23 (8): 1005-1018.

[133] WU L, BRESSER D, BUCHHOLZ D, et al. Nanocrystalline TiO_2 (B) as anode material for sodium-ion Batteries [J]. Journal of the Electrochemical Society, 2015, 162 (2): A3052-A3058.

[134] XIAO B, ROJO T, LI X. Hard carbon as sodium-ion battery anodes: progress and challenges [J]. Chemsuschem, 2019, 12 (1): 133-144.

[135] XIN S, YIN Y-X, GUO Y-G, et al. A high-energy room-temperature sodium-sulfur battery [J]. Advanced Materials, 2014, 26 (8): 1261-1265.

[136] XU X, ZHOU D, QIN X, et al. A room-temperature sodium-sulfur battery with high capacity and stable cycling performance [J]. Nature Communications, 2018, 9: 3870.

[137] XU Y, ZHOU M, LEI Y. Organic materials for rechargeable sodium-ion batteries [J]. Materials Today, 2018, 21 (1): 60-78.

[138] YAN G, ALVES-DALLA-CORTE D, YIN W, et al. Assessment of the electrochemical stability of carbonate-based electrolytes in Na-ion batteries [J]. Journal of the Electrochemical Society, 2018, 165 (7): A1222-A1230.

[139] YANG J, ZHANG H, ZHOU Q, et al. Safety-enhanced polymer electrolytes for sodium batteries: recent progress and perspectives [J]. Acs Applied Materials & Interfaces, 2019, 11 (19): 17109-17127.

[140] YIM T, HAN Y-K. Tris (trimethylsilyl) phosphite as an efficient electrolyte additive to improve the surface stability of graphite anodes [J]. Acs Applied Materials & Interfaces, 2017, 9 (38): 32851-32858.

[141] YIN J, QI L, WANG H. Sodium titanate nanotubes as negative electrode materials for sodium-ion capacitors [J]. Acs Applied Materials & Interfaces, 2012, 4 (5): 2762-2768.

[142] YOU Y, MANTHIRAM A. Progress in high-voltage cathode materials for rechargeable sodium-ion batteries [J]. Advanced Energy Materials, 2018, 8 (2): 1701785.

[143] YU F, DU L, ZHANG G, et al. Electrode engineering by atomic layer deposition for sodium-ion batteries: from traditional to advanced batteries [J]. Advanced Functional Materials, 2020, 30 (9): 1906890.

[144] YU X, MANTHIRAM A. Performance enhancement and mechanistic studies of room-temperature sodium-sulfur batteries with a carbon-coated functional nafion separator and a Na_2S/activated carbon nanofiber cathode [J]. Chemistry of Materials, 2016, 28 (3): 896-905.

[145] ZARRABEITIA M, CHAGAS L G, KUENZEL M, et al. Toward stable electrode/electrolyte interface of P2-layered oxide for rechargeable Na-ion batteries [J]. Acs Applied Materials & Interfaces, 2019, 11 (32): 28885-28893.

[146] ZARRABEITIA M, GONZALO E, PASQUALINI M, et al. Unraveling the role of Ti in the stability of positive layered oxide electrodes for rechargeable Na-ion batteries [J]. Journal of Materials Chemistry A, 2019, 7 (23): 14169-14179.

[147] ZHANG B, DUGAS R, ROUSSE G, et al. Insertion compounds and composites made by ball milling for advanced sodium-ion batteries [J]. Nature Communications, 2016, 7: 10308.

[148] ZHANG H, HU M, LV Q, et al. Advanced materials for sodium-ion capacitors with superior energy-power properties: progress and perspectives [J]. Small, 2020, 16 (15): 1902843.

[149] ZHANG H, LIU G, SHI L, et al. Single-atom catalysts: emerging multifunctional materials in heterogeneous catalysis [J]. Advanced Energy Materials, 2018, 8 (1): 1701343.

[150] ZHANG J, SONG K, MI L, et al. Bimetal synergistic effect induced high reversibility of conversion-type Ni@$NiCo_2S_4$ as a free-standing anode for sodium ion batteries [J]. Journal of Physical Chemistry Letters, 2020, 11 (4): 1435-1442.

[151] ZHANG J, WANG D-W, LV W, et al. Achieving superb sodium storage performance on carbon anodes through an ether-derived solid electrolyte interphase [J]. Energy & Environmental Science, 2017, 10 (1): 370-376.

[152] ZHANG L, QIAN K, WANG X, et al. Yolk-shell-structured aluminum phenylphosphonate microspheres with anionic core and cationic shell [J]. Advanced Science, 2016, 3 (5): 1500363.

[153] ZHANG L, YANG K, MI J, et al. Na_3PSe_4: A novel chalcogenide solid electrolyte with high ionic conductivity [J]. Advanced Energy Materials, 2015, 5 (24): 1501294.

[154] ZHANG X, RUI X, CHEN D, et al. $Na_3V_2(PO_4)_{(3)}$: an advanced cathode for sodium-ion batteries [J]. Nanoscale, 2019, 11 (6): 2556-2576.

[155] ZHANG Y, JIANG J, AN Y, et al. Sodium-ion capacitors: materials, mechanism, and challenges [J]. Chemsuschem, 2020, 13 (10): 2522-2539.

[156] ZHANG Y, ORTIZ-VITORIANO N, ACEBEDO B, et al. Elucidating the impact of sodium salt concentration on the cathode electrolyte interface of Na-Air Batteries [J]. Journal of Physical Chemistry C, 2018, 122 (27): 15276-15286.

[157] ZHANG Z, XU K, RONG X, et al. $Na_{3.4}Zr_{1.8}Mg_{0.2}Si_2PO_{12}$filled poly (ethylene oxide)/Na $(CF_3SO_2)_{(2)}N$ as flexible composite polymer electrolyte for solid-state sodium batteries [J]. Journal of Power Sources, 2017, 372: 270-275.

[158] ZHANG Z, ZHANG Q, REN C, et al. A ceramic/polymer composite solid electrolyte for sodium batteries [J]. Journal of Materials Chemistry A, 2016, 4 (41): 15823-15828.

[159] ZHANG Z, ZHANG Q, SHI J, et al. A Self-forming composite electrolyte for solid-state sodium battery with ultralong cycle life [J]. Advanced Energy Materials, 2017, 7 (4): 1601196.

[160] ZHAO C, YAO Z, WANG Q, et al. Revealing high Na-content P2-type layered oxides as advanced sodium-ion cathodes [J]. Journal of the American Chemical Society, 2020, 142 (12): 5742-5750.

[161] ZHAO X, ZHANG Y, WANG Y, et al. Battery-type electrode materials for sodium-ion capacitors [J]. Batteries & Supercaps, 2019, 2 (11): 899-917.

[162] ZHOU D, CHEN Y, LI B, et al. A stable quasi-solid-state sodium-sulfur battery [J]. Angewandte Chemie-International Edition, 2018, 57 (32): 10168-10172.

[163] ZHOU G, MIAO Y-E, WEI Z, et al. Bioinspired micro/nanofluidic ion transport channels for organic cathodes in high-rate and ultrastable lithium/sodium-ion batteries [J]. Advanced Functional Materials, 2018, 28 (52): 1804629.

[164] ZHU C, SONG K, VAN AKEN P A, et al. Carbon-coated $Na_3V_2(PO_4)_{(3)}$ embedded in porous carbon matrix: an ultrafast Na-storage cathode with the potential of outperforming Li cathodes [J]. Nano Letters, 2014, 14 (4): 2175-2180.

[165] ZHU L, DING G, XIE L, et al. Conjugated carbonyl compounds as high-performance cathode materials for rechargeable batteries [J]. Chemistry of Materials, 2019, 31 (21): 8582-8612.

第2章 钾离子电池

钾在地壳中的储量丰富、来源广泛，且物理化学性质与锂相似；在电化学体系中，钾具有较低的电极电势与较快的离子电导率，因此钾离子电池被认为是未来替代锂离子电池的理想储能体系。然而，钾离子半径远大于锂离子，电极材料在嵌钾后会发生巨大的体积膨胀和结构破坏，难以满足实际应用的需求。因此，开发具有稳定结构、能够可逆嵌脱的正负极材料和与之相匹配的电解液，成为钾离子电池目前研究的热点。本章主要从钾离子电池的正极材料、负极材料以及电解液三方面来介绍钾离子电池在国内外最新研究进展。

2.1 钾离子电池发展简介

钾离子电池由于低成本、高储量以及相对较低的还原电位（≈2.936V）而在近年来广受关注。此外，钾离子电池在某些有机电解质中表现出更低的还原电位，具有更宽的电压窗口，从而进一步提升钾离子电池的能量密度。与锂离子电池和钠离子电池相比，钾离子电池的另一个明显的优势是钾离子的路易斯酸性更弱，因此溶剂化离子的半径大大减小，钾离子的去溶剂化能降低，加快了载流子在电解质/电极界面处的扩散。不同于钠离子电池的是，石墨可作为钾离子电池高性能负极材料。例如：插层化合物 KC_8 作为钾电池负极时，该石墨材料几乎可以完美展现出其理论容量（约 279mA · h/g），而钠电池中的石墨插层化合物 NaC_{64} 只能提供 35mA · h/g 的低放电比容量。尽管钾离子电池有诸多优势，但该体系仍处于发展初期并面临许多挑战。首先，在充放电过程中，半径为 0.138nm 的钾离子频繁的嵌入脱出很容易破坏常规锂（钠）离子电池正极材料，导致容量低，倍率性能和循环稳定性差，有时甚至发生电化学失活；其次，钾离子电池另一个明显的缺点是其活性材料相对较重，这会导致较低的能量密度。因此，钾离子电池正负极材料的开发以及电解液体系的优化迫在眉睫。本章详细分析了迄今为止所报道的电极材料类型及其对应的电解液体系以及潜在的电荷存储机制。

2.2 正极材料

与锂/钠一样，钾可以存储在各种晶体结构中。例如近期报道层状 TiS_2 可用作钾离子电池正极材料。处于醚基电解质中的 TiS_2 正极在 20C 时的比容量为 80mA · h/g，并且经过 600 次循环仍保持 63mA · h/g[1] 的比容量。然而，大多数关于正极材料的研究仅限于普鲁士蓝类似物、聚阴离子化合物、层状氧化物和有机化合物等几类材料[2,3]。

2.2.1 普鲁士蓝类正极材料

普鲁士蓝及其类似物具有刚性开放式框架结构，其间的大空隙为离子半径较大的钾离子实现可逆嵌脱提供了丰富的活性位点和离子/电子传输通道。普鲁士蓝类化合物的通式为 $K_xM[M'(CN)_6]_{1-y}\cdot\square_y\cdot mH_2O$（$M$ 是 Fe、Co、Mn、Ni、Cu、Zn 等或其中的几种组合；M' 一般是 Fe；□是氰基空位；$0\leqslant x\leqslant 2$，$y<1$），其结构为面心立方结构。普鲁士蓝类正极材料具有钙钛矿结构，晶格中过渡金属 M 与亚铁氰根按照 Fe—C≡N—M 排列形成三维骨架结构，Fe 离子与 M 离子按照立方体状排列，C≡N 位于立方体的棱上。材料成本低廉、制备简单、环境友好等特性使得普鲁士蓝类材料在大规模储能方面具有广阔的应用前景。

沉淀法是生产普鲁士蓝常用的制备方法。有直接和间接两种技术（见图3-2-1）。直接法由单一制备步骤组成，首先将前驱体溶液搅拌混合，然后用蒸馏水清洗材料。$KFe[Fe(CN)_6]$ 可以通过直接沉淀技术将 $FeCl_3$ 添加到 $K_4Fe(CN)_6$ 溶液中来制备。此外，[$K_2Mn[Fe(CN)_6]$] 材料也可通过相同的技术制备，只需将前驱体换成 $Mn(NO_3)_2$ 并将其添加到 $K_4Fe(CN)_6$ 溶液中。间接法是一个两步过程，例如在一个典型的合成过程中，最初从溶液中获得沉淀物（例如，柏林白，$Fe_2^{II}[Fe^{II}(CN)_6]$），然后用氧化剂（如 H_2O_2）处理以得到最终产物。除了沉淀技术外，还有许多其他潜在的技术可用来制备高质量普鲁士蓝类正极材料，如电化学沉积、水热反应等[6-8]。普鲁士蓝类似物材料用于电池应用的主要挑战是结晶水含量的控制。根据合成过程和条件，水分子可以通过替换整个 [$Fe(CN)_6$] 分子或通过停留在间隙位点来占据晶体结构[9]。这可能会对电池的电化学性能产生不利影响，主要是因为晶体结构中的水含量会影响化合物中存在的电化学活性金属的数量，从而导致 K 离子可能的活性位点总数减少。通过受控合成，结晶水分子可以最小化，但由于产物的快速沉淀，完全脱水通常是困难的[10]。

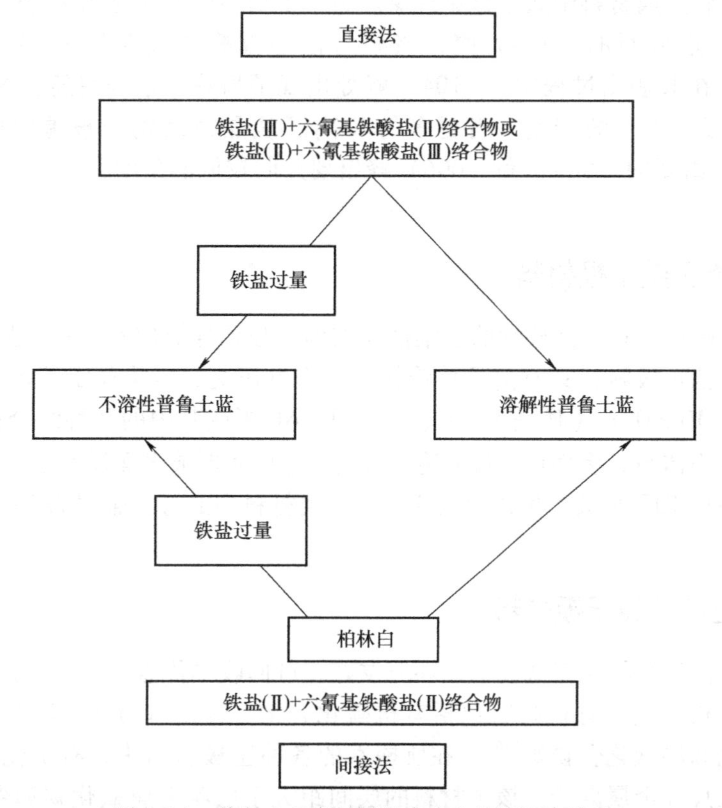

图3-2-1　普鲁士蓝类材料的直接和间接沉淀技术

2.2.2 层状过渡金属氧化物类正极材料

层状过渡金属氧化物由于其高理论能量密度、良好的结构稳定性、低廉的制备成本以及环境友好的特点，在锂、钠二次电池电极材料中得到广泛应用，因而也成为钾离子电池正极材料的合理选择。层状过渡金属氧化物的通式为 K_xMO_2（M 是 Fe、Co、Ni、Mn、V 等或其中的几种组合）。根据钾离子在层状过渡金属层间排列方式的不同，钾基层状氧化物可分为：O3 型（ABCABC 堆叠）、P2 型（ABBA 堆叠）和 P3 型（ABBCCA 堆叠）三类。其中，P、O 表示不同密堆积方式中钾离子处在不同的配位环境（P 为棱形、O 为八面体）；2、3 表示过渡金属离子占据不同位置的数目，是由氧离子堆积方式决定的[10]。据报道，利用 KOH 水溶液处理材料后，部分 K 离子可以通过离子交换过程重新嵌入其中[11]。钾基层状氧化物与锂和钠对应物相比具有许多优点。例如，在许多锂基层状氧化物材料中，过渡金属离子在脱锂过程中迁移到锂层，导致晶体结构发生永久的不可逆相变，从而导致容量衰减[12]。由于钾的离子半径大于锂、钠，导致在碱金属层间形成极度扭曲的空间，严重限制迁移效率。在近期关于 K_xMnO_2 的一项研究中，证实在 $0.27<x<0.70$ 时，材料会发生可逆的结构相变[13]。此外，这种 P3 型 $K_{0.5}MnO_2$ 可以表现出约 100mA · h/g 的特定放电容量和稳定的循环性能。在另一项研究中，研究人员利用原位 XRD 分析确定了 P3 型 $K_{0.5}MnO_2$ 在充电/放电过程中的晶体结构的变化（见图 3-2-2a～c）[14]。其中在 K_xMnO_2 中观察到两相间的转变，即使在非常窄的 K 含量范围内（即，当 x 为 0.395～0.425 和 0.316～0.364 时）。如图 3-2-2e、f 所示，在 K 脱出过程中，(003) 和 (006) 处的峰向低角度移动，表明 MnO_2 层间的空间膨胀，这在层状碱金属材料中属于常见现象。另一个明显的变化是当 $x\approx0.41$ 时，伴随着 (015) 峰的消失形成新的 (104) 峰，该峰与铝基板峰重叠在约 18.5°处。然而，如图 3-2-2g 所示，在 K 脱出过程中，(104) 峰处出现了肩峰，这表明随着 K 离子的去除，材料发生从 P3 到 O3 型的转变。当更多的 K 离子从晶体结构中被提取出来时（即当 $x\approx0.34$ 时），一组新的 (003) 和 (006) 峰出现并向较低的角度移动，表明另一个相变的发生。

2.2.3 聚阴离子类正极材料

聚阴离子正极材料具有开放性的三维框架结构、强诱导效应和 X—O 强共价键，因此其作为钾离子电池正极材料具有离子传输快、工作电压高、结构稳定等优点[15]。该类化合物的通式为 $K_xM(XO_4)_3$（M 是 V、Ti、Tr、Al、Nb 等或其中的几种组合；X 是 P 或 S；$0\leqslant x\leqslant4$）。M 多面体与 X 多面体通过共边或者共点连接而形成多面体框架，而 K^+ 位于框架间隙中。因为 XO_4^{3-} 四面体会产生诱导效应，故此类材料中的过渡金属 M^{n+} 具有较高的氧化还原电对。

2.2.4 有机化合物类正极材料

近年来，有机化合物因其低成本、环境友好、可回收等优点，被认为是开发高性能二次电池的潜在正极材料。有机材料包括有机硫化合物、自由基材料、羰基材料、非共轭氧化还原聚合物和层状化合物等[16]。在所探索的各种正极材料中，有机化合物被认为有希望可以嵌入大尺寸金属离子。该类材料的层间距大于层状金属氧化物和聚阴离子材料，

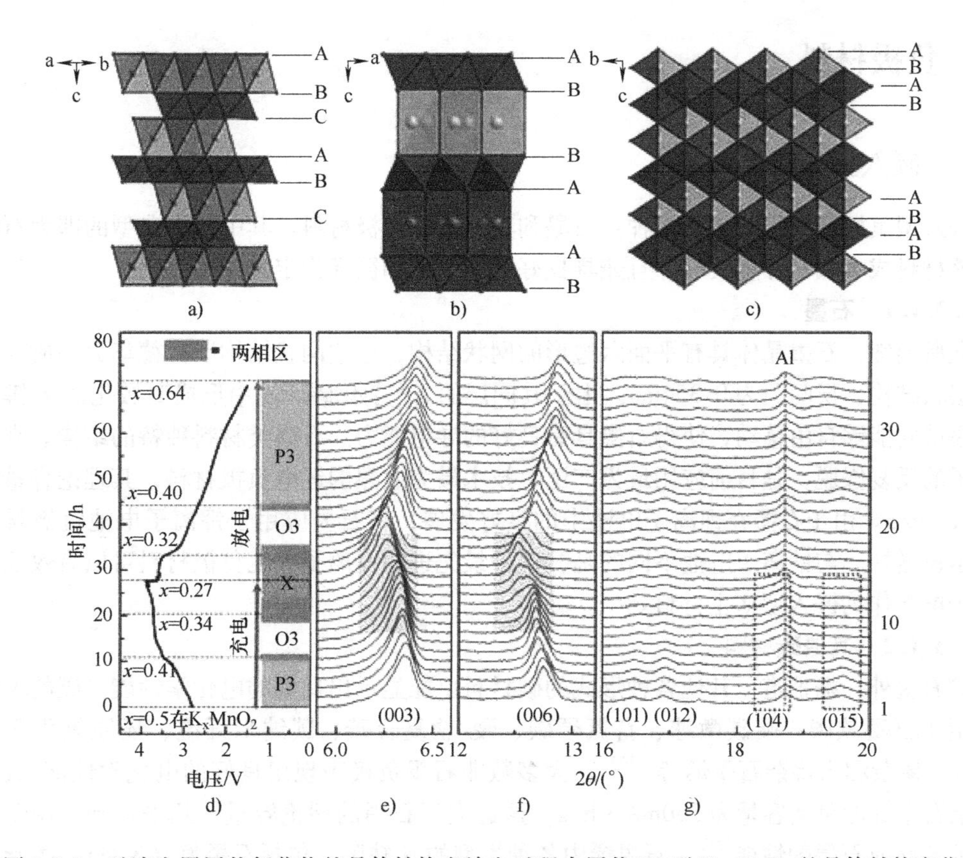

图 3-2-2 过渡金属层状氧化物的晶体结构充放电过程中层状 P3 型 $K_{0.5}MnO_2$ 的晶体结构变化

a）O3 型 b）P2 型 c）O2 型 d）2mA/g 电流密度下的典型充/放电曲线

e）~g）每个谱图以 2h 扫描速率获取的原位 XRD 图谱[14]

这是由于有机化合物通过范德华力而不是离子/共价键进行组合[17]。此外，最新研究证实，由 π-π 芳烃堆积形成的有机材料在非水系电解质中显现出低溶解度。此外，为了获得较高的工作电位，宜在有机结构的稠合芳环的边缘引入强吸电子基团，这会造成环中产生大量电子缺陷，从而降低 LUMO（最低未占轨道）的能级。图 3-2-3 所示为 3，4，9，10-苝-四羧酸-二酐（PTCDA）在不同 K^+ 嵌入下的结构。这种材料通常显示为 $P2_1/c$ 空间群的单斜相结构[18]。

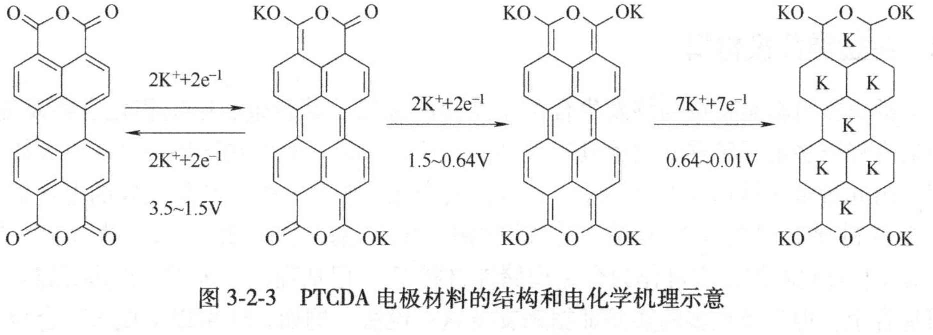

$2K^++2e^{-1}$ ⇌ $2K^++2e^{-1}$ 3.5~1.5V

$2K^++2e^{-1}$ 1.5~0.64V

$7K^++7e^{-1}$ 0.64~0.01V

图 3-2-3 PTCDA 电极材料的结构和电化学机理示意

2.3 负极材料

2.3.1 嵌入型负极材料

嵌入型负极材料主要包括两种：石墨和其他碳基负极材料。其中最为典型的即为石墨材料，该材料成本低、环境友好并且兼具良好的安全性和循环稳定性。

2.3.1.1 石墨

众所周知，石墨晶体具有平面六边形的网状结构，这些网状结构以范德华力构成互相平行的层状结构，层间距为0.354nm。由于其同层的 sp^2 杂化碳原子中形成离域化的 π 键电子在石墨层间能够自由移动，使得石墨具有良好的导电能力。石墨类材料独特的结构非常适合锂离子的反复嵌脱，是目前应用最为广泛、技术最为成熟的锂电负极材料，其理论容量可达372mA・h/g。由于石墨在锂离子电池中的良好发展，将石墨应用于钾离子电池负极材料的研究迅速增加。与钠离子电池不同的是，这种最先进的锂离子电池负极材料可以有效地用于钾离子电池作为嵌入型宿主材料。

2.3.1.2 其他碳材料

除石墨外，据报道，其他各种形式的碳材料也能显示出良好的电化学性能。碳的不同形式包括非石墨软碳、硬碳微球、富氮硬碳、硬/软复合碳、碳纳米纤维、还原氧化石墨烯（rGO）、掺杂和未掺杂石墨烯等[19-23]。大多数非石墨负极表现出良好的电化学性能。例如，N掺杂石墨烯的可逆容量为350mA・h/g；这远大于石墨的理论容量，几乎达到了用于锂离子电池的商业石墨的性能[24]。石墨烯中各种类型的N缺陷，包括石墨氮（N-Q）、类吡咯氮（N-5）和类吡啶氮（N-6）等。F掺杂的石墨烯显示出约4nm的厚度和具有互连介孔结构的晶体特征，表面积为 $874m^2/g$[25]。P和O共掺杂的石墨烯[26]，当石墨烯中的碳原子被超胞中的P原子取代时，可以观察到石墨烯层的几何结构发生了明显的变化。

与石墨材料不同的是，无序型负极材料大多表现出倾斜的电压特性，这会导致钾离子电池的能量密度降低。然而，在这种倾斜的性质下，电荷状态控制得以增强，镀钾风险（特别是在高电流密度下）大大降低。尽管一些非石墨材料的循环寿命延长，但在初始循环中库伦效率较低的问题仍需解决。此外，一些石墨烯基材料表现出了良好的电化学性能，但与石墨负极相比，生产成本更高，体积能量密度更低。因此，从实际角度来看，非石墨材料仍难以与石墨负极竞争，特别是从成本/体积能量密度的角度来看。因此，探索和开发低成本的生产技术和提高材料开采密度至关重要。

2.3.2 合金类负极材料

合金类负极材料是指可与钾发生合金化反应的金属及其合金、中间相化合物及复合物。该反应通常伴随多电子转移，因此具有较高的理论比容量。然而在循环中存在巨大体积膨胀的劣势，由此带来的结构应力会导致活性物质的粉化与脱落，失去与集流体的电接触，进而引发电极材料比容量的快速衰减[27]。目前锡（Sn）基、锑（Sb）基、磷（P）基和锗（Ge）基等几种材料被证实可作为合金型储钾材料[28]。但从理论上来讲，许多元素可以与K形成可逆合金，但需要更多的实验证据来支持这一说法。例如，Si可以形成KSi合金，但它在基于有机电解质的钾离子电池中不能表现出任何氧化还原活性。最近的一项研究探索了 Sn_4P_3 在嵌钾/脱钾过程中的各种合金化反应步骤。经验证，在嵌钾过程中，首先发生转化反应，其中 Sn_4P_3 转化为 Sn 单质和 $K_{3-x}P$ 基质。在此基础上继续嵌钾形成 K_4Sn_{23}，然后在最后阶段通过合金化过程形成 KSn 合金。在脱钾过程中，首先 KSn 脱合金并形成 Sn，然后产生的 Sn 单质与 $K_{3-x}P$ 分子结合并将其转化为 Sn_4P_3。因此，在放电阶段产生 K-Sn（K_4Sn_{23} 和 KSn）和 K-P（$K_{3-x}P$）合金形成相互缓冲以最小化充电/放电循环过程的体积变化[29]。此外，向合金中添加导电碳可能有助于增强对体积变化的缓冲作用。

2.3.3　转化类负极材料

与上述嵌脱反应明显不同的是，转化反应实质上发生的是置换反应。典型的转化反应过程如下[30]：

$$M_aX_b+(b\cdot n)A\leftrightarrow aM+bA_nX \tag{3-2-1}$$

式中　M——过渡金属；

X——阴离子；

n——X 的氧化态；

A——碱金属（在本例中为 K）。

过渡金属硫族化合物 MS_x 都是基于转化反应机制的储钾负极材料。转化型材料发生的是多电子转移反应，因此具有较高的比容量和能量密度。

总的来说，对于负极材料，嵌入类负极材料循环性能较好，但是通常展现出较低的可逆比容量，通过材料微观结构调控和元素掺杂等方法来提高此类材料的理论比容量；相反，合金及转化类负极材料可提供较高的理论容量，然而在充放电中体积膨胀严重，采用结构纳米化、掺杂、包覆等手段来缓冲钾离子嵌脱过程中的体积变化也是该类材料研究的主要方向。

2.4　电解液的发展

电解液作为连接钾离子电池正负极和电解液的盐桥，是钾离子电池体系关键组成部分，直接影响着电池的电化学及安全性能。电解液除了可以补充离子，加速离子传导等，其分解电压决定了钾离子电池的工作电压窗口、电导率和使用温度等。通常来说，选择电解质时应考虑的关键特性是电化学/化学/热稳定性、宽电化学电位窗口、良好的离子传导和电子绝缘性能、无毒和经济性[31]。对于非水系钾离子电池，其电解质主要是以无机盐为溶质，有机碳酸酯类或醚类为溶剂的溶液。常用的电解质盐有：高氯酸钾（$KClO_4$）、双氟磺酰亚氨钾（KFSA）等。电解液溶剂基本采用碳酸乙烯酯（EC）、碳酸丙烯酯（PC）、碳酸二甲酯（DMC）、碳酸二乙酯（DEC）和乙二醇二甲醚（DME）等，实际应用中为了满足高离子电导率、宽电化学窗口、高机械强度以及电化学和热稳定性等要求，一般采用二元组合，例如 EC+PC、EC+DMC 和 EC+DEC 等[32]。由于有机电解液很容易腐蚀钾金属电极，影响电池的电化学性能，因此通常在其中加入成膜添加剂氟代碳酸乙烯酯（FEC）来改善[33]。但是迄今为止关于其他电解液添加剂的研究很少，因而需要在该领域进行深入地探究，以开发合适的电极、电解质以及电解液添加剂的组合来促进钾离子电池的发展。

参考文献

[1] YIN J, QI L, WANG H. Sodium titanate nanotubes as negative electrode materials for sodium-ion capacitors [J]. Acs Applied Materials & Interfaces, 2012, 4 (5): 2762-2768.

[2] YOU Y, MANTHIRAM A. Progress in high-voltage cathode materials for rechargeable sodium-ion batteries [J]. Advanced Energy Materials, 2018, 8 (2): 1701785.

[3] YU F, DU L, ZHANG G, et al. Electrode engineering by atomic layer deposition for sodium-ion batteries: from traditional to advanced batteries [J]. Advanced Functional Materials, 2020, 30 (9): 1906890.

[4] YU X, MANTHIRAM A. Performance enhancement and mechanistic studies of room-temperature sodium-sulfur batteries with a carbon-coated functional nafion separator and a Na_2S/activated carbon nanofiber cathode [J]. Chemistry of Materials, 2016, 28 (3): 896-905.

[5] ZARRABEITIA M, CHAGAS L G, KUENZEL M, et al. Toward stable electrode/electrolyte interface of P2-layered oxide for rechargeable Na-ion batteries [J]. Acs Applied Materials & Interfaces, 2019, 11 (32): 28885-28893.

[6] ZARRABEITIA M, GONZALO E, PASQUALINI M, et al. Unraveling the role of Ti in the stability of positive layered oxide electrodes for rechargeable Na-ion batteries [J]. Journal of Materials Chemistry A, 2019, 7 (23): 14169-14179.

[7] ZHANG B, DUGAS R, ROUSSE G, et al. Insertion compounds and composites made by ball milling for advanced sodium-ion batteries [J]. Nature Communications, 2016, 7: 10308.

[8] ZHANG H, HU M, LV Q, et al. Advanced materials for sodium-ion capacitors with superior energy-power properties: progress and perspectives [J]. Small, 2020, 16 (15).

[9] ZHANG H, LIU G, SHI L, et al. Single-atom catalysts: emerging multifunctional materials in heterogeneous catalysis [J]. Advanced Energy Materials, 2018, 8 (1): 1701343.

[10] ZHANG J, SONG K, MI L, et al. Bimetal synergistic effect induced high reversibility of conversion-type Ni@$NiCo_2S_4$ as a free-standing anode for sodium ion batteries [J]. Journal of Physical Chemistry Letters, 2020, 11 (4): 1435-1442.

[11] ZHANG J, WANG D-W, LV W, et al. Achieving superb sodium storage performance on carbon anodes through an ether-derived solid electrolyte interphase [J]. Energy & Environmental Science, 2017, 10 (1): 370-376.

[12] ZHANG L, QIAN K, WANG X, et al. Yolk-shell-structured aluminum phenylphosphonate Microspheres with Anionic Core and Cationic Shell [J]. Advanced Science, 2016, 3 (5): 1500363.

[13] ZHANG L, YANG K, MI J, et al. Na_3PSe_4: A novel chalcogenide solid electrolyte with high ionic conductivity [J]. Advanced Energy Materials, 2015, 5 (24): 1501294.

[14] ZHANG X, RUI X, CHEN D, et al. $Na_3V_2(PO_4)_{(3)}$: an advanced cathode for sodium-ion batteries [J]. Nanoscale, 2019, 11 (6): 2556-2576.

[15] ZHANG Y, JIANG J, AN Y, et al. Sodium-ion capacitors: materials, mechanism, and challenges [J]. Chemsuschem, 2020, 13 (10): 2522-2539.

[16] ZHANG Y, ORTIZ-VITORIANO N, ACEBEDO B, et al. Elucidating the impact of sodium salt concentration on the cathode electrolyte interface of Na-Air batteries [J]. Journal of Physical Chemistry C, 2018, 122 (27): 15276-15286.

[17] ZHANG Z, XU K, RONG X, et al. $Na_{3.4}Zr_{1.8}Mg_{0.2}Si_2PO_{12}$ filled poly (ethylene oxide)/$Na(CF_3SO_2)_{(2)}N$ as flexible composite polymer electrolyte for solid-state sodium batteries [J]. Journal of Power Sources, 2017, 372: 270-275.

[18] ZHANG Z, ZHANG Q, REN C, et al. A ceramic/polymer composite solid electrolyte for sodium batteries [J]. Journal of Materials Chemistry A, 2016, 4 (41): 15823-15828.

[19] ZHANG Z, ZHANG Q, SHI J, et al. A self-forming composite electrolyte for solid-state sodium battery with ultralong cycle life [J]. Advanced Energy Materials, 2017, 7 (4): 1601196.

[20] ZHAO C, YAO Z, WANG Q, et al. Revealing high Na-content P2-type layered oxides as advanced sodium-ion cathodes [J]. Journal of the American Chemical Society, 2020, 142 (12): 5742-5750.

[21] ZHAO X, ZHANG Y, WANG Y, et al. Battery-type electrode materials for sodium-ion capacitors [J]. Batteries & Supercaps, 2019, 2 (11): 899-917.

[22] ZHOU D, CHEN Y, LI B, et al. A stable quasi-solid-state sodium-sulfur battery [J]. Angewandte Chemie-International Edition, 2018, 57 (32): 10168-10172.

[23] ZHOU G, MIAO Y E, WEI Z, et al. Bioinspired micro/nanofluidic ion transport channels for organic cathodes in high-rate and ultrastable lithium/sodium-ion batteries [J]. Advanced Functional Materials, 2018, 28 (52): 1804629.

[24] ZHU C, SONG K, VAN AKEN P A, et al. Carbon-coated $Na_3V_2(PO_4)_{(3)}$ embedded in porous carbon matrix: an ultrafast Na-storage cathode with the potential of outperforming Li cathodes [J]. Nano Letters, 2014, 14 (4): 2175-2180.

[25] ZHU L, DING G, XIE L, et al. Conjugated carbonyl compounds as high-performance cathode materials for rechargeable batteries [J]. Chemistry of Materials, 2019, 31 (21): 8582-8612.

[26] WANG L, ZOU J, CHEN S, et al. TiS_2 as a high performance potassium ion battery cathode in ether-based electrolyte [J]. Energy Storage Materials, 2018, 12: 216-222.

[27] ZHANG C, XU Y, ZHOU M, et al. Potassium prussian blue nanoparticles: a low-cost cathode material for potassium-ion batteries [J]. Advanced Functional Materials, 2017, 27 (4): 1604307.

[28] ZHU Y H, ZHANG Q, YANG X. Chem-reconstructed orthorhombic V_2O_5 polyhedra [J]. Chem, 2019, 5 (1): 168-179.

[29] SAMAIN L, GRANDJEAN F, LONG G J, et al. Relationship between the synthesis of prussian blue pigments, their color, physical properties, and their behavior in paint layers [J]. The Journal of Physical Chemistry C, 2013, 117 (19): 9693-9712.

[30] XUE L, LI Y, GAO H, et al. Low-cost high-energy potassium cathode [J]. J Am Chem Soc, 2017, 139 (6): 2164-2167.

[31] EFTEKHARI A. Potassium secondary cell based on Prussian blue cathode [J]. Journal of Power Sources, 2004, 126 (1-2): 221-228.

[32] QIAN J, MA D, XU Z, et al. Electrochromic properties of hydrothermally grown Prussian blue film and device [J]. Sol Energy Mater Sol Cells, 2018, 177: 9-14.

[33] WANG S C, GU M, PAN L, et al. The interlocked in situ fabrication of graphene@ Prussian blue nanocomposite as high-performance supercapacitor [J]. Dalton Trans, 2018, 47 (37): 13126-13134.

第3章　非水系铝离子电池

受益于铝金属负极的高容量和低成本，铝离子电池（AIB）已经成为一种比锂离子电池（LIB）更有前途的储能技术。随着整个电池系统的不断发展，非水系的离子液体电解质可以在室温实现可逆地铝的剥离和沉积，已经成为AIB发展的基础。

由于金属Al的三电子氧化还原特性式（3-3-1），铝可以提供较高的质量比容量（2980mA・h/g）和高的体积容量（8046mA・h/cm^3）。

$$Al^{3+}+3e^- \longleftrightarrow Al \tag{3-3-1}$$

此外，铝作为地壳中最丰富的金属元素，直接制作负极材料成本低廉，且在常规环境中安全稳定，对大规模应用具有重要意义。因此，近年来，AIB被认为是可靠的能源存储设备替代品。

AIB发展历史悠久，第一个采用Al做负极的AIB可以追溯到20世纪[4]，但是由于LIB在应用上的优势导致后续对AIB的研究很少。水系AIB具有致命的缺陷，包括氢副反应和形成Al_2O_3钝化层，这一点严重阻碍了应用[5]。考虑到铝的相对较低的对氢电位，非水电解质更适合制作AIB[6]，因为其较宽的电化学窗口有利于实现高度可逆的电镀/剥离的效率。2011年，Archer等人进行了开创性的工作，利用V_2O_5作为正极，1-乙基-3-甲基咪唑氯化物（[EMIm]Cl）/$AlCl_3$作为电解液，制备了非水系AIB。后来，许多研究集中在含氯铝酸盐的离子液体电解质的AIB上。$AlCl_3$与含咪唑氯化物的离子液体的搭配是目前研究最广泛的电解液体系，通过以下反应实现铝的沉积/剥离：

$$Al+7AlCl_4^- -3e^- \longleftrightarrow 4Al_2Cl_7^- \tag{3-3-2}$$

到目前为止，各种类型的正极材料已经被研究构建非水系AIB。然而，在过去的几年中，非水系AIB正极材料的发展仍然受到放电电压低、电容性能差和容量衰减快等诸多难题的阻碍。幸运的是，Dai等人使用氯铝酸盐离子液体电解质和石墨泡沫正极组装高倍率性能的AIB。受此启发，大量的嵌入脱出型材料被用作制备高性能复合材料进行研究。由于氯铝酸盐离子电解质的特性，可实现嵌入的离子既包括Al^{3+}，也包括$AlCl_4^-$。嵌入离子的种类取决于正极材料的晶体结构。到目前为止，各种类型的正极材料已经被研究用于生产实用的基于非水电解质的铝存储系统，包括碳[7]、氧化物、硫化物[8]、导电聚合物[9]和普鲁士蓝类似物[10]。

3.1　碳基电极

碳材料作为应用最广泛的储能材料之一，因其结构稳定性好、电导率高、成本低、储量丰富等优点，为LIB或其他储能系统的发展做出了有效的贡献。1972年，Holleck等人首次尝试利用玻璃碳电极还原Cl_2来构建AIB。虽然该系统不能实现可逆的充放电，但它为AIB

的开发和推广打开了大门。

2015年，Dai等人通过使用三维（3D）石墨泡沫正极、$AlCl_3$：[EMIm] Cl（1.3：1，摩尔比）电解液和金属铝负极来组装具有良好电化学性能的可充电AIB[11]。结合X射线光电子能谱（XPS）和俄歇电子能谱（AES），Al/石墨电池的工作原理如下：Al负极和$AlCl_4^-$在负极侧转化为$Al_2Cl_7^-$，充电时发生逆反应。相应地，在放电和充电反应过程中，$AlCl_4^-$的嵌入和脱出分别发生在石墨层之间。Al/石墨电池在2.25~2.0V和1.9~1.5V电压范围内表现出明显的放电电压平台。此外，该电池也展示出良好的循环稳定性，在电流密度为4A/g的情况下，经过7500次循环后，容量（60mA·h/g）没有明显的衰减。在0.1~5A/g的电流密度下，Al/石墨电池展现出了近似的容量，库伦效率（CE）为98%。该研究为构建非水系AIB提供了非常关键的参数，包括电解质比参数、电解质中含水量的上限以及避免在高电压下发生电解质副反应的充电截止电压（2.45V）。不幸的是，大尺寸的$AlCl_4^-$导致石墨动力学变慢和体积膨胀，限制放电容量在60~66mA·h/g范围内。为了提升AIB的性能，Lu等人通过化学气相沉积（CVD）和Ar^+等离子体刻蚀技术在高孔3D石墨烯泡沫上制备了独立的石墨烯纳米带[12]。为整个3D石墨烯中$AlCl_4^-$的插入/脱插提供了丰富的纳米空隙和额外的空间。在电流密度为5A/g时，所制备的电极表现出更高的容量（123mA·h/g），并且CE可以超过98%；与3D石墨烯泡沫（60mA·h/g）相比，在10000次循环后容量没有衰减。此外，Al/3D石墨烯泡沫在不同电流密度（2~8A/g）下也表现出优异的倍率性能，以及在高低温（0℃、40℃、60℃和80℃）下的卓越的容量和循环寿命。为了获得更好的循环寿命和倍率性能，Gao等人设计了具有优异电化学性能的三高三连续（3H3C）石墨烯薄膜（GF-HC）正极[13]。GF-HC具有以下特征：局部结构具有高取向、高质量和通道，以及连续的电子导电基体、离子扩散高速通道和整个电极的电活性质量。采用氧化石墨烯（GO）液晶溶液制备GF-HC薄膜，形成氧化石墨烯薄膜，然后进行还原，获得还原氧化石墨烯（rGO）薄膜，并进行高温（2850℃）退火。这种正极经过250000次循环后，在400A/g的超高倍率下仍然可以展现出120mA·h/g的比容量，容量保持率为91.7%，在倍率性能和循环寿命方面超过了迄今为止所有的碳基材料。

尽管研究者们已经设计出了具有高电化学性能的碳基正极，但复杂的制备工艺和高能耗仍然阻碍了工业化材料的生产。目前迫切地需要开发制备简便、能耗低的正极合成技术。因此，人们一直致力于探索适合大规模生产的合成方法。Lu等人以羧甲基壳聚糖为碳源，$FeCl_3 \cdot 6H_2O$为催化剂，通过简单的方法创新地采用了碳纳米卷正极[7]。由于铁和碳源的丰富，制备碳纳米卷容易，成本低。此外，独特的结构使碳纳米卷具有沿卷轴快速的电子传输通道和显著的负离子存储能力。研究发现，碳纳米卷的体积膨胀是可调节的，负离子可以嵌入到晶格中，这有助于缓冲体积膨胀。该碳纳米卷正极的电化学性能得到充分的发挥，在1A/g时，其可逆容量为104mA·h/g。此外，该正极具有优异的高低温性能（从-80~120℃），并在50A/g的超快倍率下，在55000次循环后比容量保持为101.24mA·h/g，CE接近100%。为了进一步探索低能耗的合成工艺，Wang等人通过简单的酸处理，以商业碳纳米纤维（CNF）为源，设计了一种新型石墨烯纳米带[14]。碳纤维的无边外层石墨壳被裂解成纳米带，这有助于降低碳纤维长扩散长度内的阻碍。新型石墨烯纳米带还获得了良好的循环稳定性（在电流密度为10A/g时，循环20000次后的容量衰减可以忽略）和提高的倍率容量（在高电流密度为50A/g时，倍率容量为95mA·h/g）。这些工作促使更多的研究人员寻找合适的低成本和高能量密度的正极材料用于 AIB。

因为碳基材料自身卓越的结构稳定性，以及优良的电化学性能，包括高电压平台，超长的寿命，巨大的电导率，以及令人满意的热稳定性，因此这类材料被认为是构建 AIB 的一种可行的正极材料。此外，碳基材料组装的 AIB 具有高功率密度（175kW/kg），可以与超级电容器相媲美，并保持比铅酸电池更高的能量密度。由于太阳能电池具有较高的产能效率，将 AIB 与钙钛矿太阳能组件相结合，可有效提高太阳能可充电电力储能系统的性能。

3.2 金属硫族化合物电极

虽然碳基材料具有良好的循环稳定性和倍率性能，但其较低的比容量（<150mA · h/g）严重限制了 AIB 的能量密度。金属硫族化合物由于具有较大的层间空间和较高的理论能量密度，被认为是构建高能量密度 AIB 的重要正极材料。由于其晶体结构和化学成分的多样性，AIB 中金属硫族化合物的能量储存机制多种多样，主要表现为 $AlCl_4^-$ 或 Al^{3+} 的插入。一些具有层状结构的金属硫族化合物，如硫化锡和硒化铜，可以实现 $AlCl_4^-$ 可逆嵌脱，这与碳基材料的电化学行为相似。例如，Wang 等报道了氧化还原石墨烯支撑的 SnS_2[15]。该复合正极在 0.1A/g 时表现出 392mA · h/g 的高初始容量。在 0.2A/g 电流密度下循环 100 次后，容量可保持 70mA · h/g，CE 值大于 90%。这种良好的电化学性能归因于 SnS_2 较大的层间距和丰富的活性反应位点。考虑到二维（2D）材料的优良性能，Li 等人合成了星形 WS_2，并将其应用于 AIB（见图 3-3-1a）[16]。为了确定 WS_2 材料在 AIB 中的反应机理，Li 等人基于（WS_2）的单体结构，采用密度泛函理论（DFT）计算。如图 3-3-1b、c 所示，分别模拟了 Al^{3+} 和 $AlCl_4^-$ 嵌入时的生成能。因为生成能（$AlCl_4^-$ 插入层中）是负的，所以理论上，$AlCl_4^-$ 的嵌入是可行的。同时，结合非原位 XPS 和 XRD 分析，确定了 $AlCl_4^-$ 在 WS_2 中的嵌入机理。WS_2 在软包装电池中的储能过程如图 3-3-1d 所示。WS_2 的倍率性能显著，在图 3-3-1e 中 5A/g 和 0.1A/g 的电流密度下，其可逆容量分别为 86mA · h/g 和 254mA · h/g。更重要的是，在 1A/g 的电流密度下，循环 500 次后，循环容量稳定在 119mA · h/g。这项工作也为确定 AIB 的机制提供了新的途径。

除 $AlCl_4^-$ 外，Al^{3+} 也实现可逆地脱嵌。理论上，由于 Al^{3+} 比 $AlCl_4^-$ 携带着更多的电荷和更小的离子半径，它的嵌入应该更容易一些。通常，具有极性键的金属硫族化合物材料容易破坏 $AlCl_4^-$ 的 Al-Cl 极性键，生成孤立的 Al^{3+}。2011 年，Archer 等人尝试使用 V_2O_5 纳米线作为宿主正极，可实现 Al^{3+} 可逆嵌脱，第一次循环的比容量为 305mA · h/g，20 次循环后的比容量为 273mA · h/g[6]。然而，一些研究人员认为，Al^{3+} 储存在不锈钢集流器中，而不是 V_2O_5 中。2017 年，Wu 等人通过恒电流间歇滴定技术（GITT）、XPS、透射电子显微镜（TEM）和能量色散 X 射线能谱（EDS）进一步研究了 Al^{3+} 在 V_2O_5 纳米线中的存储机理[17]。该研究组给出了确凿的证据，证明 Al^{3+} 可以通过嵌入反应和相变反应可逆地插入到金属氧化物中。与 V_2O_5 类似，层间距离为 6.5Å 的 2D 材料 $MoSe_2$ 可以提供足够的空间容纳金属离子。Li 等人合成了一种独特的纳米尺寸 $MoSe_2$@C 矩阵，用于 AIB[18]。通过 XPS 和 DFT 计算等一系列表征方法探讨了 $MoSe_2$ 的 Al^{3+} 存储机理。组装的电池保留容量为 117mA · h/g，并且在 1A/g 高电流密度循环 5000 次没有明显的容量衰减，这一结果主要归因于 $MoSe_2$ 纳米粒子的

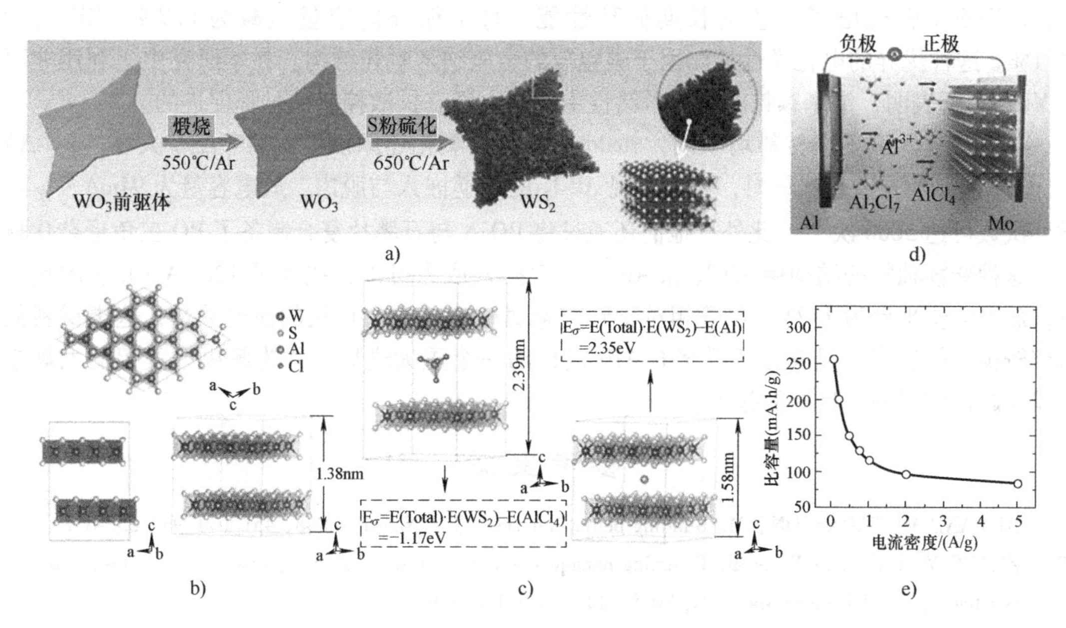

图 3-3-1　用 WS_2 正极组装的 AIB

a）二维 WS_2 微片组件的合成工艺原理图和微观表征　b）$(WS_2)_{32}$超级单体结构示意图

c）在 $(WS_2)_{32}$中含有 0，1 $AlCl_4^-$ 和 1 Al^{3+}的原子结构　d）Al//WS_2 电池充电过程示意图　e）不同电流密度从 0.1~5A/g 的倍率容量

小尺寸和碳矩阵均匀分布。

嵌入型金属硫族化合物集中在 2D 材料中。这些材料通常比碳基材料表现出更高的初始容量，但它们的倍率性能、循环寿命和电池电压平台不是很理想。为了提高其应用潜力，采用碳基材料进行纳米级结构设计和复合正极制备进一步提高循环稳定性将是很好的选择。

3.3　其他嵌入型正极材料

除碳和过渡金属硫族化合物正极材料外，其他嵌入型正极材料在 AIB 中也有广泛应用，包括普鲁士蓝类似物（PBA）、MXene 和导电聚合物。Beidaghi 等人构建了一种基于 2D 碳化钒（V_2CT_x）MXene 正极的可充电 AIB[19]。通过在 V_2CT_x 层之间可逆地插入 Al^{3+}，电池表现出 1.2V 的高放电电压平台，并在 0.1A/g 电流密度下提供超过 300mA · h/g 的初始比容量。（V_2CT_x）MXene 电极的放电电位和初始容量是迄今为止报道的嵌入型正极中性能最好的，这为探索 AIB 的正极材料提供了良好的途径。虽然在循环过程中观察到容量持续缓慢下降，但如果进一步研究容量下降机制，MXene 将毫无疑问地成为非常有前途的正极材料。

PBA 作为一种多孔材料，可以形成面心立方框架来容纳 K^+、Mg^{2+}甚至 NH_4^+ 等离子。最近，Shokouhimehr 等人通过在天然丝绒上原位生长 PBA 制备了铝离子电池电极材料[10]。由 PBA 前驱体 $Co[Co(CN)_6]$、$Fe[Fe(CN)_6]$ 和 $Co[Fe(CN)_6]$ 制备了 3 种金属纳米颗粒，分别为 Co@C、Fe@C 和 CoFe@C，并作为 AIB 的正极材料。CoFe@C 的放电容量（372mA · h/g）明显优于其他的物质（Co@C 的放电容量为 103mA · h/g，Fe@C 的放电容量为 75mA · h/g）。此外，CoFe@C 表现出了出色的长期循环性能，每个循环的容量衰减为 0.7%，CE 值为 94.1%。这种优异的电化学性能归因于碳包覆的金属纳米颗粒结构。在本研究中，利用非原位 XRD 分析表明，纳米颗粒的电化学活性主要是由固态扩散控制的过程促进的。

与上述嵌入型正极材料均不同，Stoddart 等利用氧化还原活性三角菲醌基大环（PQ-Δ）设计了一种新型层状正极材料，可以实现 $AlCl_2^+$ 的可逆嵌入与脱出，放电容量为 94mA · h/g，循环次数可达 5000 次[9]。此外，他们还通过将 PQ-Δ 与石墨片复合制备了 PQ 三角形杂化材料。这种新颖独特的结构使 $AlCl_4^-$ 和 $AlCl_2^+$ 的双插入成为可能，提高了 126mA · h/g 的比容量，放电电位平台为 1.7V。尽管相对于碳或金属硫族化合物正极的研究数量，这类材料的研究较少，但这些发现成为了可充电 AIB 设计的一个重大进展，并为解决可负担的大规模储能问题提供了一个良好的起点。

参 考 文 献

[1] ARMAND M, TARASCON J M. Building better batteries [J]. Nature, 2008, 451 (7179): 652-657.

[2] ZHANG Y, LIU S, JI Y, et al. Emerging nonaqueous aluminum-ion batteries: challenges, status, and perspectives [J]. Advanced Materials, 2018, 30 (38): 1706310.

[3] YANG H, LI H, LI J, et al. The rechargeable aluminum battery: opportunities and challenges [J]. Angew Chem Int Ed Engl, 2019, 58 (35): 11978-11996.

[4] TAKAMI N, KOURA N. Studies on the electrochemical behaviour of the FeS_2 electrode in molten $AlCl_3$ NaCl by the AC impedance method [J]. Electrochimica Acta, 1988, 33 (1): 69-74.

[5] AMBROZ F, MACDONALD T J, NANN T. Trends in aluminium-based intercalation batteries [J]. Advanced Energy Materials, 2017, 7 (15): 1602093.

[6] JAYAPRAKASH N, DAS S K, ARCHER L A. The rechargeable aluminum-ion battery [J]. Chem Commun (Camb), 2011, 47 (47): 12610-12612.

[7] LIU Z, WANG J, DING H, et al. Carbon nanoscrolls for aluminum battery [J]. ACS Nano, 2018, 12 (8): 8456-8466.

[8] GENG L, LV G, XING X, et al. Reversible electrochemical intercalation of aluminum in Mo6S8 [J]. Chemistry of Materials, 2015, 27 (14): 4926-4929.

[9] KIM D J, YOO D-J, OTLEY M T, et al. Rechargeable aluminium organic batteries [J]. Nature Energy, 2019, 4 (1): 51-59.

[10] ZHANG K, LEE T H, BUBACH B, et al. Graphite carbon-encapsulated metal nanoparticles derived from Prussian blue analogs growing on natural loofa as cathode materials for rechargeable aluminum-ion batteries [J]. Scientific Reports, 2019, 9: 13665.

[11] LIN M C, GONG M, LU B, et al. An ultrafast rechargeable aluminium-ion battery [J]. Nature, 2015, 520 (7547): 325.

[12] YU X, WANG B, GONG D, et al. Graphene nanoribbons on highly porous 3D graphene for high-capacity and ultrastable Al-ion batteries [J]. Advanced Materials, 2017, 29 (4): 1604118.

[13] CHEN H, XU H, WANG S, et al. Ultrafast all-climate aluminum-graphene battery with quarter-million cycle life [J]. Science advances, 2017, 3 (12): eaao7233.

[14] HU Y, DEBNATH S, HU H, et al. Unlocking the potential of commercial carbon nanofibers as free-standing positive electrodes for flexible aluminum ion batteries [J]. Journal of Materials Chemistry A, 2019, 7 (25): 15123-15130.

[15] HU Y, LUO B, YE D, et al. An innovative freeze-dried reduced graphene oxide supported SnS_2 cathode active material for aluminum-ion batteries [J]. Advanced Materials, 2017, 29 (48): 1606132.
[16] ZHAO Z, HU Z, LI Q, et al. Designing two-dimensional WS_2 layered cathode for high-performance aluminum-ion batteries: from micro-assemblies to insertion mechanism [J]. Nano Today, 2020, 32: 100870.
[17] GU S, WANG H, WU C, et al. Confirming reversible Al^{3+} storage mechanism through intercalation of Al^{3+} into V_2O_5 nanowires in a rechargeable aluminum battery [J]. Energy Storage Materials, 2017, 6: 9-17.
[18] ZHAO Z, HU Z, LIANG H, et al. Nanosized $MoSe_2$@ Carbon matrix: a stable host material for the highly reversible storage of potassium and aluminum ions [J]. ACS Applied Materials & Interfaces, 2019, 11 (47): 44333-44341.
[19] VAHIDMOHAMMADI A, HADJIKHANI A, SHAHBAZMOHAMADI S, et al. Two-dimensional vanadium carbide (MXene) as a high-capacity cathode material for rechargeable aluminum batteries [J]. ACS Nano, 2017, 11 (11): 11135-11144.

第 4 章　锌离子电池

可充电锌离子电池（ZIB）因为金属锌（Zn）具有以下优点而受到特别关注：①较高的理论容量（820mA·h/g、5854mA·h/cm^3），以及水溶液中平衡的动力学、稳定性和可逆性；②低电化学电位［-0.763V vs.（SHE）］和氧化还原反应期间的双电子转移带来的高能量密度；③高自然丰度和大规模生产；④毒性低，安全性高[1]。

4.1　正极材料

已开发出各种用于 ZIB 的正极材料基于不同的反应机理，主要包括：①锰基化合物；②钒基化合物；③普鲁士蓝类似物；④Li^+或 Na^+嵌入材料；⑤镍或钴基材料；⑥有机材料。

4.1.1　锰基化合物

锰（Mn）作为一种典型的过渡金属元素，存在多种稳定的氧化物（MnO、Mn_3O_4、Mn_2O_3、MnO_2），并且由于 Mn 具有多种不同价态：Mn^{2+}、Mn^{3+}、Mn^{4+}和 Mn^{7+}，使其化合物具有多种晶体结构和晶相。因其各种各样的原子结构、相、形态和孔隙率，Mn 氧化物表现出不同的电化学行为和各种令人印象深刻的电化学性能。在过去的几年中，Mn 基化合物引起了越来越多的关注，并且已经探索了多种 Mn 基化合物作为 ZIB 的正极材料，包括 α-MnO_2、β-MnO_2、γ-MnO_2、δ-MnO_2、Mn_2O_3、Mn_3O_4 和 $ZnMn_2O_4$ 等。在各种 Mn 氧化物中，具有（2×2）+（1×1）隧道结构的 α-MnO_2 和具有（1×2）+（1×1）隧道结构的 γ-MnO_2 是研究最广泛的相，它们都具有较高的比容量（大约 200~300mA·h/g），而稳定的（1×1）隧道结构 β-MnO_2 由于其狭窄的隧道而通常被认为不利于 Zn^{2+}嵌入。然而，Chen[2] 和同事证明了 β-MnO_2 在第一次放电过程中经历了层状锌-布塞尔矿（即 B-$Zn_xMnO_2 \cdot nH_2O$）的相变，从而实现了随后的 Zn^{2+}的嵌入/脱出。通过使用含有 $Mn(CF_3SO_3)_2$ 添加剂的 $Zn(CF_3SO_3)_2$ 电解质，这种隧道结构的 β-MnO_2 显示出 225mA·h/g 的高比容量和优异的循环稳定性，在 2000 次循环中容量保持率为 94%。

研究发现，无论哪种原始结构，MnO_2 在反复充电和放电过程中，主体通常都会发生严重的相变、结构坍塌和较大的体积变化。放电过程中 MnO_2 原始结构将因大量水合 Zn^{2+}的重复插入，导致循环时容量快速衰减。Chen[3] 和其同事提出了一个聚苯胺（PANI）插层 α-MnO_2 纳米层的设计，其中 PANI 有效地消除了结构坍塌和增强了分层结构的稳定性。修饰过后的 α-MnO_2 提供了 280mA·h/g 的高比容量并且循环超过 5000 圈，为设计稳定的 ZIB 正极材料提供了有效策略。

Mn 氧化物的第二个问题是 Mn^{2+}从 MnO_2 正极连续溶解到电解液中。通过电感耦合等离子体（ICP）技术，Liu[4]和其同事发现电解液中溶解的 Mn^{2+}浓度在最初的10个循环中显著增加，这是由于 Mn^{2+}在循环时从电极材料进入电解液。因此，他们采用了“预添加”策略，通过添加0.1M $MnSO_4$ 进入原始的 $ZnSO_4$电解液以改变 Mn^{2+}的溶解平衡。研究发现，预添加 Mn^{2+}后，Zn/MnO_2 电池的循环稳定性可以得到极大的提高，循环寿命可达到5000次，5C下容量保持率高达93%。这种优异的循环性能可归因于预先添加的 Mn^{2+}抑制了 Mn^{2+}的溶解，从而稳定了 MnO_2 电极。在电解液中预添加 Mn^{2+}的另一个作用是它们可以沉积在电极表面以增加活性材料的质量，这有助于额外的容量和循环性能的增强。研究表明，活性材料近18.9%的容量归因于预添加 Mn^{2+}的贡献，这种“额外贡献”不容忽视。

减轻 Mn^{2+}溶解的另一个策略是表面涂层和修改。Mai[5]和其同事开发了一种石墨烯滚动涂层 α-MnO_2 作为ZIB的正极材料。石墨烯卷轴均匀地包覆在平均厚度为5nm的 MnO_2 纳米线上，有效缓解了循环过程中 Mn^{3+}歧化导致的 Mn^{2+}溶解。这可以通过对 $ZnSO_4$ 电解液中Mn和Zn元素浓度的ICP分析来证明。用石墨烯卷轴包覆后，MnO_2 中溶解的Mn元素浓度降低，表明石墨烯卷轴包覆的 MnO_2 作为水系ZIB的正极比原始 MnO_2更稳定。结果表明，Zn-MnO_2 电池的长循环稳定性大大增强，在3A/g下循环3000次后容量保持率高达94%。

减轻Mn溶解的第三个策略是引入金属离子和缺陷。最近，Liang[6]及其同事报道了一种通过钾离子（K^+）稳定且具有氧缺陷的氧化锰作为ZIB的正极材料。2M $ZnSO_4$ 电解液中Mn浓度的ICP分析结果证实，K^+离子的引入可以显著抑制Mn在循环过程中溶解。此外，氧缺陷可以极大地提高氧化锰的电化学活性和反应动力学，使其循环超过1000次而没有明显的容量衰减。

另一个问题是有争议的 MnO_2 储能机制。MnO_2 正极的储能机制一直是一个争论的话题。目前已经提出的 MnO_2正极储能机制有：Zn^{2+}嵌入/脱嵌机制（α/γ-MnO2）；Zn^{2+}和 H^+的共嵌入（akhtenskite-MnO_2，聚苯胺插入的 MnO_2）；转化反应机制（α-MnO_2）。需要更全面的研究才能就 Zn/MnO_2 电池的储能机制达成共识。

最近，Kang[7]及其同事报道了具有 Mn^{3+}状态的三氧化二锰（Mn_2O_3）。它在100mA/g下显示出148mA·h/g的可逆容量，远低于 MnO_2 正极材料。储能机理研究表明，在 Zn^{2+}嵌入过程中，原始的 α-Mn_2O_3 中的 Mn^{3+}经历了从方铁锰矿结构到具有 Mn^{2+}的层状锌-水钠锰矿的可逆相变。阳离子缺陷型尖晶石结构的 $ZnMn_2O_4$ 正极材料也被研究过[8]。GITT测试表明，Mn空位的引入特别有利于尖晶石骨架中的 Zn^{2+}扩散，并有助于加快反应动力学。结果表明，阳离子缺陷的 $ZnMn_2O_4$ 在0.05A/g下实现了150mA·h/g的可逆比容量，直至500圈后，容量保持率还在94%。这些结果表明，阳离子缺陷尖晶石化合物的探索可能是ZIB的一个有前途的方向，阳离子缺陷在提高多价离子储能电极材料的电化学性能方面起着关键作用。

总的来说，锰氧化物用作水系ZIB正极材料时主要有两个问题：①反复充放电过程中相变严重，结构坍塌，体积变化大；②Mn元素溶解。为了解决这些问题，人们开发了许多策略，包括聚合物增强的层状结构、预添加 Mn^{2+}离子、表面涂层或改性，以及金属离子和缺陷的引入。此外，MnO_2 正极的反应机理存在争议和争论，需要更多的电化学方法和先进的表征技术以及精确的理论计算来揭示ZIB中Mn氧化物的电荷存储机制。

4.1.2 钒基化合物

钒（V）基化合物表现出多种氧化态，包括 V^{5+}、V^{4+}、V^{3+} 和 V^{2+}，并且这些价态可以相互转换。由于 V—O 配位多面体的畸变和不同氧化态的转化，V 基化合物在用作储能应用的电极材料时表现出更宽的变化范围和更高的比容量。近两年，V 基化合物作为水系 ZIB 正极材料的研发取得了巨大进展，包括 VO_2、V_2O_5、$V_3O_7 \cdot H_2O$、V_6O_{13}、$V_{10}O_{24} \cdot 12H_2O$、$VS_2$、$H_2V_3O_8$、$LiV_3O_8$、$Zn_{0.25}V_2O_5 \cdot nH_2O$、$Zn_2V_2O_7$、$Zn_3V_2O_7(OH)_2 \cdot 2H_2O$、$Ca_{0.25}V_2O_5 \cdot nH_2O$、$Na_2V_6O_{16} \cdot 3H_2O$ 等。通常来说，V 基材料稳定性低（尤其是在水系电解质中）、导电性差、离子扩散系数低，这会导致较差的长循环性能。然而，由 Nazar[9] 的团队报道的 $Zn_{0.25}V_2O_5 \cdot nH_2O$ 正极（见图 3-4-1）在 0.3A/g 时提供了 282mA·h/g 的高比容量，并且表现出良好的倍率性能以及卓越的长循环性能（1000 次循环后容量保持率为 81%）。这种卓越的电化学性能可归因于以下因素：①嵌入在氧化钒夹层中的结构水分子在缓冲 Zn^{2+} 的高电荷密度、降低静电相互作用和扩大层状氧化钒夹层间距方面起着至关重要的作用，有助于 Zn^{2+} 的快速扩散；②层状氧化物和结构水中的层间 Zn^{2+} 可以作为“支柱”稳定氧化钒骨架，从而防止循环过程中结构坍塌，增强 V 基化合物的循环稳定性；③独特的一维纳米带具有高纵横比的形态，有利于电极/电解质界面处的电荷转移并缩短 Zn^{2+} 扩散路径，从而有利于优异的倍率性能。

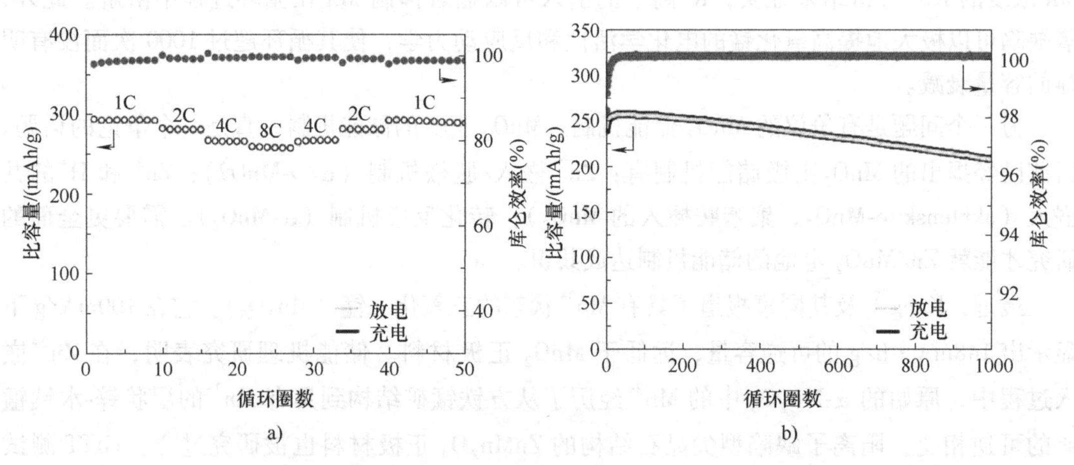

图 3-4-1 电化学性能示意图

a) $Zn_{0.25}V_2O_5 \cdot nH_2O$ 倍率性能；b) $Zn_{0.25}V_2O_5 \cdot nH_2O$ 在 2.4A/g 下的循环性能[9]

此外，各种不含结构水和“柱”效应的 V 基化合物，如 V_2O_3 和 $Zn_xMo_{2.5+y}VO_{9+z}$ 也作为水系 ZIB 的正极材料而被研究过。研究表明，大多数 V 基化合物表现出高比容量（200~400mA·h/g，高于 Mn 基材料）、良好的倍率性能（优于 Mn 基正极）和长循环寿命等特性。尽管有这些有前途的特性，但它们通常会受到较低的工作电压（约 0.6~1.0V，低于 Mn 基材料）的影响，而且 V 基化合物的毒性也是一个问题，这限制了它们在水系 ZIB 中的广泛应用。另一个问题是许多基于 V 的材料在主晶格和 Zn^{2+} 之间存在强静电相互作用，导致 Zn^{2+} 扩散动力学缓慢。应为 V 基化合物开发更可行的策略，以降低其与多价离子的静电相互作用。

4.1.3 普鲁士蓝类似物

普鲁士蓝类似物（PBA），作为一系列化合物衍生来自普鲁士蓝（PB）经过置换和填隙修饰后，可以粗略表示为 $A_xM_{Ay}[M_B(CN)_6]_z \cdot nH_2O$（$A$ 为碱金属；M_A 和 M_B 为过渡金属，如 Mn、Fe、Co、Ni、Cu 和 Zn）[10]。由于其三维（3D）多孔骨架结构、充足的反应位点、多样的价态和独特的结构稳定性以及易于制备，PBA 在储能设备中受到越来越多的关注。2014 年，Liu[11] 及其同事研究了具有菱面体结构的六氰基铁酸盐（ZnHCF）作为 ZIB 的正极材料，其中，ZnN_4 四面体通过 CN 配体（C≡N）连接到 FeC_6 八面体以形成多孔三维框架。这种结构能够实现 Zn^{2+} 的可逆嵌入/脱出。ICP 和 XRD 测试进一步表明，在放电过程中，0.85mol Zn^{2+} 嵌入到 1mol $Zn_3[Fe(CN)_6]_2$ 中，然后，在充电时观察到了 Zn^{2+} 的可逆脱出过程。Zn/ZnHCF 电池在 60mA/g 时提供约 1.7V 和 65.4mA · h/g 的高平均工作电压以及良好的倍率性能。

Mantia[12] 及其同事提出了一种基于六氰基铁酸铜（CuHCF）正极的 ZIB，在低浓度的 $ZnSO_4$ 电解质中，在 60mA/g 下的比能量密度为 45.7Wh/kg，1C 下 100 次循环后容量保持率高达 96.3%，平均放电电位为 1.73V。

尽管有一些吸引人的优势，例如高电压、低成本和易于制造，PBA 的材料仍然受到相对较低的比容量（通常小于 80mA · h/g）和能量密度低于其他储能系统的困扰。此外，PBA 在强酸性条件下有分解形成剧毒氰化物 CN^- 的风险，这可能会阻碍其大规模应用。

4.1.4 Li^+或 Na^+嵌入材料

2012 年，Chen[13] 等提出了 $LiMn_2O_4$/Zn 电池混合动力电池，由 $LiMn_2O_4$ 正极、金属 Zn 负极和含有 Li^+和 Zn^{2+}的水系二元电解质组成（见图 3-4-2a）。所制备的混合 Zn 电池实现了 2V 的高工作电压和良好的长循环稳定性（4000 次循环后容量保持率达 95%）。

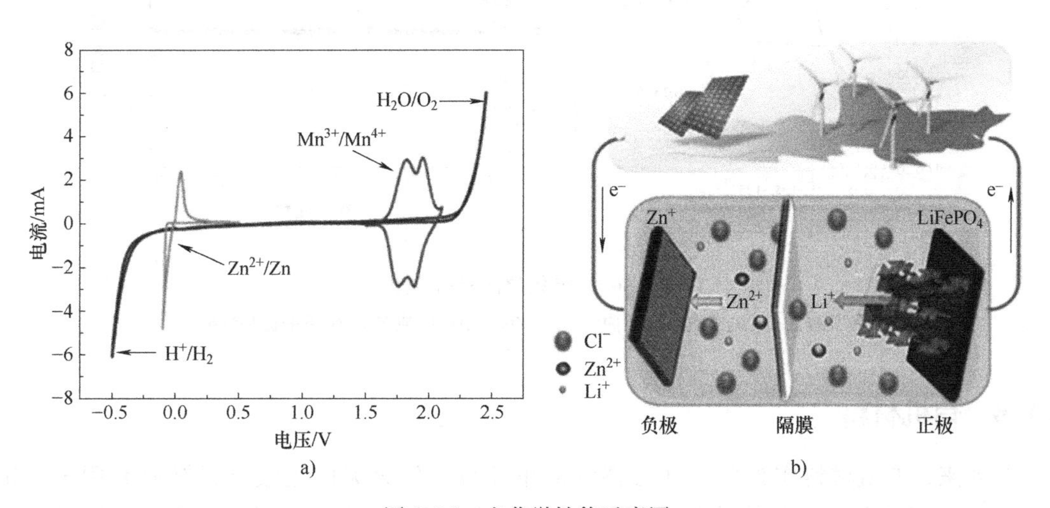

图 3-4-2 电化学性能示意图

a) $LiMn_2O_4$/Zn 电池的 CV 曲线[13] b) Zn/$LiFePO_4$ 混合电池示意图[14]

受这种混合设计的启发，Bakenov[14] 和同事设计了具有橄榄石 $LiFePO_4$、Zn 负极和优化

的 Li^+/Zn^{2+} 二元电解质的水性电池（见图 3-4-2b）。所制备的 $Zn/LiFePO_4$ 电池具有较好的循环性能（超过 400 次循环）以及优异的倍率性能（高达 60C）。

总体而言，$LiMn_2O_4/Zn$ 电池可以提供比其他锂基或钠基材料更高的电压，而 $LiFePO_4$ 具有更好的倍率性能。这种混合设计有助于拓宽 ZIB 高性能正极材料的研究范围。

4.1.5 镍基和钴基正极材料

由于不同的氧化态，高电化学活性和高度可逆的氧化还原反应，镍（Ni）基（Ni 氧化物、氢氧化物、硫化物）和钴（Co）基化合物被认为是用于水系储能系统的有前途的材料。将 Ni 基和 Co 基化合物应用到储能设备中，尤其是可充电碱性电池，为满足人们对绿色电源需求的增长提供了机会。与其他水系可充电电池相比，可充电 Ni-Zn 和 Co-Zn 电池因其相对较高的工作电压（约 1.8V）和更高的能量密度而受到特别关注。迄今为止，许多 Ni 基和 Co 基化合物包括 NiO、Ni_3S_2、$Ni(OH)_2$、$NiCo_2O_4$、Co_3O_4@NiO、NiAlCo 层状双氢氧化物和 Co_3O_4 已被用作正极材料，旨在实现高性能 Ni(Co)-Zn 电池。

例如，Lu[15] 和同事开发了一种高度可逆的和具有异质结构 Ni-NiO 的柔性 Ni-NiO/Zn 纱线电池正极，在水系和聚合物电解质中均具有出色的循环稳定性。Wu[16] 和同事展示了一种长寿命的 Zn/Co_3O_4 电池，该电池使用泡沫镍上的超薄多孔 Co_3O_4 纳米片作为正极，碳纤维上电沉积的 Zn 作为负极（见图 3-4-3a、b），其表现出高能量密度 241W · h/kg 和良好的循环性能（80%容量保持率 2000 次循环后）。

然而，Ni-Zn 和 Co-Zn 电池的进一步发展受到其相对较低的比容量和库仑效率以及在重复循环过程中的形成的 Zn 枝晶极大困扰，这些问题需要在未来解决。

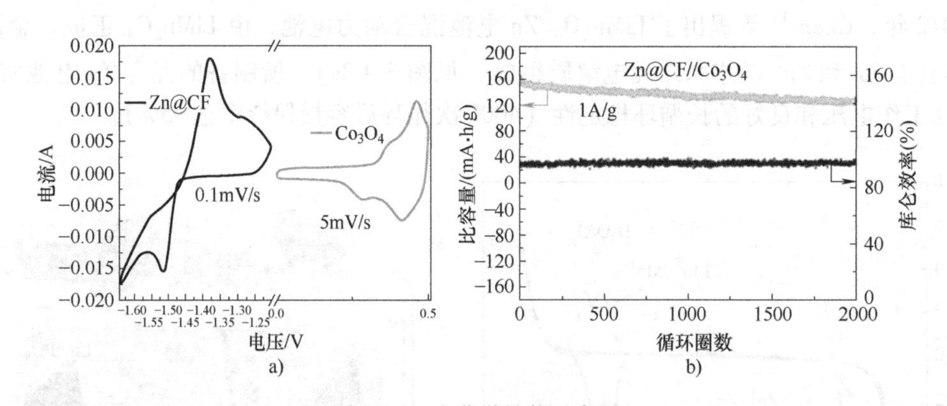

图 3-4-3 电化学性能示意图

a）锌负极和 Co_3O_4 电极的 CV 曲线 b）Zn/Co_3O_4 电池在 1A/g 下的循环性能[16]

4.1.6 有机材料

近年来，有机材料作为低毒和可持续的正极替代传统无机正极材料被研究用于 ZIB。Chen[17] 和同事报道了一种使用醌（C4Q）正极的水系 Zn 电池（见图 3-4-4），它在 20mA/g 下提供了 335mA · h/g 的高比容量和长达 1000 次的寿命循环，容量保持率为 87%。他们还利用 ESP 方法计算了 C4Q 的活性位点。众所周知，亲电反应更喜欢在具有更负 ESP 的活性位点发生。换句话说，负 ESP 的位点更利于放电反应的进行，因为它涉及 Zn^{2+} 的吸收。对于有机 C4Q 材料，羰基是活性位点，因为它们的 ESP 低于双羰基，表明它们可能与 Zn^{2+} 有很强的相互作用。

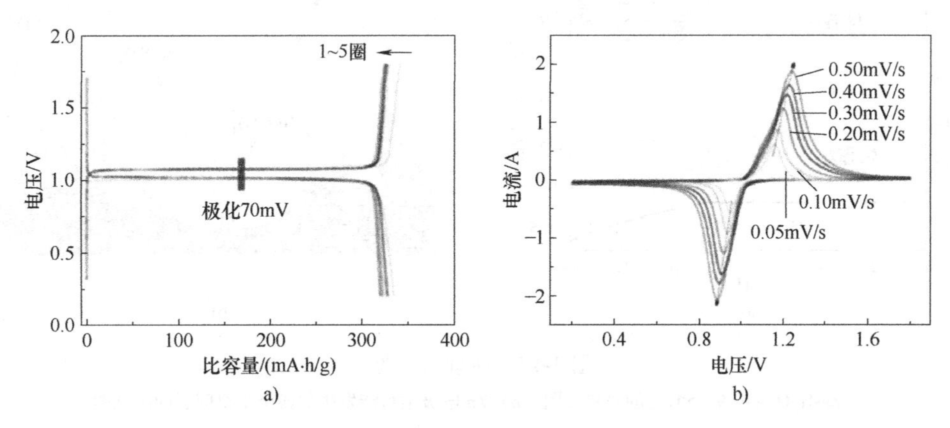

图 3-4-4　Zn-C4Q 电池的电化学性能示意图

a）Zn-C4Q 电池在 0.02A/g 电流密度下的充放电曲线　b）不同扫描速率下 Zn-C4Q 电池的 CV 曲线[17]

原位 ATR-FTIR 光谱、拉曼光谱和 UV-vis 光谱学被用来研究 C4Q 正极的结构演化、溶解行为和电荷储存机制。结果表明，在放电过程中，C4Q 底部和顶部的羰基将接受电子并伴随存储 Zn^{2+}。充电时，C4Q 将被氧化，因此捕获的电子和 Zn^{2+} 将被释放。然而，由于 C4Q 放电产物在水系电解质中固有的可溶特性，必须采用昂贵的阳离子交换膜（Nafion）作为隔膜，以抑制 $C4Q^{2x-}$ 穿过隔膜并防止锌负极因放电产物而中毒，因此限制了它的大规模应用。

4.2　Zn 负极

Zn 作为电池负极的优点包括其资源丰富、成本低、环境友好、氧化还原电位低以及在水系电解质中具有良好的可逆性。作为必不可少的组成部分，Zn 负极极大地影响了 ZIB 的性能。

4.2.1　Zn 负极的电化学基础及问题

为了了解 Zn 电极上发生的基本电化学和性能限制现象，有必要研究水环境中 Zn 的普尔贝图[18]（见图 3-4-5a），该图显示了在不同 pH 值范围和平衡条件下可能的稳定（平衡）相。该图表明 Zn 在水溶液不稳定，在整个 pH 值范围内容易溶解并伴随 H_2 放出。在酸性条件下（pH<4.0），Zn 溶解度高，容易溶解成 Zn^{2+}。在 5.0<pH<8.0 时，与强酸溶液相比，过电位高，腐蚀活性较低，Zn 的溶解相对较慢；在中性或弱碱性溶液（8.0<pH<10.5）下，Zn 的溶解减少，生成更稳定的 Zn 腐蚀产物［例如，$Zn(OH)_2$］。

在碱性环境中（pH>11），Zn 的溶解度再次升高并且有利于锌酸根离子［例如，$Zn(OH)_4^{2-}$］的形成，并且氧化还原反应在负极腐蚀过程中占主导地位。与在中性或弱酸性溶液中的电化学行为不同，Zn 电极在碱性电解质（ZnO-$Zn(OH)_4^{2-}$-Zn）中发生固-溶-固转变，它本质上面临着一系列挑战：①放电产物 ZnO 钝化了 Zn 的表面，降低了 Zn 活性物质的利

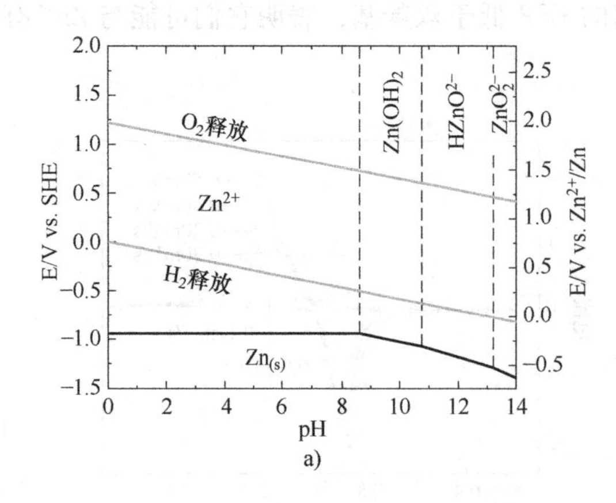

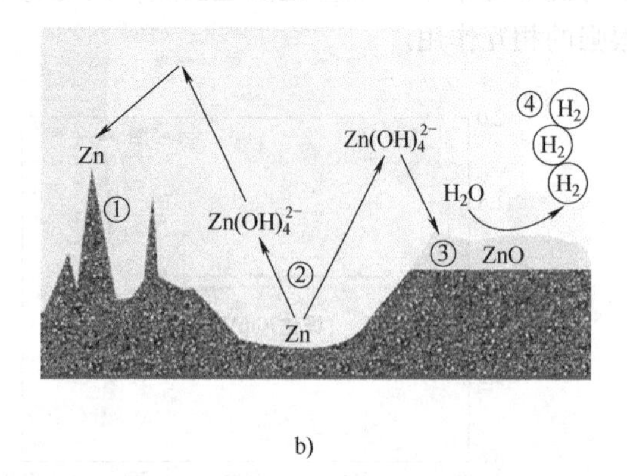

图 3-4-5　机理示意图

a）Zn-H_2O 系统在 25℃时的普尔贝图　b）Zn 电极上可能发生的四个主要问题的示意图

①—枝晶生长　②—形状变化　③—钝化　④—析氢[18]

用率；②Zn 在电极表面随机位置发生不均匀溶解和沉积，导致连续循环后电极形貌发生严重变化和 Zn 枝晶的生长。碱性介质中的负极反应由以下方程表示：

$$Zn+4OH^- \leftrightarrow Zn(OH)_4^{2-}+2e^- \tag{3-4-1}$$

$$Zn(OH)_4^{2-} \leftrightarrow ZnO+H_2O+2OH^- \tag{3-4-2}$$

伴随着 Zn 电极的溶解过程，电池运行过程中会出现四大性能限制现象[19]（见图 3-4-5b），其中包括：①枝晶生长，②形状变化，③钝化和内阻的增加，④析氢。应该注意的是，碱性 Zn 电池的析氢现象比中性电池严重得多。碱性电解液中的 Zn/ZnO 标准还原过程和析氢反应（HER）可以用以下方程描述：

$$Zn+2OH^- \rightarrow ZnO+H_2O+2e^-(-1.26V\ vs.\ SHE) \tag{3-4-3}$$

$$2H_2O+2e^- \rightarrow 2OH^-+H_2(-0.83V\ vs.\ SHE) \tag{3-4-4}$$

可见，Zn/ZnO 的标准还原电位（-1.26V）远低于 HER（-0.83V）。因此，该 HER 过程在热力学上是有利的，并且在 ZIB 的运行过程中不可避免地会发生析氢，这会导致循环过程中 Zn 和电解质的消耗。这种副反应也导致 Zn 电极的库仑效率低，因为 HER 会消耗一些转移到 Zn 负极的电子并产生氢。抑制 HER 对于 ZIB 至关重要，尤其是对于碱性 ZIB。研究发现析氢的实际速率是由其交换电流密度和过电位决定的。因此，应开发提高析氢过电位和降低交换电流密度的策略，以提高充电效率并减少 Zn 电极的自放电现象。除了析氢外，枝晶生长、形状变化和钝化等其他问题也会导致 ZIB 严重的容量衰减和库仑效率低下，这推动了各种补救策略的实施，以提高 Zn 负极的性能。

4.2.2　Zn 负极及 Zn 合金负极添加剂

一种提高 Zn 负极性能的简便有效的方法即在 Zn 负极中加入某些添加剂。这些添加剂通常对 Zn 沉积的晶体生长、形态和结构有重要影响。金属汞是一种有效的抑制 Zn 自腐蚀和析氢的负极添加剂，但由于其高毒性和环境问题，在包括电池在内的许多产品中已被禁止使用。作为备选解决方案，将 Zn 与其他金属（例如，Bi、Sn、In 或 Ni）合金化被发现是抑制 H_2 生成和改善 Zn 负极的电化学性能的有效方法。此外，一些金属化合物［如 BaO、Bi_2O_3、

$In(OH)_3$、$Ca(OH)_2$］也被认为是有前途的添加剂。这些添加剂通常有比 Zn 更高的析氢电位，这可以改善 Zn 负极的电化学性能，并在不同程度上抑制 H_2 的产生。例如，通过原位 XRD 技术，Brousse[20] 等人。证明 Bi_2O_3 可以被还原为金属 Bi 并在 Zn 沉积之前形成纳米级导电网络，从而优化电流分布并促进 Zn 的均匀沉积。

4.2.3　表面改性

Zn 颗粒或 Zn 板的表面改性提供了另一种提高 Zn 负极综合性能的有效策略。这种方法可以提高添加剂的利用率，增强表面和体积特性，使电极材料更加稳定。最近，已经研究了各种纳米复合材料，包括有机材料、金属和金属化合物作为保护层来改性 Zn 电极，实现长寿命和高效率的 ZIB。Kang[21] 等人设计了多孔纳米 $CaCO_3$ 涂层作为保护层，以实现均匀且自下而上的 Zn 剥离/电镀。该策略有效抑制了可能导致极化和内部短路的 Zn 枝晶的发展，从而提高了 Zn 电池的库仑效率和循环稳定性。具有 $CaCO_3$ 涂层的 Zn 负极制造的可充电 Zn-MnO_2 电池在 1000 次循环后在 1A/g 下提供 177mA・h/g，远高于裸 Zn 负极的电池（124mA・h/g）。

4.2.4　Zn 负极的结构设计

Zn 负极的几何形状和结构设计在减轻形状变化和 Zn 枝晶形成问题以及降低内部电阻方面起着重要作用。原则上，增加 Zn 负极的表面积可以降低 Zn 沉积过电位，从而最大限度地减少 Zn 枝晶形成和钝化的可能性。此外，多孔结构和大表面积有利于增强 Zn 与电解质的界面接触，缩短离子扩散路径，从而提高 Zn 的利用率。迄今为止，已经研究了各种类型的高表面积 Zn 电极，包括细粉末、球体、薄片、带状、纤维和泡沫。Zhang[22] 和其同事开发了一种旋转浇铸方法来制造各种形式的 Zn 电极，如不同厚度和长度的 Zn 纤维、棒状和片状。这些纤维状和多孔 Zn 负极由于其高机械稳定性和柔韧性以及高有效表面积而特别有利于大型碱性 Zn 电池。Long 和 Rolison[23] 及其同事制备了一种高度多孔的 3D 海绵 Zn 电极，以提高 Zn 的利用率。这种 3D 多孔结构增加了带电活性面积并最小化了局部电流密度，从而抑制了 Zn 枝晶的形成。此外，Zn 沉积可以很好地控制和限制在 3D Zn 海绵结构的空隙空间内，减少了循环时形状变化的可能性。受益于这种独特的 3D 架构设计，这种海绵 Zn 电极在长时间循环后保持无枝晶形态，并表现出高 Zn 利用率（约 90%）。

然而，随着暴露表面积的增加，Zn 电极的析氢速率和腐蚀速率将相应增加。这种副反应会消耗 Zn 和电解液，加剧自放电，最终缩短电池寿命。最近，Liu[24] 等人为碱性 Zn 电池开发了几种具有独特核壳结构的深度可充电 Zn 负极，同时解决了 Zn 钝化和溶解的难题。例如，通过水热和原子层沉积（ALD）技术制备了密封的 ZnO@ TiN_xO_y 纳米棒负极。这种结构有几个优点：①ZnO 的小尺寸（<500nm）可防止钝化；②封装 ZnO 纳米棒的碳纸框架和 TiN_xO_y 涂层充当电通路，因此所有 ZnO 纳米棒都具有电化学活性；③薄的 TiN_xO_y 涂层能够实现快速的氢氧化物/水扩散，并且涂层可以减轻 Zn 在碱性电解质中的溶解，从而防止负极结构破裂。

参考文献

［1］ LI H, MA L, HAN C, et al. Advanced rechargeable zinc-based batteries: recent progress and future perspectives [J]. Nano Energy, 2019, 62: 550-587.

[2] ZHANG N, CHENG F, LIU J, et al. Rechargeable aqueous zinc-manganese dioxide batteries with high energy and power densities [J]. Nature communications, 2017, 8 (1): 1-9.

[3] HUANG J, WANG Z, HOU M, et al. Polyaniline-intercalated manganese dioxide nanolayers as a high-performance cathode material for an aqueous zinc-ion battery [J]. Nature Communications, 2018, 9 (1): 2906.

[4] PAN H, SHAO Y, YAN P, et al. Reversible aqueous zinc/manganese oxide energy storage from conversion reactions [J]. Nature Energy, 2016, 1 (5): 1-7.

[5] WU B, ZHANG G, YAN M, et al. Graphene scroll-coated α-MnO_2 nanowires as high-performance cathode materials for aqueous Zn-ion battery [J]. Small, 2018, 14 (13): 1703850.

[6] FANG G, ZHU C, CHEN M, et al. Suppressing manganese dissolution in potassium manganate with rich oxygen defects engaged high-energy-density and durable aqueous zinc-ion battery [J]. Advanced Functional Materials, 2019, 29 (15): 1808375.

[7] JIANG B, XU C, WU C, et al. Manganese sesquioxide as cathode material for multivalent zinc ion battery with high capacity and long cycle life [J]. Electrochimica Acta, 2017, 229: 422-428.

[8] ZHANG N, CHENG F, LIU Y, et al. Cation-deficient spinel $ZnMn_2O_4$ cathode in Zn $(CF_3SO_3)_2$ electrolyte for rechargeable aqueous Zn-ion battery [J]. Journal of the American Chemical Society, 2016, 138 (39): 12894-12901.

[9] KUNDU D, ADAMS B D, DUFFORT V, et al. A high-capacity and long-life aqueous rechargeable zinc battery using a metal oxide intercalation cathode [J]. Nature Energy, 2016, 1 (10): 1-8.

[10] SONG M, TAN H, CHAO D, et al. Recent advances in Zn-ion batteries [J]. Advanced Functional Materials, 2018, 28 (41): 1802564.

[11] ZHANG L, CHEN L, ZHOU X, et al. Towards high-voltage aqueous metal-ion batteries beyond 1.5V: the zinc/zinc hexacyanoferrate system [J]. Advanced Energy Materials, 2015, 5 (2): 1400930.

[12] TRÓCOLI R, LA MANTIA F. An aqueous zinc-ion battery based on copper hexacyanoferrate [J]. ChemSusChem, 2015, 8 (3): 481-485.

[13] YAN J, WANG J, LIU H, et al. Rechargeable hybrid aqueous batteries [J]. Journal of Power Sources, 2012, 216: 222-226.

[14] YESIBOLATI N, UMIROV N, KOISHYBAY A, et al. High performance Zn/$LiFePO_4$ aqueous rechargeable battery for large scale applications [J]. Electrochimica Acta, 2015, 152: 505-511.

[15] ZENG Y, MENG Y, LAI Z, et al. An ultrastable and high-performance flexible fiber-shaped Ni-Zn battery based on a Ni-NiO heterostructured nanosheet cathode [J]. Advanced Materials, 2017, 29 (44): 1702698.

[16] WANG X, WANG F, WANG L, et al. An aqueous rechargeable Zn//Co_3O_4 battery with high energy density and good cycling behavior [J]. Advanced Materials, 2016, 28 (24): 4904-4911.

[17] ZHAO Q, HUANG W, LUO Z, et al. High-capacity aqueous zinc batteries using sustainable quinone electrodes [J]. Science advances, 2018, 4 (3): eaao1761.

[18] KONAROV A, VORONINA N, JO J H, et al. Present and future perspective on electrode materials for rechargeable zinc-ion batteries [J]. ACS Energy Letters, 2018, 3 (10): 2620-2640.

[19] FU J, CANO Z P, PARK M G, et al. Electrically rechargeable zinc-air batteries: progress, challenges, and perspectives [J]. Advanced materials, 2017, 29 (7): 1604685.

[20] MOSER F, FOURGEOT F, ROUGET R, et al. In situ X-ray diffraction investigation of zinc based electrode in Ni-Zn secondary batteries [J]. Electrochimica Acta, 2013, 109: 110-116.

[21] KANG L, CUI M, JIANG F, et al. Nanoporous $CaCO_3$ coatings enabled uniform Zn stripping/plating for long-life zinc rechargeable aqueous batteries [J]. Advanced Energy Materials, 2018, 8 (25): 1801090.

[22] ZHANG X G. Fibrous zinc anodes for high power batteries [J]. Journal of power sources, 2006, 163 (1): 591-597.

[23] PARKER J F, CHERVIN C N, NELSON E S, et al. Wiring zinc in three dimensions re-writes battery performance—dendrite-free cycling [J]. Energy & Environmental Science, 2014, 7 (3): 1117-1124.

[24] ZHANG Y, WU Y, DING H, et al. Sealing ZnO nanorods for deeply rechargeable high-energy aqueous battery anodes [J]. Nano Energy, 2018, 53: 666-674.

第5章 钙离子电池

钙离子电池技术由于钙天然储量丰富、成本低和价态稳定等优势而受到越来越多的关注。更具体地说，钙是地壳中第五丰富的元素，具有广泛的全球资源分布、无毒、热稳定性优良。Ca/Ca^{2+}的标准氧化还原电位为2.87V（相对于标准氢电极，SHE），即接近Li/Li^{+}。钙金属的体积比容量和重量比容量分别高达2073mA · h/cm 和1337mA · h/g。此外，由于Ca^{2+}的电荷密度和极化强度小于与其对应的其他金属离子（Mg^{2+}、Al^{3+}和Zn^{2+}），与其他多价金属离子相比，Ca^{2+}表现出更好的扩散动力学和更高的功率密度。因此，钙离子电池（CIB）是建造大规模储能设备的非常有吸引力的候选者。

5.1 钙基电池的发展历史

尽管对钙基储能装置的广泛关注仅仅是在最近十年内，但是第一个钙基储能装置的诞生却可以追溯到20世纪60年代。1964年，Justus[2]等首先报道了一种含钙的热电池，但它在室温下并不活跃，除非无机盐电解质吸收足够的热量而熔化，例如在450℃。在接下来的几十年里，科研人员的努力主要集中在构建新的电解液系统和在热电池范围内修饰负极电解液界面。20世纪80年代，报道了一种新的钙基电池结构，即钙-亚硫酰氯（$Ca\text{-}SOCl_2$），并首次提出了钙金属负极钝化层。对$Ca\text{-}SOCl_2$系统的后续研究主要集中在新型电解质、固体电解液界面（SEI）以及外部因素对电池的影响上。1988年，研制出CaO_2二次电池，该电池在850℃下可平稳运行52h。1991年起，钙金属电极在多种有机电解液中的电化学行为开始被系统地研究，得出了钙金属上形成的层阻碍了Ca^{2+}在目标有机电解液中的传导的结论。因此，当时认为钙的可逆电镀/剥离是不可能的，这就限制了钙金属负极在CIB中的使用。后来，Ca-S电池被报道为不可逆的，尽管它的首次放电容量高达600mA · h/g。2016年，在中等温度（100℃）下首次实现了可逆钙电沉积，然而在室温下并没有检测到电化学活性[3]。2018年，布鲁斯[4]等人实现了室温下Ca^{2+}的可逆电镀和剥离，为可充电CIB的发展提供了启示。与此同时，水系钙离子全电池也被开发出来。以及多离子策略等，这种充分利用阴离子和阳离子作为电荷载流子的策略使可充电CIB在室温下具有前所未有的高放电电压。基于上述回顾，CIB的未来发展可能依赖于可逆钙金属或多离子策略的进一步发展。

5.2 钙离子电池的瓶颈

鉴于CIB在成本和能量密度方面的潜在优势，尽管相关研究仍处于起步阶段，但我们仍需要解决它的根本性挑战以促进CIB向实际应用的发展。当前的挑战是双重的，如下所述。

5.2.1 不可逆的钙剥离和电镀

在室温下，常规电解液中广泛观察到 CIB 系统中 Ca^{2+}的不可逆电镀/剥离，这限制了钙金属负极高容量等优势的发挥。最先进的钙金属负极仅循环了 50 圈，库仑效率（CE，96%）不足以满足可充电电池的需求（通常要求>99.98%）。研究表明，在电解液钙金属界面上形成的 SEI 主要由 CaF_2、$CaCO_3$、$Ca(OH)_2$ 或钙醇盐等组成，这阻碍 Ca^{2+}的迁移。在少数情况下，由 CaH_2 或含有缺陷的 CaF_2 组成 SEI 显示出了对 Ca^{2+}的导电性能。然而，目前尚不清楚 SEI 如何或以何种方式影响 Ca^{2+}的电镀/剥离。

5.2.2 Ca^{2+}的内在特性问题

与其他多价金属离子类似，二价 Ca^{2+}的电荷密度相对较高，与周围离子的结合也相对较强。要在电极中扩散，需要更多的能量来克服较高的扩散势垒和打破原子间的键。在某些情况下，它与周围环境的联系非常强，以至于可能形成簇并充当迁移离子，类似于 $[AlCl_4]^-$、$[MgCl]^+$等。这导致 Ca^{2+}在电极中的扩散动力学缓慢，从而导致较大的过电位。为了解决上述问题，一种有效的策略是提高工作温度，但高温也会带来其他意料之外的副作用。另一种选择是降低原子间结合强度，从而降低扩散势垒，例如引入缺陷、选择硒或硫而不是氧晶格。需要注意的是，缺陷的精确控制较难，这就增加了技术上的难度，并且与氧晶格相比，硒或硫晶格的容量和能量密度会有所下降。

另一方面，Ca^{2+}的半径明显大于其多价对应物，但与单价 Na^+相近。因此，具有大而灵活的通道的稳定晶体结构对于 Ca^{2+}扩散至关重要，这对开发合适的 Ca^{2+}插入主体提出了巨大挑战。同时，伴随着 Ca^{2+}的插入/脱出，Ca^{2+}插入主体通常表现出较大的体积变化，这可能随着应变的累积导致电极失效。

5.3 负极材料

目前，CIB 的负极材料根据 Ca^{2+}的储存机理可分为四类，即电镀负极、插层负极、合金负极和有机负极。本节将回顾和讨论基于这些类别的 CIB 负极材料的最新发展。

5.3.1 电镀负极

如前所述，在 CIB 中使用基于放电时可逆剥离和充电时电镀的钙金属负极将在体积和重量容量方面带来巨大优势，这引起了人们极大的研究兴趣。然而，最初证明 Ca^{2+}在常规碳酸盐电解液中沉积在钙金属上是非常困难的。据报道，Ca^{2+}扩散被钙金属表面形成的 SEI 严重限制。为了解决这个问题，科研人员已经实施了诸如电解液改性、SEI 的受控构建等策略。

既然钙金属的可逆电镀/剥离在很大程度上取决于 SEI 层的性质，那么是否可以通过调节 SEI 层的性质来实现呢？具体来说，控制某些关键因素，例如电解液的组成和浓度，工作温度或基片的性质。答案是肯定的。在 2016 年，Palacín 等人[3]研究了钙金属负极在由 $Ca(ClO_4)_2$、$Ca(BF_4)_2$ 或 $Ca(TFSI)_2$ 组成的混合 EC+PC 溶剂中的常规电解液中的电化学行为。尽管在室温下在这些电解液中没有观察到氧化还原过程，但在中等的温度下（75～

100℃，见图 3-5-1a），在 $Ca(ClO_4)_2$ 和 $Ca(BF_4)_2$ 基电解液中可以检测到可逆的电化学过程。起始沉积电位取决于温度和盐浓度，在 100℃下发现 0.45mol/L $Ca(BF_4)_2$ 的氧化还原电位差异最小（0.10V）（见图 3-5-1b、c）。值得注意的是，0.45mol/L $Ca(BF_4)_2$ 溶解在 EC+PC 电解液中的电池在 100℃下超过 150 次的循环中表现出优异的可逆性。对沉积物的分析表明它的主要成分是钙金属和 CaF_2，后者被认为是具有阴离子导体性质的钝化层的一部分。然而，在升高的温度下形成的钝化层包含许多缺陷，这使得可逆的钙电镀与电解质还原可以同时进行。该研究表明了钙沉积的效率和动力学受温度和盐浓度的显著影响，也标志着在中等温度下钙的第一次可逆剥离和电镀。同时，应用的高工作温度可能会增加运行成本，加速电池退化，因此难以广泛适应于室温应用。

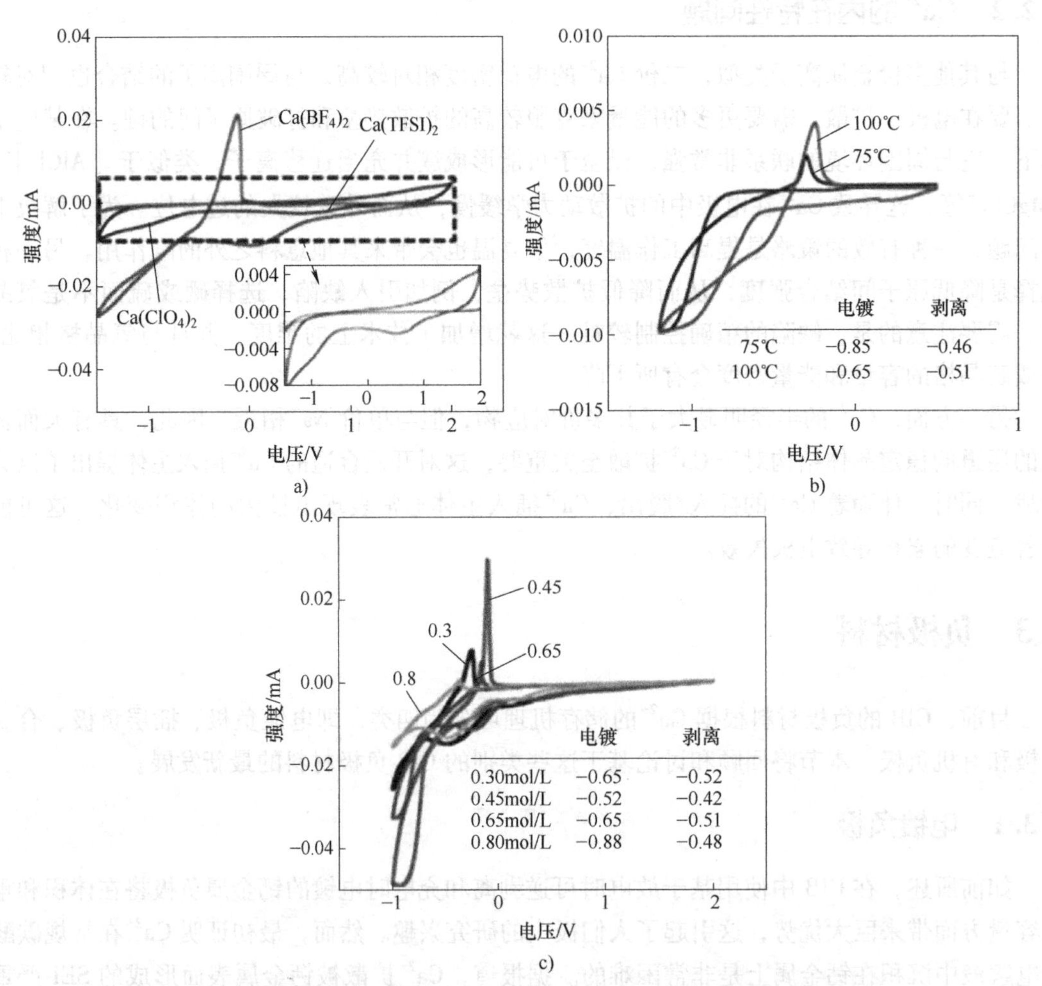

图 3-5-1 基于 EC+PC 的电解质（0.5mV/s 扫描速率）的循环伏安（CV）图

a）100℃下浓度为 0.3mol/L 的不同盐 b）75℃或 100℃下浓度为 0.65mol/L 的 $Ca(BF_4)_2$

c）100℃下浓度范围为 0.3~0.8mol/L 的 $Ca(BF_4)_2$

由 Zhao-Kargeor[5] 和 Nazar[6] 等独立进行的两项最新研究分别在铂和金工作电极上使用四硼酸钙（六氟异丙基）/1,2-二甲氧基乙烷（$Ca[B(Ohfip)]_4)_2$/DME 电解液实现了室温下钙的可逆电镀/剥离。电解液表现出超过 4V 的优异负极稳定性，CE 分别为 80%和 92%~

94%。两种沉积样品均由钙金属和少量 CaF_2 组成。Nazar 的工作进一步指出，四丁基氯化铵（Bu_4NCl）等电解液添加剂可提高 CE，延长循环寿命，还可以提高倍率性能并降低过电位。此外，它还确定了在高电流密度下钙枝晶生长和钙沉积物的脱离。尽管如此，这些工作中开发的电解液允许长期可逆的钙循环，其大电压窗口可能会促进室温可充电 CIB 正极材料的发展。

5.3.2 插层负极

石墨是最具代表性的插层负极材料，由于其优异的化学稳定性、导电性和导热性等优点，主要用于商业 LIB。早期研究[7]表明，通过将高度取向的热解石墨（HOPG）浸入熔融的锂钙合金中，在350℃下浸泡10天，可以化学合成具有化学计量的 CaC_6 的第一阶段钙基石墨插层化合物（GIC）。得到的 CaC_6 在空间群（$R\bar{3}m$）中表现出菱形晶体结构，与六方 MC_6 化合物形成对比，其中 M 是一价离子，如 Li^+、K^+等。后来，Lerner 等人[8]在惰性气氛下，在温和的温度（25~100℃）下，通过钙金属和石墨粉在液态乙二胺（EN）中的化学反应合成了［$Ca(EN)_{2.0}$］C_{26}GIC。两项研究都表明，钙嵌入石墨可以通过化学方法在相对较高的温度下实现。

康等[9]人进一步证明，在二甲基乙酰胺（DMAc）基电解液中，通过共嵌入 DMAc 溶剂，使用天然石墨作为工作电极，金属钙作为对电极，可以实现 Ca^{2+}可逆电化学嵌入石墨层（见图3-5-2a）。从电池在50mA/g 与 Ca/Ca^{2+}下的恒电流放电/充电（GCD）曲线可以清楚地观察到0.2~1.5V 之间的循环稳定性，具有几个明显的平台（见图3-5-2b）。该 CIB 中的石墨负极在200次循环中提供了85mA·h/g 的可逆容量。此外，即使将电流密度从50mA/g 提高到2000mA/g，也可以保留高达75%的比容量。

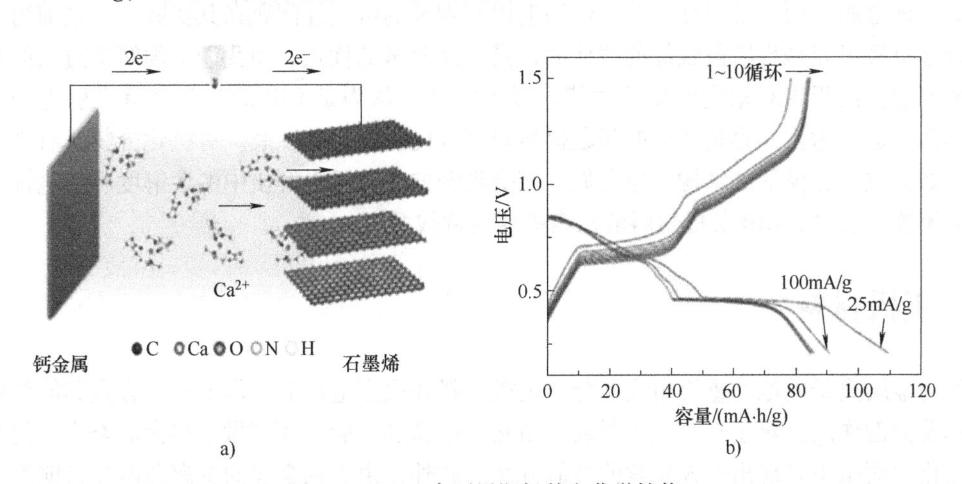

图3-5-2 CIB 中石墨阳极的电化学性能

a）放电过程中钙离子嵌入石墨中的示意图 b）石墨电极的前十个循环放电/充电曲线

其他碳基化合物如中间碳微珠[10]（MCMB）、多壁碳纳米管[11]（MWCNT）、2D 石墨烯[12]及其类似物等，也已通过实验或模拟。

除了碳基化合物，其他的一些材料例如尖晶石钛酸锂（$Li_4Ti_5O_{12}$），二维过渡金属氧化物（TMO）和过渡金属二硫属化物（TMD），硼墨烯等都被认为是有前景的插层材料。

5.3.3 合金负极

合金被认为是开发高性能碱金属离子电池的潜在途径，由于具有高比容量和低反应电位的优点，被认为是一类可行的钙金属负极替代品。

在模拟计算中，Tran 和 Obrovac[13]研究了钙与几种主体金属（Si、Sn、Bi、Al 等）合金化形成金属间化合物 Ca_xM 相时的体积行为和体积能量密度。据估计，合金系统显示出与当前 LIB 的石墨基负极材料相似甚至更高的能量密度，这表明它们在 CIB 中的前景广阔。此外，Wolverton[14]等设计了四步筛选策略并进行了高通量第一性原理（DFT）计算，通过考虑煅烧电压、体积膨胀和比能量密度来研究 *M*-Ca 系统的许多有希望的候选者。预测的有前景的材料，如准金属（Si、Sb、Ge）、（后）过渡金属（Al、Pb、Cu、Cd、$CdCu_2$、Ga、Bi、In、Tl、Hg）和贵金属（Ag、Au、Pt、Pd）值得进一步研究。

5.3.4 有机负极

有机电极材料是用于可充电电池的有吸引力的电化学储能材料，由于其结构的灵活性和有限的应变，有望容纳丰富的离子。与无机 CIB 负极材料相比，有机负极具有合成容易、无毒、可再生等优点。最近，聚酰亚胺（PNDIE）[15]已成功用作水系 CIB 的负极材料，其稳定放电容量为 130mA · h/g，在 5C 下具有非凡的循环稳定性，容量保持率为 80%，并且在 4000 圈循环中 CE 超过 99%。与 PBA 正极（CuHCF）匹配的全电池能提供约 40mA · h/g 的比容量，循环 1000 次，容量保持率为 88%。同时，活性材料的溶解和水系电解质的分解问题仍然是个难题。

相关文献中提出了许多良好的 CIB 负极材料，而在实验中，最先进的 CIB 负极仍然不尽如人意。钙金属原则上是最佳候选，但钙电镀和剥离的可逆性问题在其实际应用之前需要解决。合金负极可能是现阶段较好的替代品，具有高容量的优点，而我们必须解决过大的体积膨胀的问题。由于相对稳定的循环性能，嵌入负极被认为是 CIB 的非常具有吸引力的候选者。然而，迄今为止，容量过低的问题仍然限制着此类材料的发展。有机化合物具有许多优点，例如低成本和灵活的结构，但它们一直受到例如在有机电解质中的溶解度和导电性差等问题的困扰。总之，CIB 负极材料的探索机遇与挑战并存。

5.4 正极材料

作为金属离子电池的重要组成部分，正极材料在决定电池的工作电压、容量和能量密度方面起着关键作用。对于 CIB 正极材料，虽然在模拟和实验方面都做了很大的努力，但很少有在电化学测试中表现出令人满意的性能方案。此外，由于钙金属的剥离和电镀目前不是完全可逆的，如前一节所述，钙金属不能作为 CIB 的负极。为弥补半电池的不足，已经应用了一些对电极的替代方案，包括硬币型电池中的碳电极，三电极系统中的惰性贵金属电极等。而当前研究中对电极的差异却已经在评估和比较工作电极（在这种情况下为正极）的氧化还原电位方面造成了很大困难。

根据化学成分可以将 CIB 的代表性正极材料分为四种类型，即普鲁士蓝类似物（PBA）、氧化物、硫属化合物和其他（氟化物、聚阴离子等）。

5.4.1 普鲁士蓝类似物

PBA 在储存 Na^+、K^+等单价离子方面具有令人惊讶的能力，故而受到越来越多的关注。因此研究人员探索了它们存储多价离子以获得更高能量密度的可能性。许多研究人员研究了 PBA 在水系 CIB 中的电化学性质，但结果都不尽如人意。

最近的一些研究表明[6,16]，使用混合电解质可以提高 PBA 的电化学性能。具体而言，通过使用溶解在水中的 $Ca(CF_3SO_3)_2$ 和 PC 的混合溶液，提高了 CuHCF 在 CIB 中的电化学性能。在该系统中，电极显示出约 65mA · h/g 的稳定容量，CE 约为 100%，800 次循环后的容量保持率约为 94%。该研究表明，在 CIB 中使用少量的水和大量与 Ca^{2+} 相互作用较弱的有机溶剂可以有效提高 CuHCF 电极的性能。

总之，有许多关于使用水系、非水系或混合电解质的带有 PBA 正极的 CIB 的报道。对非水系统的研究通常表现低容量和容量保持率。然而，超浓缩的水系电解质或混合电解质却使 Ca^{2+}能够可逆地插入一些 PBA，如具有优异容量保持的 $CuFe(CN)_6$，这为 CIB 正极材料的探索提供了新途径。

5.4.2 氧化物

双层 $Mg_{0.25}V_2O_5 \cdot H_2O$ 被证实是一种可行的 CIB 正极材料[6]。它具有较大的层间距（10.76Å），为 Ca^{2+}的扩散提供了足够的空间。这种材料在溶解有 $Ca(TFSI)_2$ 的碳酸季酯电解液中表现出优异的性能。具体而言，$Mg_{0.25}V_2O_5 \cdot H_2O$ 正极在 20mA/g 下表现出 120mA · h/g 的高初始容量，在 50mA/g 下循环 100 圈时保持有 90mA · h/g 的放电容量，在 100mA/g 下循环 500 圈后容量保持率为 86.9%。在 Ca^{2+} 插入/脱出过程中层间距表现出微小的变化（0.09Å），证明 $Mg_{0.25}V_2O_5 \cdot H_2O$ 优异的循环稳定性源于其优异的结构稳定性。

作为组成和结构最多样化的家族，氧化物为各种功能材料提供了广阔的空间。它的层状结构通常具有较大的层间距，这可能适合 Ca^{2+}迁移，为设计良好的电化学性能的 CIB 提供更多可能性。

5.4.3 硫属化合物

Mo_6X_8（X=S，Se，Te）的 Chevrel 相是硫族化物中的一个重要家族，是二价离子系统正极的有前途的候选物，在镁离子电池中表现出优异的性能。与 Mg^{2+}相比，Ca^{2+}具有相似的体积和质量容量，并且 Ca^{2+}的电荷密度较低，与周围环境的结合不那么强，因此具有更快的迁移速度。尽管有这个优势，但尚未报道 Ca^{2+}在 Chevrel 相中的实验性嵌入。在理论研究中，Zaghib 等[17]采用 DFT 来研究 Ca^{2+}插入 Chevrel 相的可能性。结果表明，整个 Mo_6 簇充当氧化还原中心，可以容纳四个电子或两个 Ca^{2+}。Smeu 等人[18]通过计算进一步研究了两个 Ca^{2+}在 Mo_6S_8 中的插入。计算表明，插入第一个和第二个 Ca^{2+}的电压分别为 2.1V 和 1.8V。但这还远远不够，还需要进一步的实验来证实 Chevrel 相作为 CIB 正极材料的可行性。此外，层状 CuS 多孔纳米笼（CS-PNCs）等也被认为是 CIB 中可行的正极材料。

5.4.4 其他

Sakurai[19]等研究了具有开放框架的 $FeF_3 \cdot 0.33H_2O$@C 复合材料作为 CIB 的正极材料。

聚阴离子 Na_2FePO_4F 也被报道为 Ca^{2+} 主体。嵌入电压约为2.6V，容量约为80mA·h/g。XRD 测量表明嵌入机制与 Na^+ 类似，但出现中间半填充相。

随着 CIB 的兴起，相信还有很多适合 CIB 正极的体系，值得进一步探索。

5.5 电解液

面对上述钙离子固有特征的主要困难，遵循传统摇椅程序构建基于钙离子的储能装置似乎充满荆棘，尤其是对于室温应用。与 LIB 一样，要实现可操作的摇椅式 CIB，四个要素是必不可少的，即两种具有适当氧化还原电位差的 Ca^{2+} 主体材料用作对电极、具有适当电压窗口和钙离子浓度的电解质，以及以上三个组件的兼容性。在现阶段，很难同时满足这些需要，尤其是在正极侧。

多离子策略：

近年来，有的科研团队对双离子电池（DIB）进行了深入研究[20]。作为多离子策略中的一个特殊类别，与摇椅电池不同，电解质中的阳离子和阴离子都充当电荷载流子并分别嵌入/脱出到负极和正极。石墨承载各种阴离子（如 PF_6、ClO_4、TFSI）[21] 的可行性是实现正极侧氧化还原反应的关键。同时，负极侧的阳离子及其宿主的选择可以模仿成熟的摇椅电池。因此，负极-阳离子-阴离子-正极的组合是通用的，这就导致不同类型的 DIB。作为一种新兴的储能技术，与基于摇椅的 LIB 相比，DIB 具有工作电压高、成本低、原材料可持续性、可用性和安全性等优势。

第一个基于 Ca^{2+} 的 DIB 是基于金属负极（Zn、Na、Sn）、石墨正极和碳酸盐电解质中的 $Ca(PF_6)_2$ 构建的，如图 3-5-3 所示，充电时，电解液中的 PF_6^- 离子嵌入石墨正极，而 Ca^{2+} 离子同时沉积在金属负极上并与金属负极反应；在放电过程中，PF_6^- 离子和 Ca^{2+} 离子分别从石墨正极和金属负极脱嵌和脱合金，并扩散回电解质。由于 PF_6^- 离子在石墨正极中的高（脱）嵌入电位，一个这样的装置提供了 4.0V 以上的工作电位，因此能够为两个串联的发光二极管（LED）供电。正极嵌入/脱嵌的优异可逆性和负极的合金化/脱合金反应共同促进了整个元件的循环稳定性。事实上，基于 Ca^{2+} 的 DIB（Sn｜电解质｜石墨）表现出稳定的充放电性能，在 350 次循环中容量保持率为 95%。

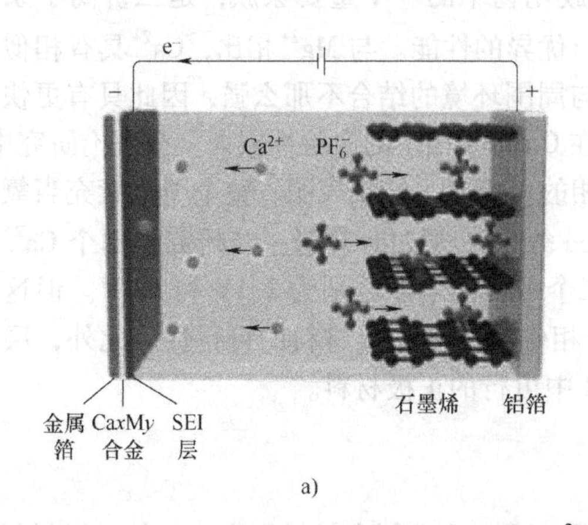

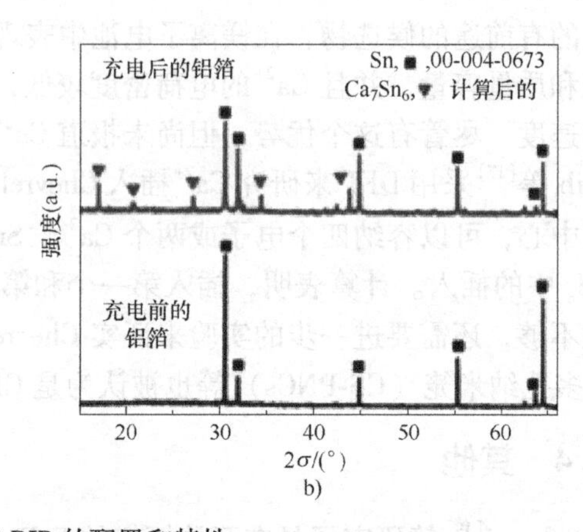

图 3-5-3 基于 Ca^{2+} 的 DIB 的配置和特性

a）具有金属阳极、石墨阴极的 CIB 的工作示意图 b）新鲜且带电的 Sn 阳极的 XRD 图（300 次循环后）

总之，多离子策略为 CIB 领域提供了新的思路。预计在此之后，各种新型电池化学或配置将蓬勃发展。特别是 DIB 策略实现了在室温下运行可逆 CIB 的可行性，其性能优于传统的摇椅 CIB，但 CE 和容量仍有待进一步提高。

参考文献

[1] MAJL, MENG F L, YU Y, et al. Prevention of dendrite growth and volume expansion to give high-performance aprotic bimetallic Li-Na alloy-O2 batteries [J]. Nat Chem, 2019, 11 (1): 64-70.

[2] SIDNEY M, SELIS JOHN P, WONDOWSKI, RICHARD F JUSTUS, et al. A high-rate, high-energy thermal battery system [J]. Electrochem. Soc, 1964, 111 (6).

[3] PONROUCH A, FRONTERA C, BARDE F, et al. Towards a calcium-based rechargeable battery [J]. Nat Mater, 2016, 15 (2): 169-172.

[4] WANG D, GAO X, CHEN Y, et al. Plating and stripping calcium in an organic electrolyte [J]. Nat Mater, 2018, 17 (1): 16-20.

[5] LI Z, FUHR O, FICHTNER M, et al. Towards stable and efficient electrolytes for room-temperature rechargeable calcium batteries [J]. Energy & Environmental Science, 2019, 12 (12): 3496-3501.

[6] SHYAMSUNDER A, BLANC L E, ASSOUD A, et al. Reversible calcium plating and stripping at room temperature using a borate salt [J]. ACS Energy Letters, 2019, 4 (9): 2271-2276.

[7] EMERY N, HÉROLD C, LAGRANGE P. Structural study and crystal chemistry of the first stage calcium graphite intercalation compound [J]. Journal of Solid State Chemistry, 2005, 178 (9): 2947-2952.

[8] XU W, LERNER M M. A new and facile route using electride solutions to intercalate alkaline earth ions into graphite [J]. Chemistry of Materials, 2018, 30 (19): 6930-6935.

[9] PARK J, XU Z L, YOON G, et al. Stable and high-power calcium-ion batteries enabled by calcium intercalation into graphite [J]. Adv Mater, 2020, 32 (4): e1904411.

[10] ADIL M, DUTTA P K, MITRA S. An aqueous Ca-ion full cell comprising BaHCF cathode and MCMB anode [J]. ChemistrySelect, 2018, 3 (13): 3687-90.

[11] LEE C H, KIM C S, JEONG Y T, et al. Electrochemical properties of multi-wall carbon nanotubes as a novel negative electrode for calcium secondary batteries [J]. Materials Science Forum, 2016, 859: 75-78.

[12] DATTA D, LI J, SHENOY V B. Defective graphene as a high-capacity anode material for Na-and Ca-ion batteries [J]. ACS Appl Mater Interfaces, 2014, 6 (3): 1788-1795.

[13] TUAN T T, OBROVAC M N. Alloy negative electrodes for high energy density metal-ion cells [J]. Journal of The Electrochemical Society, 2011, 158 (12): A1411.

[14] YAO Z, HEGDE V I, ASPURU-GUZIK A, et al. Discovery of calcium-metal alloy anodes for reversible Ca-ion batteries [J]. Advanced Energy Materials, 2019, 9 (9).

[15] GHEYTANI S, LIANG Y, WU F, et al. An aqueous Ca-ion battery [J]. Adv Sci (Weinh), 2017, 4 (12): 1700465.

[16] LEE C, JEONG S K. A novel strategy to improve the electrochemical performance of a Prussian blue analogue electrode for calcium-ion batteries [J]. Electrochemistry, 2018, 86 (3): 134-7.

[17] SMEU M, HOSSAIN M S, WANG Z, et al. Theoretical investigation of chevrel phase materials for cathodes accommodating Ca^{2+} ions [J]. Journal of Power Sources, 2016, 306: 431-436.

[18] JURAN T R, SMEU M. Hybrid density functional theory modeling of Ca, Zn, and Al ion batteries using the Chevrel phase Mo_6S_8 cathode [J]. Phys Chem Chem Phys, 2017, 19 (31): 20684-20690.

[19] MURATA Y, MINAMI R, TAKADA S, et al. A fundamental study on carbon composites of $FeF_3 \cdot 0.33H_2O$

as open-framework cathode materials for calcium-ion batteries [M]. 2017.

[20] ZHANG X, TANG Y, ZHANG F, et al. A novel aluminum-graphite dual-ion battery [J]. Advanced Energy Materials, 2016, 6 (11).

[21] WU N, YAO W, SONG X, et al. A calcium-ion hybrid energy storage device with high capacity and long cycling life under room temperature [J]. Advanced Energy Materials, 2019, 9 (16): 1803865.